Joachim Herrmann

Welcher Stern ist das?

Sterne und Planeten entdecken und beobachten

Mit 148 Sternbildkarten

KOSMOS

Inhalt

Sternkarten

Sternbilder

Service

Zum Gebrauch des Buches

Mit diesem Kosmos-Naturführer können Sie ohne viel Theorie Sterne und Sternbilder sowie die Planeten am Himmel kennenlernen. Daneben wird auch zur Beobachtung besonderer Objekte wie Doppelsterne, Sternhaufen und Nebel angeregt – entweder mit bloßem Auge, einem Feldstecher oder einem ganz kleinen Fernrohr von 5 oder 6 cm Durchmesser. Ein besonders interessantes Beobachtungsobjekt ist natürlich unser Mond, für den das Buch auf der Doppelseite 20/21 eine eigene Karte bereithält.

Im Trifidnebel (M 20) im Sternbild Schütze entstehen auch heute noch Sterne.

Sternkarten und Sternbilder

Im Sternkartenteil für den Nordhimmel (ab Seite 84) gibt es für jeden Monat vier Sternkarten. Sie zeigen den Sternhimmel in den vier Himmelsrichtungen für die mittlere geografische Breite von Mitteleuropa (50° Nord), können aber näherungsweise auch in Nord- und Südeuropa verwendet werden. Gültig sind sie für eine typische Beobachtungszeit von 22 Uhr Mitteleuropäische Zeit = 22 Uhr MEZ (= 23 Uhr Mitteleuropäische Sommerzeit, MESZ). Diese Angabe gilt exakt für 10° östliche Länge, für Orte anderer geografischer Länge lässt sich die Gültigkeitszeit aber leicht berechnen. Ohnehin ist die Abweichung nicht sehr groß. Die Tabelle auf Seite 83 zeigt, dass sich auch zu allen anderen Zeiten während des ganzen Jahres jeweils eine gültige Beobachtungskarte finden lässt. Für Reisende auf die Südhalbkugel der Erde hält der Naturführer ab Seite 136 eine Serie von Übersichtskarten der südlichen Himmelssphäre bereit, die zweimonat-

Der Kugelsternhaufen M 13 im Herkules enthält über 500 000 Sterne.

Der Andromeda-Nebel ist die einzige Galaxie, die von Europa aus ohne Fernrohr sichtbar ist.

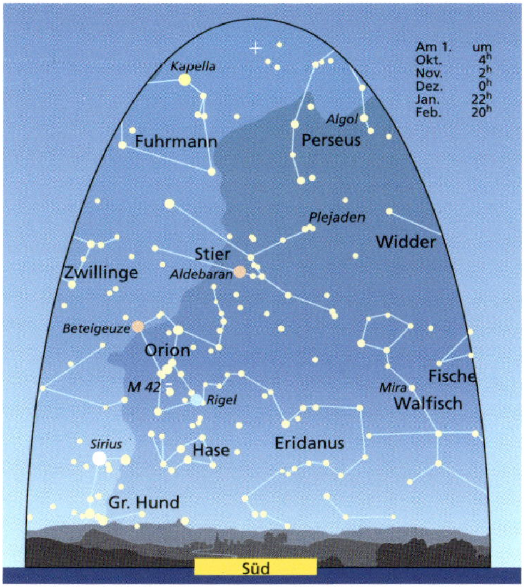

Sternkarte für den nördlichen Sternhimmel, Blickrichtung Süd

lich für die Richtungen West–Nord–Ost und Ost– Süd–West angefertigt sind.
Die Erstellung von Sternkarten ist nicht frei von Problemen: Der Sternhimmel ist ja gewölbt, eine Sternkarte muss aber plan sein. Ohne Verzerrungen, vor allem an den Rändern der Karte, funktioniert die Darstellung daher leider nicht, sie ist aber bei den vorliegenden Karten recht gering. Jede Karte reicht in der betreffenden Himmelsrichtung vom Horizont, der durch eine Fantasielandschaft dargestellt ist, bis zum Zenit – dem Scheitelpunkt des Himmelsgewölbes über uns. An den Rändern links, rechts und oben überlappen sich die Karten etwas. Die Sternkarten enthalten, damit sie übersichtlich bleiben, nur die wichtigsten Sterne sowie die Umrisslinien der Sternbilder. Näheres über die Sternbilder und ihre besonderen Objekte ist im Sternbilder-Lexikon ab S. 150 zu finden.

Die Sterne und Objekte des Sternbilds Orion

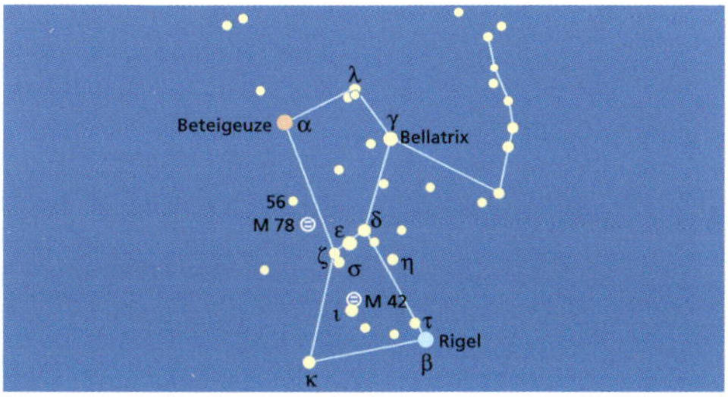

Himmelsereignisse bis 2022

Die Seiten 206 bis 210 schließlich enthalten Angaben über vorhersagbare besondere Himmelserscheinungen in den Jahren 2009 bis 2022, vor allem über die Sichtbarkeit von Planeten, Vollmondtermine sowie Sonnen- und Mondfinsternisse. Natürlich können diese Seiten kein astronomisches Jahrbuch ersetzen, sie geben aber einen ersten Überblick. Für umfangreichere Informationen sei das jährlich im Kosmos-Verlag erscheinende Buch *Kosmos Himmelsjahr* empfohlen.

Mondaufgang über Frankfurt: Auch der Mond erscheint am Horizont oft rötlich verfärbt.

Himmelskunde

Orientierung am Himmel

Die Himmelskugel

Wie eine Käseglocke dehnt sich der Himmel über uns; fast wirkt es, als ob alle Gestirne an eine riesige, überdimensionale Planetariumskuppel projiziert wären. Früher glaubte man, die Erde sei wirklich von kristallenen Sphären umgeben. Die Himmelskugel oder das Himmelsgewölbe ist aber nur ein gedankliches Gebilde, es ist eben jene Hälfte des Weltalls, die für uns durch die Erdkugel nicht verdeckt ist. Für viele praktische Beobachtungen ist der Begriff „Himmelskugel" jedoch gut brauchbar. So kann man z. B. an der Innenseite der scheinbaren Himmelskugel den augenblicklichen Ort eines Gestirns angeben. Als Horizont bezeichnet man die Grenzlinie zwischen Himmelsgewölbe und Erdoberfläche. Nur auf dem Meer, bei völlig

So bewegen sich die Sterne um den nördlichen Himmelspol. Dicht daneben steht der Polarstern.

ruhiger Wasseroberfläche, oder auch von einem alles überragenden Berg oder Turm aus sieht man bis zum Horizont herab. In der Regel ist die Sicht zum Horizont allerdings durch Berge, Bäume, Häuser usw. mehr oder weniger verwehrt. Die Stelle des Himmelsgewölbes, die sich senkrecht über uns befindet, nennt man Zenit.

Die Himmelsrichtungen

Mit Hilfe der vier Himmelsrichtungen lässt sich bereits grob angeben, wo ein Gestirn zu finden ist. Aber so wie bei einer Karussellfahrt Häuser, Bäume und Menschen um uns herumzuwirbeln scheinen, laufen wegen der Erdrotation die Gestirne scheinbar um uns herum und verändern damit ständig ihre Position. Ein Stern jedoch, der genau in der Verlängerung der Erdachse steht und damit also an einem der beiden Himmelspole, würde sich nicht bewegen. Glücklicherweise steht nahe dem nördlichen Himmelspol tatsächlich ein gut mit freiem Auge sichtbarer Stern: Es ist der Hauptstern im Kleinen Bären (Kleinen Wagen), der Polarstern. Gegenwärtig ist er nur 0,7 Winkelgrad (°) oder anderthalb Mondbreiten vom exakten Himmelsnordpol entfernt. Man kann also ohne großen Fehler davon ausgehen, dass uns der Polarstern die Nordrichtung weist. Zieht man nämlich in Gedanken eine senkrechte Linie vom Polarstern zum Horizont, so landet man im Norden.

Wie aber findet man den Polarstern? Hierzu sucht man zunächst die einprägsamste Sternanordnung des ganzen Himmels auf, den Großen Wagen – ein Teil des Sternbilds Großer Bär. Der Große Wagen steht abends um etwa 21 Uhr im November am tiefsten und damit knapp über dem Horizont; im Februar zeigt die Deichsel nach unten; im

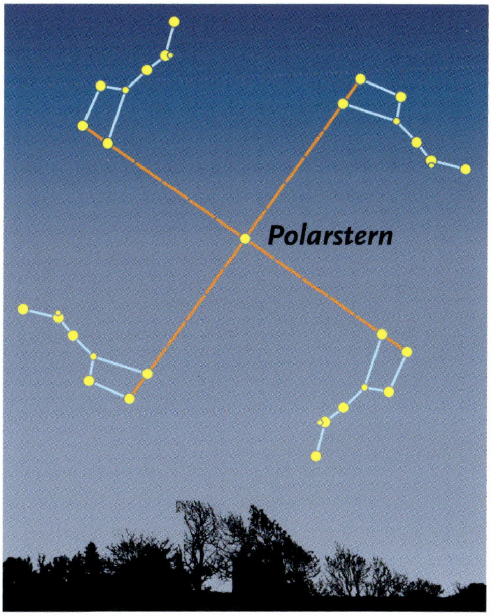

So findet man mit Hilfe des Großen Wagens zu jeder Zeit den Polarstern.

Mai steht der Große Wagen fast im Zenit und im August weist die Deichsel nach oben. Hat man den Großen Wagen gefunden, verlängert man die Verbindungslinie der beiden hinteren Sterne des Wagenkastens um das Fünffache von den gedachten Wagenrädern weg – und stößt auf den Polarstern. Damit sind aber auch alle anderen Himmelsrichtungen festgelegt. Dreht man sich mit dem Rücken zum Polarstern, findet man linker Hand Osten, vor sich Süden und rechter Hand Westen.

Übrigens lassen sich die Himmelsrichtungen mit einer richtig gehenden Analoguhr – also einer Uhr mit Zeigern – auch am Tag wenigstens ungefähr bestimmen. Dreht man die Uhr so, dass der Stundenzeiger (in MEZ) zur Sonne weist, liegt Süden etwa auf der Hälfte zwischen der 12-Uhr-Marke und dem Stundenzeiger (s. Abb. S. 10).

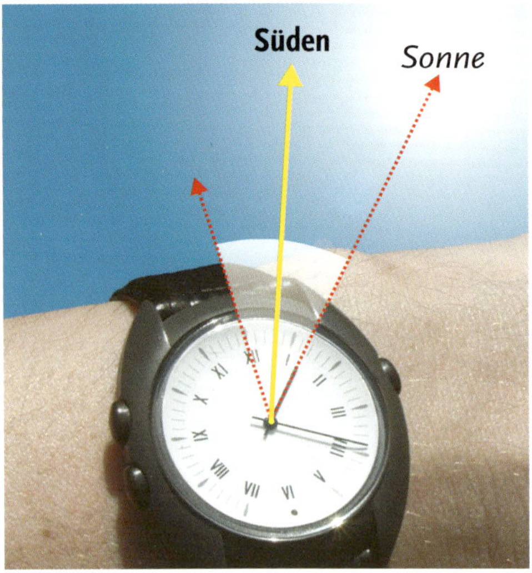

Am Tag kann man mit Hilfe einer Uhr ungefähr die Südrichtung bestimmen.

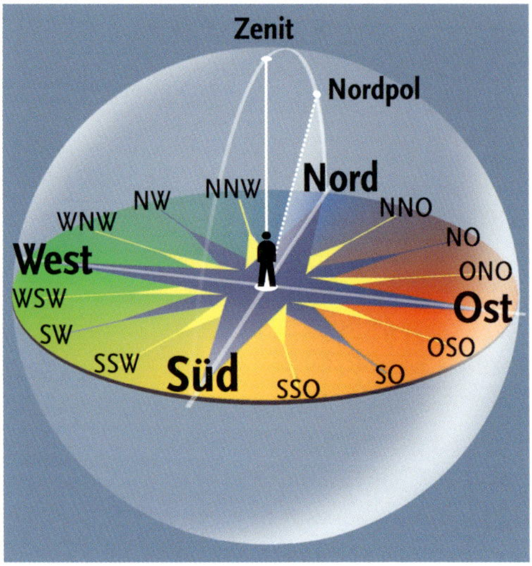

Die Himmelskugel und die verschiedenen Himmelsrichtungen

Neben der Himmelsrichtung Nord (N) und den drei anderen Richtungen Ost (O), Süd (S) und West (W) gibt es noch Zwischenrichtungen, und zwar von N über O, S und W nach N zurück: Nordnordost (NNO), Nordost (NO), Ostnordost (ONO), Ostsüdost (OSO), Südost (SO), Südsüdost (SSO), Südsüdwest (SSW), Südwest (SW), Westsüdwest (WSW), Westnordwest (WNW), Nordwest (NW) und Nordnordwest (NNW).

Zirkumpolarsterne

Den Großen Wagen kann man das ganze Jahr hindurch sehen. Es gibt aber noch weitere Sternbilder, die ebenfalls immer am Himmel stehen. Um den Himmelsnordpol herum gibt es nämlich eine Zone mit Sternbildern, die niemals untergehen. Es sind die so genannten Zirkumpolarsternbilder. Sie sind nicht weiter vom nördlichen Himmelspol entfernt, als dieser über dem Horizont steht. Und eine goldene Regel besagt: Die Höhe des Himmelsnordpols (und damit etwa die des Polarsterns) über dem Nordhorizont entspricht der geografischen Breite des Beobachtungsortes. Für 50° nördl. Breite (alle Orte etwa auf der Linie Mainz–Bayreuth– Prag) steht der Himmelsnordpol also 50° über dem

Zirkumpolarsternbilder gehen niemals unter.

Nordhorizont. Alle Sterne und Sternbilder, die weniger als 50° vom Himmelsnordpol entfernt sind, bleiben damit auf 50° nördl. Breite immer sichtbar. Dazu gehören neben Großem und Kleinem Bär auch Luchs, Perseus, Kassiopeia, Kepheus, Drache, Giraffe, Eidechse und Teile weiterer Sternbilder. Reisen wir nach Norden, so nimmt die geografische Breite und damit die Höhe des Himmelsnordpols über dem Horizont zu: Die Zone der Zirkumpolarsternbilder wird größer. Fahren wir nach Süden, wird die Zone der Zirkumpolarsternbilder kleiner, da nun auch der Himmelsnordpol immer dichter an den Horizont rückt. Am Äquator schließlich gibt es gar keine Zirkumpolarsternbilder mehr.

Die Jahreszeiten

Die Jahreszeiten spiegeln sich am Himmel im Lauf der Sonne wider. Für 50° nördl. Breite und 10° östl. Länge z. B. gilt (Angaben in MEZ, während der Gültigkeit der Sommerzeit ist also eine Stunde zu addieren):
Am 22. Dezember, dem Tag der Wintersonnenwende und des Winteranfangs, geht die Sonne um etwa 8.16 Uhr etwas links von der SO-Richtung auf und um 16.21 Uhr etwas rechts von SW unter (vgl. Abb. S. 12). Mittags steht sie nur 16½° hoch über dem S-Horizont. In der folgenden Zeit verschiebt sich der Aufgangspunkt nach links, der Untergangspunkt nach rechts, zunächst ganz langsam, später etwas schneller. Am 21. März ist Frühlingsanfang. Die Sonne geht um 6.22 Uhr exakt im O auf und um 18.33 Uhr im W unter: Frühlings-Tagundnachtgleiche, Tag und Nacht dauern je 12 Stunden. Dass dies in der Praxis nicht genau stimmt, liegt vor allem an der Lichtbrechung in der Erdatmosphäre. Dadurch erscheint die Sonne am

Die Jahreszeiten entstehen durch die Schrägstellung der Erde in Bezug auf ihre Bahn.

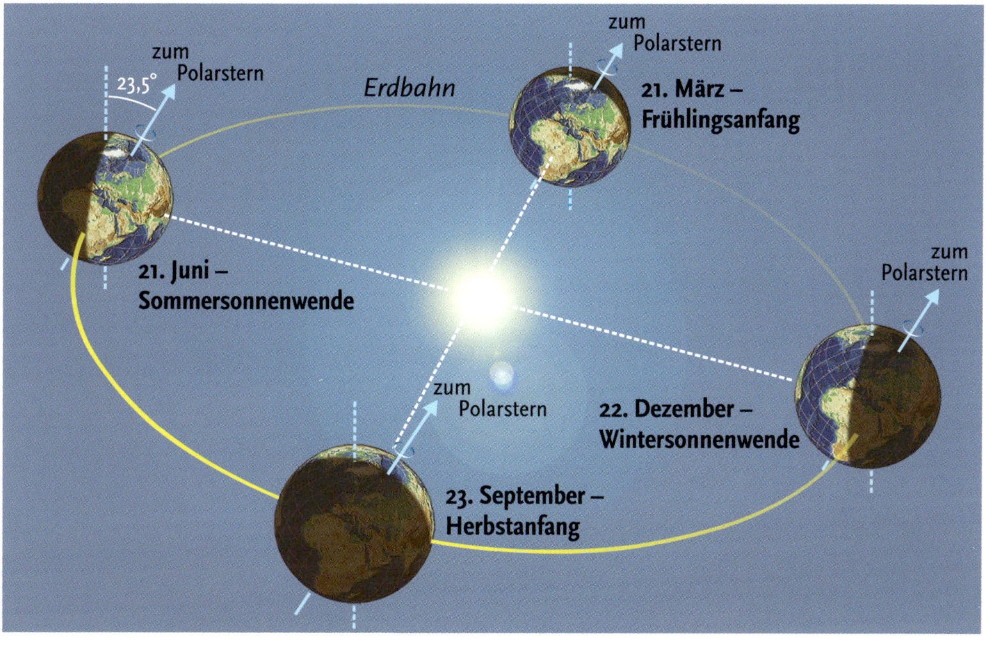

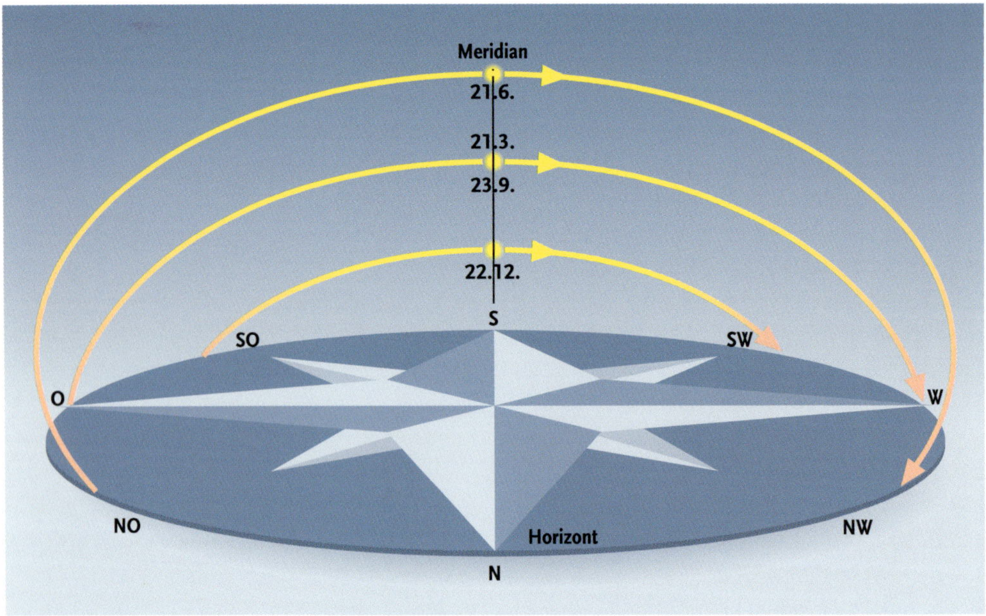

So bewegt sich die Sonne zu den einzelnen Jahreszeiten für Mitteleuropa am Himmel.

Horizont um mehr als ihren Durchmesser angehoben, sie geht also etwas früher auf und etwas später unter, als es allein aus geometrischen Verhältnissen zu erwarten wäre. Die Mittagshöhe der Sonne im S beträgt 40°. Am 21. Juni ist Sommersonnenwende, Sommeranfang. Jetzt geht die Sonne um 4.10 Uhr knapp rechts von NO auf und um 20.33 Uhr knapp links von NW unter. Mittags steht sie 63½° hoch im S. Nach dem 21. Juni wandert der Aufgangspunkt der Sonne nach rechts und der Untergangspunkt nach links zurück. Am 23. September ist Herbstanfang, Herbst-Tagundnachtgleiche. Wieder läuft die Sonne exakt von O nach W, die Mittagshöhe im S beträgt 40°. Der Aufgang ist um 6.07 Uhr, der Untergang um 18.17 Uhr. Die Angaben der Jahreszeiten beziehen sich auf die Nordhalbkugel der Erde, auf der Südhalbkugel sind sie genau entgegengesetzt.

Winkelmaßangaben am Himmel

Distanzen am Himmel werden häufig im Winkelmaß angegeben. Ein Vollkreis wird bekanntlich in 360 Winkel- oder Bogengrad (°) unterteilt. Ein Viertelkreis umfasst 90°. Der Zenit oder Scheitelpunkt des Himmelsgewölbes steht also 90° hoch über dem Horizont. Zur Veranschaulichung der Dimensionen findet man auf der Buchrückseite am linken Rand eine Winkelgrad-Skala. Hält man das Buch eine ausgestreckte Armlänge von sich entfernt, kann man über die Pfeilspitzen am Himmel einen Bogen von 5°, 10° und 15° anvisieren. Ein Bogengrad wird weiter unterteilt in 60 Bogenminuten (′). Eine Bogenminute enthält wiederum 60 Bogensekunden (″). Sonnen- und Mondscheibe sind 30′ groß.

Der jährliche Sonnenlauf

Die Erde läuft in einem Jahr um die Sonne. Würde die Sonne am Tage nicht einfach alle

Sterne überstrahlen, wäre zu beobachten, wie sie Tag für Tag vor dem Hintergrund des Sternhimmels weiterzieht. Die Sterne, vor denen sie gerade steht, wandern mit ihr über den Taghimmel und sind daher nachts nicht zu sehen – wie die Sonne selber. Indirekt lässt sich aber die scheinbare Verschiebung der Sonne vor dem Sternhimmel doch verfolgen, z. B. wenn man ein ganzes Jahr hindurch bei Einbruch der Nacht den Sternhimmel im Westen beobachtet.

Beginnen wir am 15. April zwei Stunden nach Sonnenuntergang (etwa Karte April West, s. Abb. unten). Dann sind im W noch die Wintersternbilder Orion, Stier, Zwillinge und Fuhrmann zu sehen, im SW auch noch der Kleine und der Große Hund. Setzt man diese Beobachtung an jedem klaren Abend fort, und zwar immer zwei Stunden nach Sonnenuntergang, so sinken die Winterbilder immer tiefer und werden nach und nach unsichtbar. Dafür ziehen im Laufe des Mai und Juni Krebs und Löwe nach Westen. Dieses Schauspiel ist eine Folge der Wanderung der Sonne in die genannten Bereiche des Sternhimmels hinein. Nach ein paar Wochen der Unsichtbarkeit tauchen die Sternbilder dann morgens wieder vor Sonnenaufgang im O auf. Anfang August ist zwei Stunden vor Sonnenaufgang (Karte Oktober Ost) bereits wieder der Stier zu sehen, bald folgt der Orion, Anfang September auch der Große Hund und die Zwillinge usw.

Mit Hilfe der Monatssternkarten (S. 84 bis 131) lassen sich noch weitere Zusammenhänge feststellen. Die Sterne, die der Sonne am Himmel gegenüberstehen, sind die ganze Nacht sichtbar. So kann man sie grob in jahreszeitliche Gruppen einteilen. Man spricht von Winter-, Frühlings-, Sommer- und Herbststernbildern. Orion, Stier, Fuhrmann, Großer und Kleiner Hund sowie die Zwillinge sind Winterbilder. Sie verschwinden allmählich im Frühling und sind im Sommer im Wesentlichen unsichtbar. Erst im Spätsommer tauchen sie allmählich wieder auf, wenn auch zunächst erst kurz vor Sonnenaufgang.

Der Tierkreis

Die Sternbildkulisse, vor der sich der scheinbare Sonnenlauf abspielt, nennen wir den Tierkreis (Zodiakus) und die scheinbare Sonnenbahn die Ekliptik. Zu Jahresbeginn steht die Sonne im Sternbild Schütze. Am 19. Janu-

Im Laufe der Monate versinken die Sternbilder im Westen, im Osten tauchen neue auf.

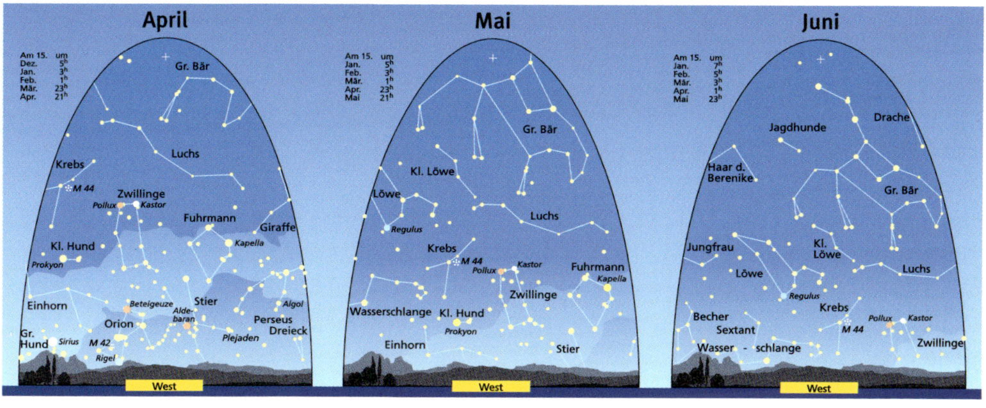

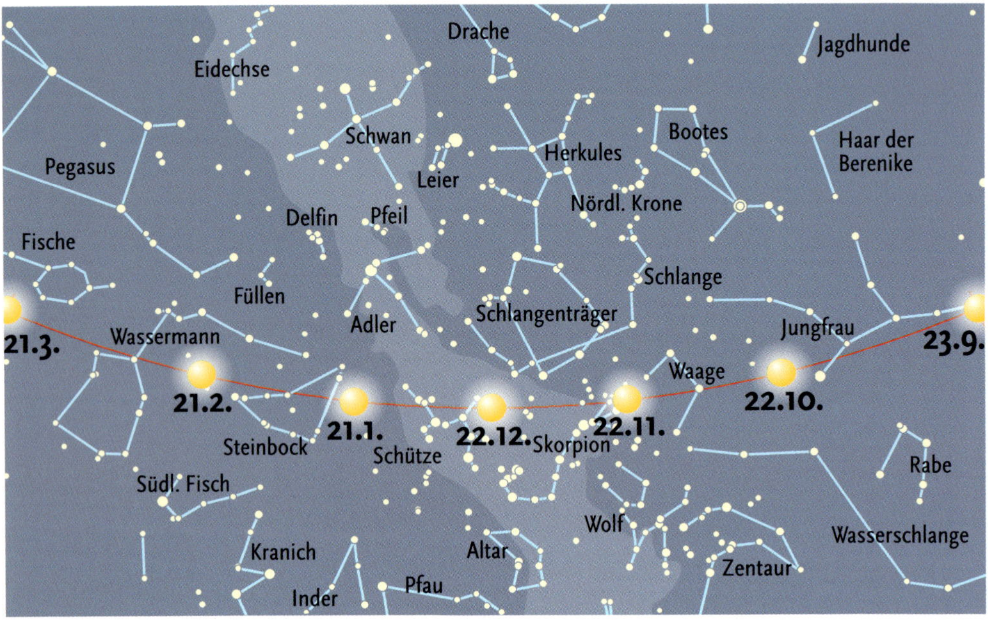

So wandert die Sonne in einem Jahr als Spiegelbild der Erdbewegung vor dem Hintergrund der Tierkreissternbilder.

ar zieht sie in den Steinbock. Am 12. Februar folgt der Wassermann, am 11. März überschreitet sie die Grenze zu den Fischen. Am 18. April kommt der Widder an die Reihe, am 13. Mai der Stier. Vom 21. Juni an zieht die Sonne durch die Zwillinge, ab dem 20. Juli durch den Krebs. Vom 10. August bis 16. September durchwandert die Sonne das ziemlich lang gestreckte Bild des Löwen. Auch für die darauf folgende Jungfrau benötigt sie viel Zeit: vom 16. September bis zum 30. Oktober. Die Waage wird wieder schnell durchschritten. Bereits am 22. November erreicht die Sonne die Grenze zum Skorpion. Dieser wird nur im nördlichsten Zipfel von der Sonne durchlaufen. Ganze sieben Tage benötigt sie, bevor sie das Sternbild am 29. November schon wieder verlässt. Dann kommt der Schlangenträger, den sie bis zum 18. Dezember durchwandert.

Die Punkte, an denen sich die Sonne zu Beginn der vier Jahreszeiten befindet, haben besondere Namen: Frühlingspunkt, Sommerpunkt, Herbstpunkt und Winterpunkt. Die Tagundnachtgleichen am 21. März und 23. September heißen auch Äquinoktien, die Sonnenwenden am 21. Juni und 22. Dezember Solstitien. Der Frühlingspunkt wird übrigens manchmal auch Widderpunkt genannt, da dort das Tierkreis*zeichen* Widder beginnt. Erstaunlicherweise gibt es also eigentlich dreizehn statt zwölf Tierkreissternbilder. Und diese haben außerdem nichts mehr mit den (meist nur in der Astrologie benutzten) Tierkreis*zeichen* zu tun. Vor etwa 2000 Jahren war das noch anders: Zu dieser Zeit fielen Sternbilder und Zeichen ungefähr zusammen, von den unterschiedlichen Breiten der wirklichen Sternbilder und dem zusätzlichen 13. Sternbild Schlangenträger

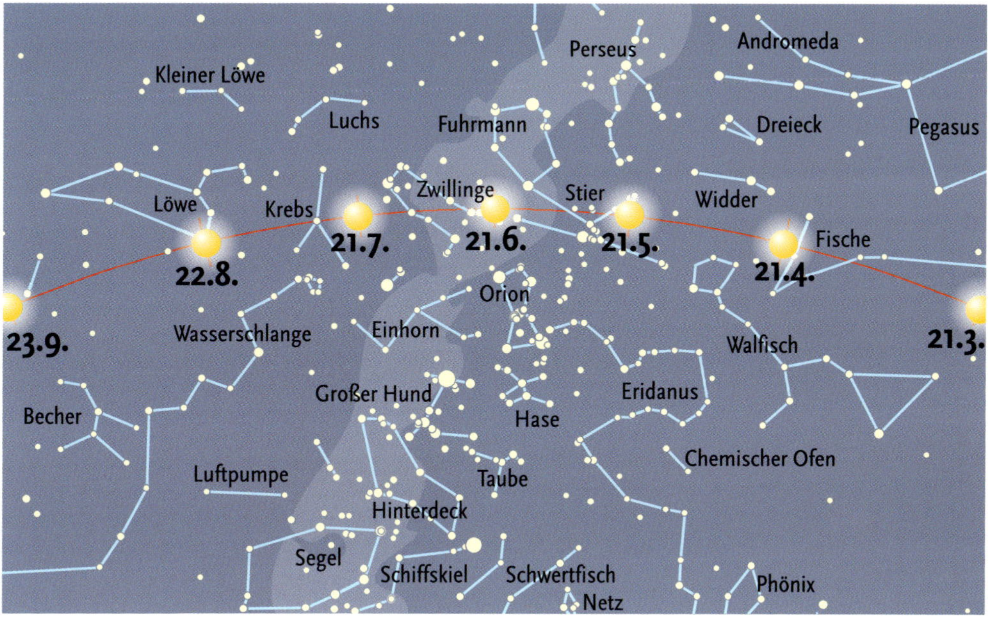

einmal abgesehen. Dass das heute nicht mehr so ist und Zeichen und Sternbilder in den nächsten Jahrtausenden sogar noch weiter auseinanderrücken, liegt an der „Präzession" der Erdachse. Bedingt durch die Anziehung von Sonne und Mond auf den Äquatorwulst der Erde schwingt die Erdachse in knapp 26 000 Jahren einmal um die Senkrechte auf der Erdbahnebene herum. Dies hat Auswirkungen auf den Anblick des Sternhimmels und z. B. auf die Lage des Frühlingspunktes. Aber auch der Himmelsnordpol verlagert sich. Unser heutiger Polarstern wird somit im Laufe der Jahrhunderte allmählich seine Rolle verlieren. Um 9000 n. Chr. herum wird Deneb im Schwan ungefähr Polarstern sein, um 13 000 n. Chr. Wega

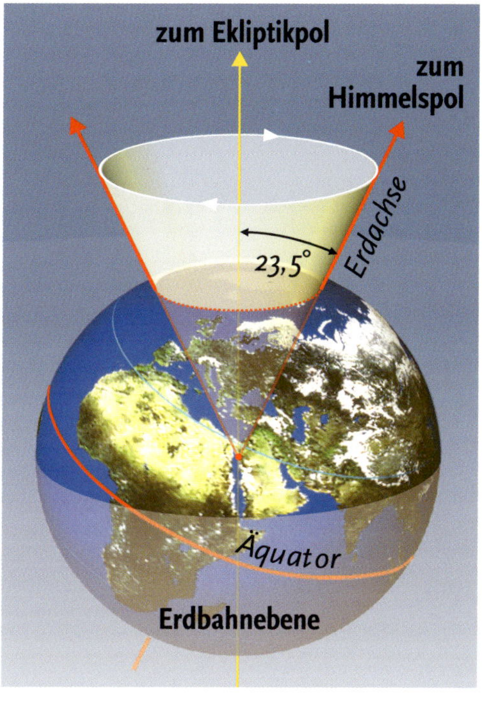

Präzession: Die Erdachse beschreibt in knapp 26 000 Jahren einen Kegelmantel um die Senkrechte auf der Erdbahnebene.

in der Leier. Und um etwa 28 000 n. Chr. übernimmt unser Polarstern wieder seine alte Rolle. Übrigens erreicht der nördliche Himmelspol erst im Jahr 2100 n. Chr. mit knapp 0,5° seinen kleinsten Abstand vom Polarstern.

Die Tierkreissternbilder sind wichtig für die Himmelsbeobachtung, weil durch sie nicht nur die Sonne, sondern auch Mond und Planeten laufen. Das liegt daran, dass ihre Bahnen nur geringfügig gegen die Erdbahnebene geneigt sind.

Der Mondlauf

Unser Trabant umläuft die Erde in einem knappen Monat. Während dieser Zeit sehen wir ihn in den verschiedensten (Beleuchtungs-)Phasen oder Lichtgestalten. Steht der Mond etwa zwischen Erde und Sonne, so wendet er uns seine dunkle, unbeleuchtete Nachtseite zu und steht mit der Sonne am Taghimmel: Es ist Neumond. Ein bis drei Tage später jedoch erscheint die schmale Sichel des zunehmenden Mondes abends nach Sonnenuntergang über dem westlichen Horizont. Die Sichel wächst nun weiter an. Da sie sich im Tierkreis nach links oder Osten immer weiter von der Sonne entfernt, geht sie immer später am Abend unter. Etwa eine Woche nach Neumond steht der Mond im Ersten Viertel, es ist zunehmender Halbmond. Die rechte Seite des Mondes ist nun beleuchtet. Bei Sonnenuntergang steht unser Trabant ungefähr im Süden und geht etwa um Mitternacht im Westen unter. Doch spielt hier die Jahreszeit eine Rolle. So steht z. B. der zunehmende Halbmond zur Zeit des Frühlingsanfangs etwa dort im Tierkreis, wo die Sonne erst am 21. Juni eintreffen wird. Er bleibt also ziemlich lange über dem Horizont

Die Mondphasen: Der äußere Ring zeigt, wie der Mond von der Nordhalbkugel der Erde aus erscheint. Der innere Ring simuliert den Blick von „außen" auf Erde und Mond.

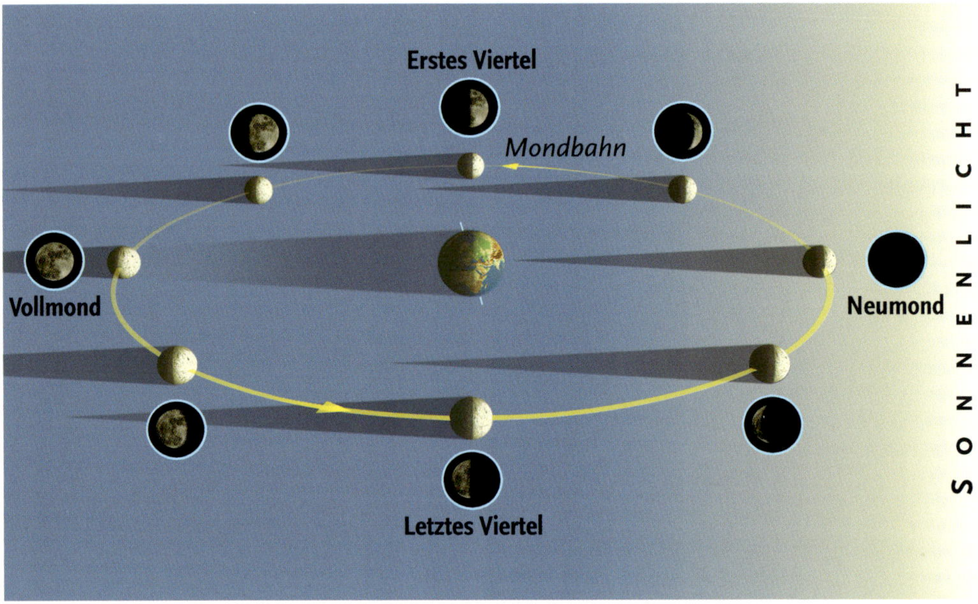

Der Mond in seinen verschiedenen Phasen, links zunehmend, rechts abnehmend

und geht erst nach Mitternacht unter. Zu Herbstanfang ist es genau umgekehrt: Der zunehmende Halbmond steht dort, wo die Sonne erst am 22. Dezember zu finden ist, und geht daher schon vor Mitternacht unter. Nach dem Ersten Viertel bleibt der Mond immer länger sichtbar. Im Mittel verspäten sich seine Auf- und Untergänge pro Tag um rund 50 Minuten, aber auch dieser Betrag schwankt stark – von rund einer Viertelstunde bis fast anderthalb Stunden. Etwa 14 bis 15 Tage nach Neumond ist Vollmond. Jetzt steht der Mond der Sonne gegenüber und geht bei Sonnenuntergang auf und bei Sonnenaufgang unter. Er kann also die ganze Nacht beobachtet werden. Der „Sommervollmond" im Juni/Juli schleicht dabei nur knapp von SO bis SW am Horizont entlang, genau wie die Sonne zur Zeit des Winteranfangs. Der „Wintervollmond" im Dezember/Januar klettert dagegen hoch am Südhimmel hinauf, kulminiert in einer Höhe wie die Sonne im Juni und geht im NO auf und im NW unter.

Nach Vollmond verabschiedet sich unser Trabant allmählich vom Abendhimmel: Er nimmt ab. Etwa am 22. Tag nach Neumond steht der Mond im Letzten Viertel, es ist abnehmender Halbmond. Nun ist seine linke Hälfte beleuchtet. Er geht im Durchschnitt um Mitternacht auf und steht bei Sonnenaufgang etwa im Süden. Einige Tage später sehen wir kurz vor Sonnenaufgang tief über dem östlichen Horizont die schmale abnehmende Sichel. Nach jeweils 29 Tg., 12 Std. und 44 Min. ist wieder Neumond. Diese Zeitspanne nennt man einen synodischen Monat oder die synodische Umlaufzeit des Mondes um die Erde. Bis der Mond allerdings wieder an demselben Stern im Tierkreis eintrifft, vergehen nur 27 Tg., 7 Std., 43 Min.; dies ist ein siderischer Monat. Der synodische Monat ist länger, da er an die Sonnenposition gebunden ist. Die Sonne läuft ja in der Zwischenzeit auch ein Stück weiter durch den Tierkreis, und der Mond muss sie erst einholen. Dazu braucht er etwas mehr als zwei Tage.

Unser Trabant beschreibt eine Ellipsenbahn um die Erde, er ist also nicht immer gleich weit von ihr weg: 356 000 km beträgt die Entfernung in Erdnähe, 407 000 km in Erdferne. Dadurch ändert sich auch der scheinbare Durchmesser der Mondscheibe immerhin zwischen 29′26″ und 33′30″. Die mittlere Entfernung beträgt 384 400 km. Der erdnächste Punkt heißt Perigäum, der erdfernste Punkt Apogäum. Zwischen zwei Durchgängen durch das Perigäum vergehen 27 Tg., 13 Std., 19 Min.; dies ist die anomalistische Umlaufzeit des Mondes.

Der Mond

Der Mond ist der einzige Himmelskörper, auf dem man bereits mit bloßem Auge Oberflächenstrukturen wahrnehmen kann. Die vor allem auf der Vollmondscheibe sichtbaren dunklen Flecken werden im Volksmund oft als „der Mann im Mond" bezeichnet. Eigentlich ist es ein schiefes Gesicht, das von uns aus gesehen nach links blickt. Es gibt aber auch andere Ausdeutungen: Ein Hase, der nach rechts aus einem Gebüsch herausspringt – Bauer und Bäuerin – zwei Kinder, die auf einem Balken einen Eimer Wasser tragen – ein Bauer mit einem Reisigbündel auf dem Rücken – eine Bäuerin am Spinnrad – der preußische Adler – der Kuss im Mond.

Zur Einübung einer astronomischen Beobachtungstechnik kann man einmal versuchen, die Mondflecken aufzuzeichnen, so wie sie sich dem bloßen Auge bei Vollmond zeigen. Bereits bei einer Beobachtung mit einem Fernglas oder kleinen Fernrohr zeigen sich aber so viele Einzelheiten auf dem Mond, dass es immer schwieriger wird, ihn ganz abzuzeichnen. Der Mond besitzt keine Atmosphäre und daher auch keine Wolken. So treten für uns die Mondlandschaften völlig klar zutage – vorausgesetzt, unser irdischer Himmel ist wolkenfrei. Die Temperaturen klettern auf seiner sonnenbeschienenen Seite auf +120 °C und sinken auf der Nachtseite auf –150 °C ab. Dies sind natürlich keine „Lufttemperaturen", wie wir sie auf der Erde anzugeben pflegen, sondern die Temperaturen der Gesteine am Mondboden.

Der Mond in Zahlen

Mittlere Entfernung	
von der Erde	**384 400 km**
in Erdnähe	**356 000 km**
in Erdferne	**407 000 km**
Durchmesser	**3476 km**
Masse	**1/81 Erdmasse**
Dichte	**3,3 g/cm³**
Siderische Umlaufzeit	
(Stern–Stern)	**27,32 Tg.**
Synodische Umlaufzeit	
(Neumond–Neumond)	**29,53 Tg.**

Vollmond über dem Stuttgarter Fernsehturm. Gut zu sehen sind die dunklen Mondmeere.

Der Vollmond (Anblick im umkehrenden Fernrohr). Rechts oben der berühmte Strahlenkrater Tycho.

Rotation und Libration

Unser Trabant hat eine mittlere Entfernung von 384 400 km von der Erde. Da er sich auf einer Ellipsenbahn bewegt, schwankt sein Abstand zwischen 356 000 und 407 000 km und damit sein Winkeldurchmesser zwischen 29′26″ und 33′30″. Mit einem Umlauf um die Erde dreht er sich auch einmal um sich selbst: Umlaufzeit und Rotationszeit sind gleich lang. Dies nennt man eine „gebundene Rotation“. So weist er der Erde stets dieselbe Seite zu, seine Rückseite kann von hier aus niemals beobachtet werden.

Doch gibt es kleine Schwankungen in seiner Bewegung (Libration): Zwar ist seine Rotationsgeschwindigkeit um sich selbst völlig gleichmäßig, nicht aber die Umlaufgeschwindigkeit um die Erde. In Erdferne läuft der Mond am langsamsten, in Erdnähe am schnellsten. So kommen Rotation und

Seite 20/21: Große Mondkarte

Große Mondkarte

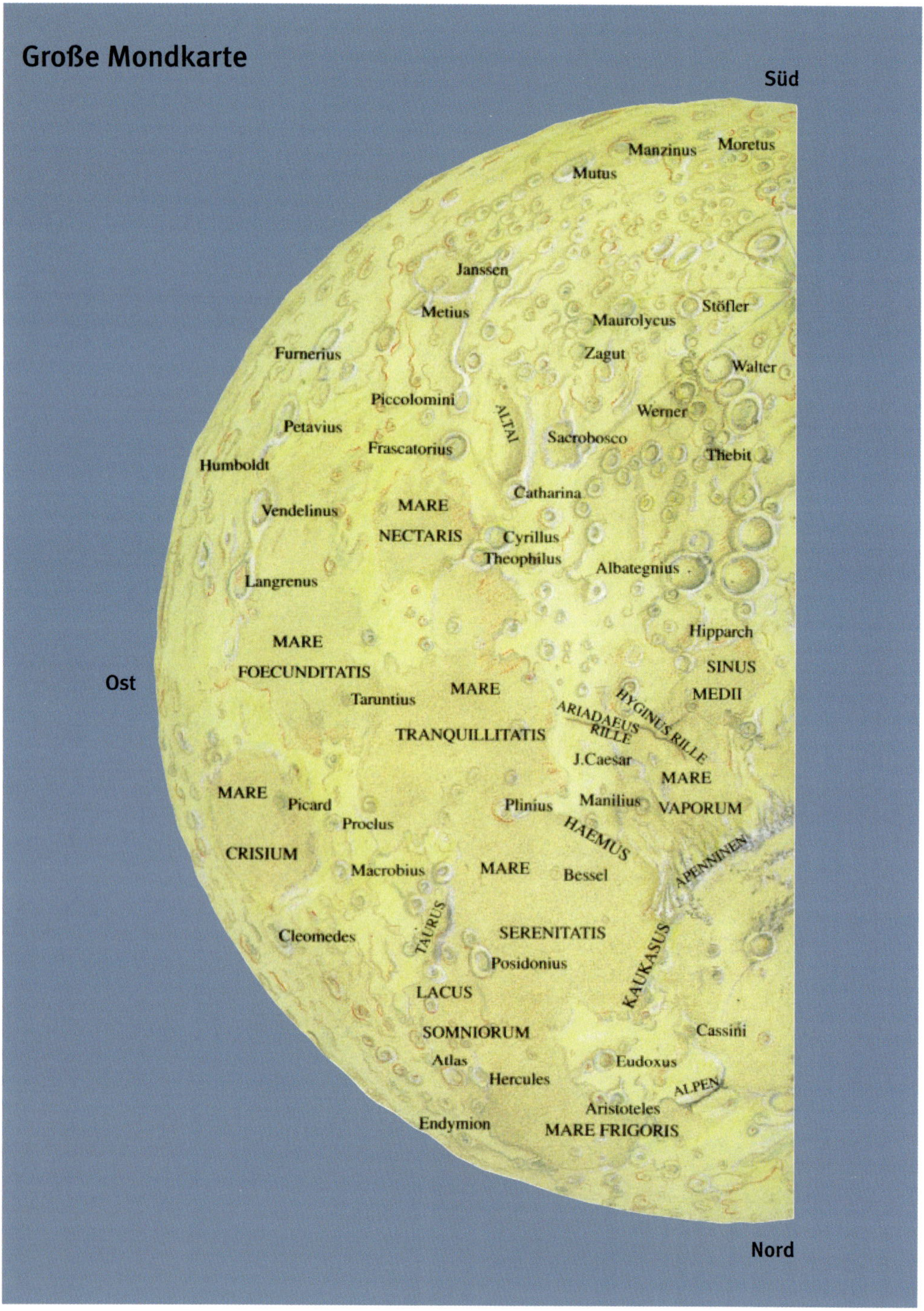

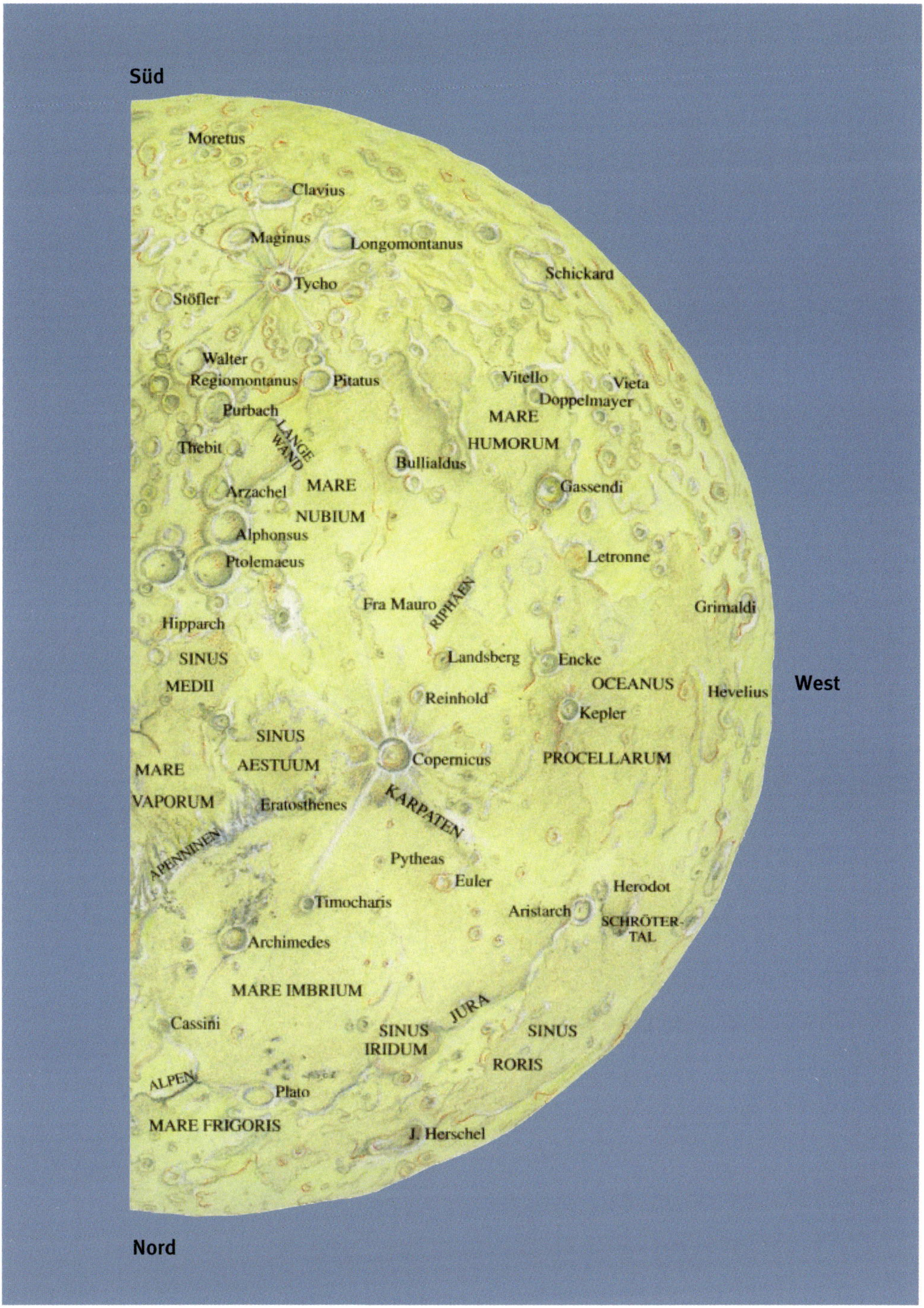
Süd
Moretus
Clavius
Maginus
Longomontanus
Tycho
Schickard
Stöfler
Walter
Regiomontanus
Pitatus
Vitello
Vieta
Doppelmayer
Purbach
MARE
HUMORUM
LANGE WAND
Thebit
Bullialdus
Arzachel
MARE
NUBIUM
Gassendi
Alphonsus
Ptolemaeus
Letronne
Fra Mauro
RIPHÄEN
Grimaldi
Hipparch
SINUS
MEDII
Landsberg
Encke
OCEANUS
Hevelius
West
Reinhold
Kepler
SINUS
AESTUUM
Copernicus
PROCELLARUM
MARE
VAPORUM
Eratosthenes
KARPATEN
APENNINEN
Pytheas
Euler
Herodot
Timocharis
Aristarch
SCHRÖTER-
TAL
Archimedes
MARE IMBRIUM
JURA
Cassini
SINUS
IRIDUM
SINUS
RORIS
ALPEN
Plato
MARE FRIGORIS
J. Herschel
Nord

Umlauf ein wenig aus dem Takt und wir sehen einmal ein wenig hinter das linke, dann wieder hinter das rechte Ohr. Allerdings sind die randnahen Gebiete wegen der perspektivischen Verzerrung kaum richtig zu erkennen. Die Libration fällt aber trotzdem deutlich auf: Die großen dunklen Gebiete erscheinen einmal mehr zum Westrand, ein anderes Mal mehr zum Ostrand hin verschoben. Ein weiterer Effekt führt dazu, dass wir auch immer unterschiedlich viel von den Polregionen unseres Trabanten zu sehen bekommen. Die Rotationsachse des Mondes ist nämlich um etwa 6,5° zur Senkrechten auf seiner Bahnebene geneigt. Daher kehrt er uns mal mehr von seiner Nord- und mal mehr von seiner Südhalbkugel zu. Aufgrund dieser beiden Librationseffekte wackelt der Mond am Himmel scheinbar ein bisschen hin und her und wir können nach und nach etwas mehr als die Hälfte (59 %) der gesamten Mondkugel überblicken.

Die Ringgebirge Copernicus und Eratosthenes (links am Rand), der „Geisterkrater" Stadius (links von Copernicus) und die Karpaten (unten)

Krater und Ringgebirge

Die auffälligsten Oberflächengebilde auf dem Mond sind die Krater. Die größeren nennt man oft Ringgebirge oder auch Wallebenen. Sie alle sind Folgen eines gewaltigen Bombardements, dem die Mondoberfläche insbesondere vor etwa 3 bis 4 Milliarden Jahren ausgesetzt war, als noch extrem viele Kleinkörper in unserem Sonnensystem herumschwirrten. Die Zahl der Kollisionen nahm aber schließlich immer weiter ab. Trotzdem gibt es auch Krater, die erst vor einigen hundert Millionen Jahren entstanden sind. Es sind die sehr hellen Krater (z. B. Copernicus, Aristarch, Tycho), die über auffällige, radial vom Krater weg nach außen verlaufende Strahlen verfügen, die durch Auswürfe beim Einschlag entstanden.

Die größten Krater haben Durchmesser bis zu 200 oder 300 km (Bailly, Clavius (s. S. 27), Schickard, Grimaldi). Nach unten gibt es kaum eine Grenze. Wenn auch wegen des scharfen Schattenwurfs die Krater oft wie tiefe Löcher erscheinen, ähneln sie in Wirklichkeit eher flachen Tellern. Das Verhältnis von Wallhöhe zu Durchmesser beträgt bei mittelgroßen Kratern typischerweise etwa 1:15 bis 1:30. Der Durchmesser ist also 15- bis 30-mal größer als die Wallhöhe. Große Wallebenen sind oft noch viel flacher, kleine Krater dagegen tiefer. Die ganze Spannweite reicht von 1:5 bis über 1:100. Die Krater tragen Namen bekannter Astronomen, Mathematiker und Philosophen, auf der Mondrückseite auch von Physikern und Männern aus der Raumfahrt.

„Meere" auf dem Mond

Bei den beschriebenen Dunkelflecken handelt es sich übrigens um riesige dunkle Ebenen, von den Astronomen früher als „Maria" (lat. Meere) bezeichnet. Die Bezeichnung ist geblieben, obwohl längst klar geworden ist, dass es auf dem Mond kein Wasser gibt. Die Maria wurden mit Fantasienamen benannt. So bedeutet Mare Crisium aus dem Lateinischen übersetzt „Meer der Gefahren", Mare Foecunditatis „Meer der Kälte", Mare Humorum „Meer der Feuchtigkeit", Mare Imbrium „Regenmeer", Mare Nectaris „Honigmeer", Mare Nubium „Meer der Wolken", Mare Serenitatis „Meer der Heiterkeit", Mare Tranquillitatis „Meer der Ruhe", Mare Vaporum „Meer der Dämpfe", Oceanus Procellarum „Ozean der Stürme".

Gebirgsketten, Rillen und Täler

Zahlreiche Kettengebirge zeigen sich vor allem um ausgedehnte Maria herum, besonders um das etwa 1000 km große Mare Imbrium. Im Grunde sind die Maria genau wie die Krater und Ringgebirge auf den Einschlag von Kleinkörpern zurückzuführen. Hier quoll aber nachträglich Magma an die Oberfläche und „überschwemmte" das Innere der Riesenkrater. Tatsächlich beobachtet man im Inneren der Maria gar nicht selten teilweise „ertrunkene" ältere Krater.

Um das Mare Imbrium liegen die Karpaten, die Apenninen, der Kaukasus, die Alpen und der Jura. Die höchsten Gipfel ragen bis zu einige tausend Meter über die Umgebung, in den Apenninen z. B. bis rund 6000 m. Die Gebirge erhielten meist Namen irdischer Gebirge.

Schließlich entdeckt man auf dem Mond auch Rillen und Täler, die sich oft recht gewunden über die Oberfläche schlängeln. Am bekanntesten sind die Hyginus-Rille mit 220 km Länge und 230 m Tiefe und das Schröter-Tal, das 200 km lang und bis zu 1000 m tief ist. Quer durch die Alpen erstreckt sich das Alpental.

Die Hyginus-Rille hat eine Länge von 220 km und eine Tiefe von 230 m.

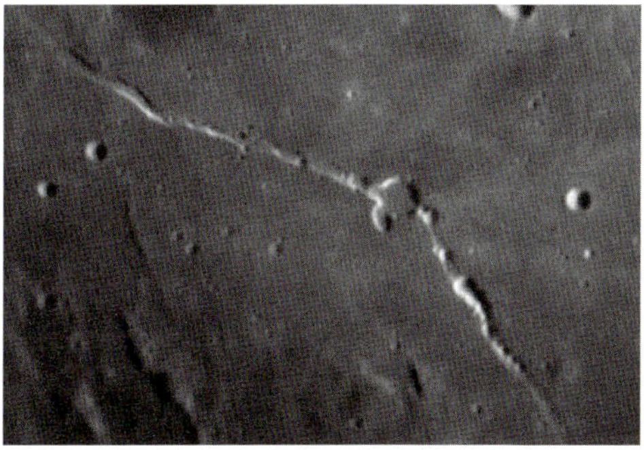

„Spaziergänge auf dem Mond"

Der Mond ist selbst für Besitzer ganz kleiner Fernrohre so reich an Einzelheiten, dass man auf ihm regelrechte „Spaziergänge" unternehmen kann. Übrigens ist es sehr interessant, den Mond bei unterschiedlichen Phasen zu beobachten, da die Schatten- und Beleuchtungsverhältnisse zu recht wechselnden Ansichten führen. Entsprechend dem Anblick in einem umkehrenden Fernrohr ist auf allen Detailaufnahmen wie auch auf der Gesamtkarte des Mondes Norden unten und Süden oben.

Im Folgenden werden ein paar besonders interessante Landschaften beschrieben:

Copernicus, Eratosthenes, Stadius

Eines der schönsten Ringgebirge ist **Copernicus** (vgl. Abb. linke Seite), nur wenig nordwestlich der Mondscheibenmitte. Der verhältnismäßig junge Krater mit seinem bei Vollmond auffälligen Strahlensystem hat

einen Durchmesser von 90 km, die Wallhöhe erreicht 3900 m. In seinem Inneren sehen wir einige machtvolle Zentralberge. Der Wall fällt in mehreren Stufen oder Terrassen nach innen ab. Ein besonderes Erlebnis ist es, Copernicus zu beobachten, wenn die Tag-Nacht-Grenze (der so genannte Terminator) gerade über ihn verläuft. Man sieht dann, wie das Kraterinnere noch (oder schon) in tiefem Dunkel liegt, der gesamte Kamm des Walls und die Gipfel der Zentralberge aber schon (oder noch) im Sonnenlicht strahlen. So kann man innerhalb weniger Stunden manchmal sehr eindrucksvoll einen Sonnenauf- oder -untergang in diesem herrlichen Krater verfolgen.
Östlich von Copernicus, am Beginn der **Apenninen**, liegt der 60 km große Krater **Erathostenes**, der ebenfalls auf 3760 m Wallhöhe kommt. Zwischen diesen beiden Ringgebirgen erkennt man ziemlich schemenhaft den recht flachen, alten und nahezu versunkenen 65 km großen Krater Stadius. Nördlich an diesen „Geisterkrater“ schließt sich ein Feld merkwürdiger Ketten winziger Kraterchen an, die sich teilweise sogar weit über **Stadius** hinaus erstrecken. Dieses Gebiet erschließt sich aber nur bei einer Beobachtung mit einem Fernrohr über 6 cm Öffnung.

Plato, Alpental, Sinus Iridum

Eine andere lohnende Gegend ist die Umgebung des Ringgebirges **Plato** am Westrand der Alpen. Plato hat einen Durchmesser von knapp 100 km. Sein Inneres ist ziemlich überflutet und eben; sein Wall erhebt sich daher nur 2400 m über den Kraterboden. Trotzdem lassen sich bei guten Luftverhältnissen und mit einem nicht zu kleinen Fernrohr einige Kraterchen im Inneren davon ausmachen.

Plato liegt direkt am „Nordufer“ des Mare Imbrium. Wandert man von Plato aus ein wenig in dieses Mare hinein, entdeckt man recht versprengt anmutende Berge und Bergklötze: Es sind die **Teneriffa**-Berge. Einige scheinen Reste eines früheren überfluteten Kraters zu sein. Etwas östlich davon findet man den meist sehr hell erscheinenden Berg **Pico**. Er ragt 2400 m über das Mare-Niveau hinauf.
Südöstlich von Plato erstrecken sich die **Alpen**. Die Höhe ihrer Berge ist mit maximal 3600 m nicht einmal bemerkenswert. Die Alpen sind aber berühmt wegen des Quertals, das sich durch die Mitte dieses Gebirges erstreckt und das wie ein gewaltiger Riss wirkt. Mit größeren Instrumenten findet man darin parallel laufend eine Rille. Am Ausgang des Alpentals liegt zum Mare Imbrium hin der **Montblanc**, einer der höchsten Gipfel in den Alpen.
Geht man von Plato aus nach Westen, so kommt man zu dem nahezu halbkreisförmigen **Jura**. Auch hier handelt es sich um einen riesigen, zur Hälfte ertrunkenen Kraterwall, an dessen Innenseite **Sinus Iridum**, die „Regenbogenbucht“, liegt. Der Jura ist maximal 3900 m hoch. Beachtliche Berge

Quer durch den Gebirgszug der Alpen erstreckt sich das so genannte Alpental.

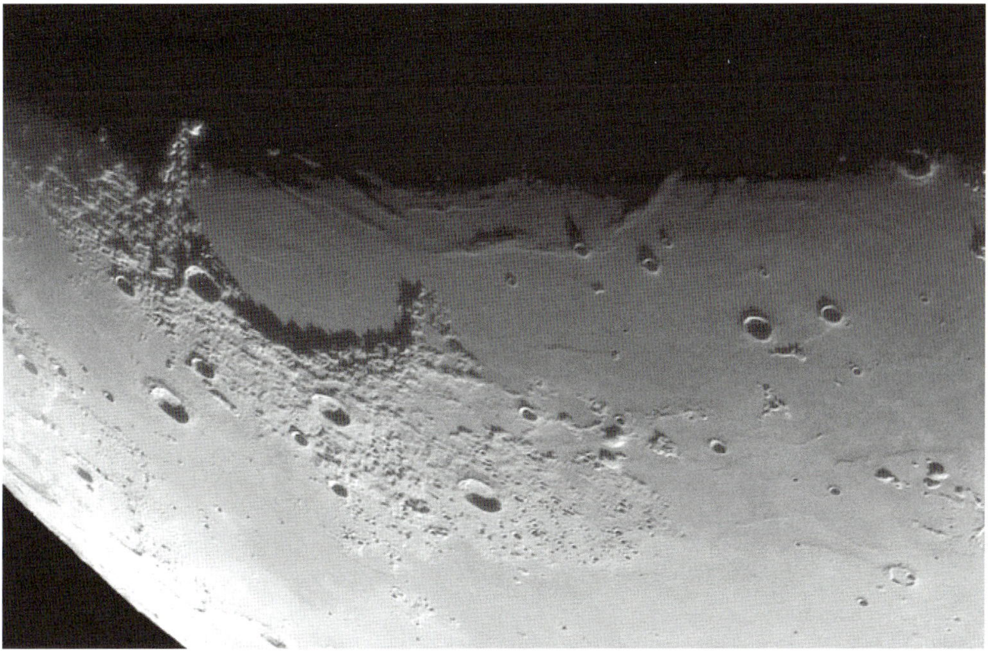

Die Regenbogenbucht (Sinus Iridum) ist die schönste Bucht auf dem Mond. Der Durchmesser des Halbkraters beträgt 400 km, seine Fläche 237 000 km².

liegen auch am Ende der Regenbogenbucht: auf der Ostseite das Kap Laplace und auf der Westseite das Kap Heraklit.

Aristarch, Herodot, Schröter-Tal

Eine wunderbare Rillen-Landschaft befindet sich in der Nachbarschaft der Krater **Aristarch** und **Herodot**. Diese Gegend liegt in der Grenzregion zwischen Mare Imbrium und Oceanus Procellarum im nordwestlichen Quadranten der Mondscheibe. Aristarch hat einen Durchmesser von fast 50 km und ist praktisch das hellste Objekt auf dem Mond, was besonders bei Vollmond auffällt. Die Tiefe dieses Kraters beträgt etwa 2000 m. Im Inneren steht ein Zentralberg. Aristarch ist auch Ausgang eines Strahlensystems. Herodot dagegen ist viel dunkler, knapp 40 km groß und 1300 m tief. Er besitzt keinen Zentralberg. Das Innere ist ziemlich flach. In Herodot beginnt das wohl berühmteste Tal des Mondes, das Herodot-Tal, das aber oft auch nach seinem Entdecker Johann Hieronymus Schröter (1787) das **Schröter-Tal** genannt wird (s. Abb. S. 26).

Ptolemäus, Alphonsus, Albategnius

Unweit südlich der Mitte der Mondscheibe gibt es eine ganze Reihe großer Ringgebirge oder Wallebenen. Am auffälligsten ist **Ptolemäus.** Er ist ein im Verhältnis zu seinem Durchmesser ziemlich flacher Krater, dessen Wälle teilweise recht eingefallen sind. Sein Alter dürfte schon deswegen recht hoch einzuschätzen sein. Der Durchmesser beträgt 150 km, die Wallhöhe „nur“ 2900 m. Das Innere erscheint in kleinen Fernrohren fast topfeben. Nur ein kleinerer Krater fällt nach

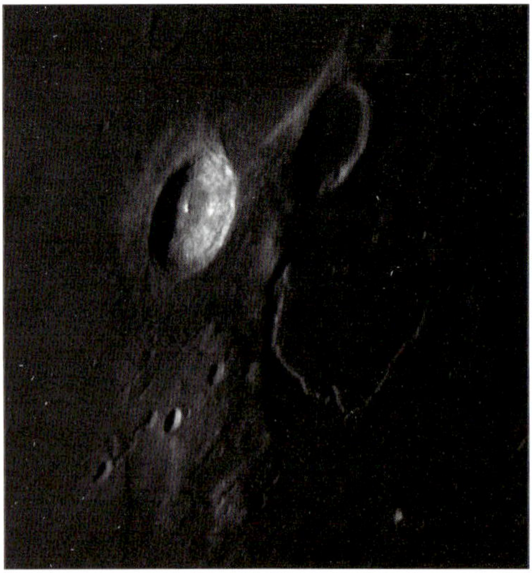

Nahe den Kratern Aristarch (links) und Herodot erstreckt sich das Schröter-Tal.

Osten hin auf. Er heißt Lyot. Weitere Einzelheiten zeigen sich erst in etwas größeren Fernrohren: Man erkennt dann Unmengen kleinerer Krater und Gruben. Nach Süden hin schließt sich der Krater **Alphonsus** an; sein Wall grenzt direkt an Ptolemäus. Der Durchmesser beträgt 115 km. Der manchmal etwas unterbrochene Wall kommt auf maximal 3000 m Höhe. Im Gegensatz zu Ptolemäus verfügt Alphonsus über einen großen Zentralberg und einige Bergrücken im Inneren. Auf einer nur wenig nördlicheren Breite als Ptolemäus, aber etwas nach Osten hin, liegt **Hipparch**; auch dies ist ein ziemlich flaches, zugeschüttetes Ringgebirge. Der Durchmesser beträgt 150 km, die Wallhöhe maximal 3300 m. Am Nordostrand des Kraters, aber noch in seinem Inneren, liegt der Krater Horrocks. Außerdem gibt es dort noch einige andere Krater und Berge. Südlich von Hipparch folgt ein vierter Riesenkrater: **Albategnius.** Sein Durchmesser beläuft sich auf 130 km. Im Vergleich zu den drei zuvor genannten Formationen verfügt er über den höchsten Wall mit rund 4400 m Höhe. Das Innere ist ziemlich dunkel. Am Südwestrand liegt der 30 km große Krater Klein mit Zentralberg. Auch Albategnius selbst zeigt einen wuchtigen Berg in seiner Mitte. Ptolemäus, Hipparch, Alphonsus und Albategnius bilden zusammen ein leicht verschobenes Viereck, etwa eine Raute.

Die Lange Wand

Eines der seltsamsten Gebilde auf dem Mond ist die **Lange Wand** oder meist lateinisch als **Rupes Recta** bezeichnet. Sie liegt auf der Südhalbkugel des Mondes im südöstlichen Teil des Mare Nubium, etwa auf derselben Breite wie der 55 km große und 3200 m tiefe Krater Thebit. Bei günstiger Beleuchtung erscheint die Lange Wand wie ein Strich. Bei genauerem Hinsehen ist sie aber doch nicht ganz so gerade, wie es ihr Name vermuten lässt. Es handelt sich um eine rund 100 km lange Verwerfung auf dem Mond. Auf der

Im Mare Nubium liegt die so genannte Lange Wand mit einer Höhe von über 200 m.

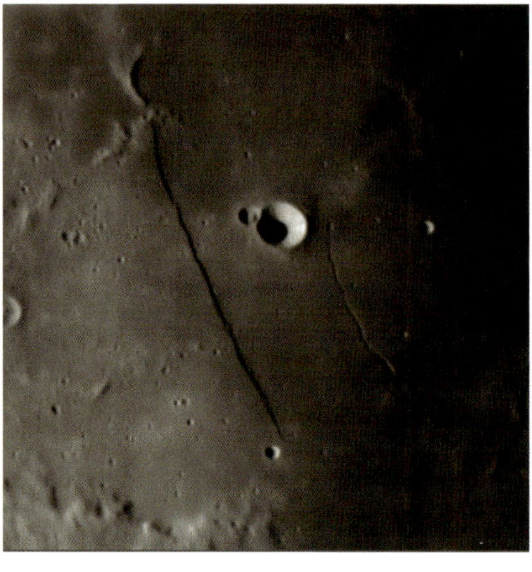

westlichen Seite liegt das Niveau bis zu 400 m tiefer als auf der östlichen Seite. Im Süden endet die Wand etwas flacher in einem kleinen Gebirgsmassiv. Der Krater Thebit zeigt auf der zur Langen Wand hin gelegenen Seite übrigens noch zwei kleinere Krater, die sich gegenseitig überlappen.

Clavius und Tycho

Ganz weit im Süden liegt der Riesenkrater **Clavius.** Er ist 225 km groß. Sein Wall erreicht eine Höhe von maximal 4900 m. Am Nordwall liegt der Krater Porter, am Südwall Rutherford. Selbst kleine Fernrohre zeigen hier eine Fülle von Einzelheiten. Ein Prachtstück ist auch der Krater **Tycho.** Er liegt wieder etwas nördlich von Clavius in einem reich strukturierten Hochland. Der 85 km große Krater mit seinem bis zu 4500 m hohen Wall ist ziemlich jung und sehr hell, was besonders bei Vollmond auffällt. Dann erkennt man auch, dass Tycho Ausgangspunkt des größten Strahlensystems auf dem Mond ist. Bei schwacher Vergrößerung sieht es fast so aus, als ob ein Riese mit einem Hammer an dieser Stelle auf den Mond geschlagen hätte und dieser dabei nach allen möglichen Richtungen aufgesplittert wäre.

Der Südteil des Mondes. Etwas oberhalb der Bildmitte sieht man die Wallebene Clavius, darunter den Krater Tycho.

Theophilus, Cyrillus und Catharina

Ebenfalls auf der Südhalbkugel, diesmal aber wieder weiter nach Osten hin, liegen die drei Krater **Theophilus, Cyrillus** und **Catharina** am Rande des Mare Nectaris. Theophilus gehört zu den schönsten Kratern auf dem ganzen Mond. Er besitzt einen sehr gut erhaltenen, bis zu 6800 m hohen Wall. Im Zentrum des 100 km großen Kraters befindet sich ein wuchtiger Zentralberg, eigentlich sogar ein ganzes Gebirge. Theophilus überlappt im Süden ein wenig den Kraterwall von Cyrillus, der deswegen älter sein muss. Tatsächlich wirkt dieser Krater stärker zerfallen. Der Durchmesser beträgt 93 km, die Wallhöhe 3200 m. Im Inneren liegen einige Erhe-

Einer der schönsten Mondkrater ist Theophilus mit 100 km Durchmesser (Wallhöhe 6800 m).

Ein schönes Kratertrio liegt am Rande des Mare Nectaris: Theophilus, Cyrillus, Catharina (v.l.n.r.).

bungen, ein eigentlicher Zentralberg ist aber nicht vorhanden. Etwas weiter südlich folgt dann Catharina mit 97 km Durchmesser und 2800 m Höhe. Zwischen Catharina und Cyrillus entdeckt man ein breites Tal.

Mare Crisium

Schließlich durchwandern wir noch eine Landschaft, die mehr zum Ostrand hin liegt: das **Mare Crisium**. Es ist das erste Detail, das man bereits ohne Fernrohr kurz nach Neumond sieht, wenn also die Mondsichel noch recht schmal ist. Um im Bilde des „Mondhasen“ zu bleiben: Es stellt die Ohren, die Löffel des Hasen dar. Das Mare Crisium gehört zu den kleinsten Maria auf dem Mond und sieht eigentlich eher wie ein Riesenkrater aus. Tatsächlich sind ja auch die Maria durch den Einschlag von kosmischen Körpern entstanden und dann später im Inneren durch Lava weitgehend überflutet worden. Das Mare Crisium hat eine Länge von 560 km und eine Breite von 450 km, es ist also nicht genau kreisrund. In seinem Inneren erkennt man eine Reihe kleinerer Krater. Am auffälligsten ist der Krater Picard, der sich nahe dem Westrand des Mare befindet. Etwas westlich außerhalb des Mare liegt ein weiterer, eigentlich selbst gar nicht so auffälliger Krater: Proclus mit 30 km Durchmesser und 2700 m Tiefe. Proclus ist aber Zentrum eines Strahlensystems, das recht reizvoll zu beobachten ist. Einige Strahlen überqueren auch das Mare Crisium.

Sonnen- und Mondfinsternisse

Während des Mondlaufs durch den Tierkreis kommt es häufig zu Bedeckungen von Sternen. Dies sind – vor allem bei helleren Sternen – recht reizvolle Schauspiele. Da der Mond keine Atmosphäre besitzt, erlischt der Stern schlagartig am linken, östlichen Mondrand und taucht ebenso plötzlich an seinem rechten Rand wieder auf. Auch Bedeckungen von Planeten kommen gelegentlich vor. Da sich die Planeten (im Fernrohr) aber als Scheibchen zeigen, verschwinden sie nur allmählich hinter dem Mondrand.
Viel imposanter noch sind jedoch Sonnen- und Mondfinsternisse. Die Mondbahn ist um etwas mehr als 5° gegen die Ekliptik geneigt. Daher verdeckt der Neumond, der ja zwischen Erde und Sonne steht, die Sonne meist

Gelegentlich zieht der Mond nahe an den Plejaden vorüber oder bedeckt sie sogar.

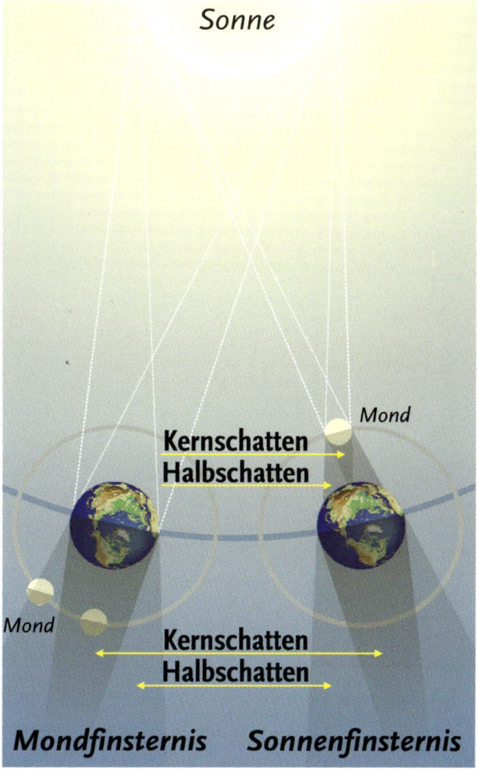

Kosmische Schattenspiele: So entstehen Sonnen- und Mondfinsternisse.

nicht, und der Vollmond andererseits befindet sich meist nicht im Erdschatten. Eine Finsternis kann vielmehr nur dann zustande kommen, wenn die Neumond- bzw. Vollmondphase nahe einem der beiden Schnittpunkte von Erd- und Mondbahn eintritt. Diese Punkte nennt man auch den aufsteigenden bzw. absteigenden Knoten, die Verbindung zwischen ihnen die Knotenlinie. Nun bleibt aber diese Knotenlinie nicht stehen, sondern wandert in etwa 18,6 Jahren einmal um die ganze Mondbahn herum, und zwar rückläufig, d. h. entgegengesetzt zur Bewegungsrichtung des Mondes. Deshalb ist die Zeitspanne, die der Mond benötigt, um

Die totale Sonnenfinsternis vom 29. März 2006. Rings um die verfinsterte Sonne zeigt sich die Korona.

vom aufsteigenden Knoten wieder zu ihm zurückzukehren, etwas kürzer als die früher beschriebene siderische Umlaufzeit: 27 Tg., 5 Std., 6 Min. Dies ist die drakonitische Umlaufzeit des Mondes. So verfrühen sich die beiden „Fenster", in denen Finsternisse eintreten können, von Jahr zu Jahr laufend um knapp drei Wochen. Nach etwas über 18 Jahren wiederholen sich die Finsternisse dann in fast derselben Form. Dieser so genannte Saros-Zyklus dauert 18 Jahre und 11 oder 10 Tg., je nachdem, ob während dieses Zeitraums vier oder fünf Schalttage auftreten. Der Saros ist damit für die Berechnung von Finsternissen wichtig.

Die Zyklusdauer entspricht ziemlich exakt ganzzahligen Vielfachen der synodischen und drakonitischen Monate: Es sind nämlich 223 synodische Umläufe = 18 Jahre, 10,32 Tg. und 242 drakonitische Umläufe = 18 Jahre, 10,36 Tg. Da die Rechnung aber doch nicht exakt aufgeht, reißen die Saros-Zyklen meist nach vielen Jahrhunderten wieder ab.

Pro Jahr treten im Durchschnitt zwei bis drei Sonnenfinsternisse und ein bis zwei Mondfinsternisse auf. Sonnenfinsternisse sind nur in einem begrenzten Gebiet auf der Tagseite der Erde sichtbar, da der kleine Mondschatten nicht die ganze Erde erfasst. Mondfinsternisse sind dagegen von der gesamten Nachtseite der Erde aus zu sehen. Dadurch sind für einen bestimmten Beobachtungsort auf der Erde Mondfinsternisse doch häufiger als Sonnenfinsternisse. Es gibt verschiedene Arten von **Sonnenfinsternissen**:

1. *Totale Finsternisse*: Die ganze Sonnenscheibe wird durch den Mond bedeckt, Dauer: höchstens 7 Minuten. Rings um die verfinsterte Sonne taucht als Strahlenkranz die Sonnenkorona auf, die äußerste Hülle der

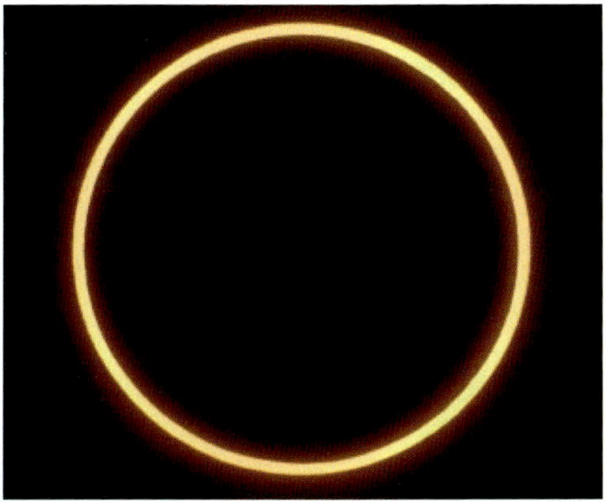

Bei einer ringförmigen Sonnenfinsternis deckt der Mond die Sonnenscheibe nicht vollständig ab, und es bleibt ein gleißend heller Ring.

Der total verfinsterte Mond, aufgenommen am 9. Januar 2001. Unser Trabant erscheint in einem gespenstisch rötlich bräunlichen Licht.

Sonne. Der Beobachter befindet sich im Kernschatten des Mondes.

2. *Partielle Finsternisse*: Die Sonne wird vom Mond nur teilweise bedeckt. Der Beobachtungsort liegt im Halbschatten des Mondes.

3. *Ringförmige Finsternisse*: Auf seiner elliptischen Bahn befindet sich der Mond nahe seinem erdfernsten Punkt. Dadurch erscheint er kleiner als die Sonnenscheibe. Selbst bei einem zentralen Vorübergang des Mondes vor der Sonne bleibt ein unverfinsterter Sonnenring übrig.

Bei **Mondfinsternissen** unterscheidet man die folgenden:

1. *Totale Finsternisse*: Der Mond taucht vollständig in den Kernschatten der Erde ein. Dennoch verschwindet er bei einer totalen Finsternis meist nicht völlig, sondern erscheint in einem schwachen, kupferroten bis bräunlichen Licht. Der Grund dafür ist, dass die Erdatmosphäre ein wenig Sonnenlicht in den Kernschatten der Erde bricht. Und auf dem langen, streifenden Weg durch die Atmosphäre wird das blaue, kurzwellige Licht stärker gestreut, so dass nur das rote, langwellige Licht in den irdischen Kernschatten und damit auf den Mond gelangt.

2. *Partielle Finsternisse*: Der Mond dringt nur teilweise in den Kernschatten der Erde ein, und somit ist lediglich ein Teil unseres Trabanten verfinstert.

3. *Halbschattenfinsternisse*: Der Mond durchquert nur den Halbschatten der Erde. Dieser ist stark aufgehellt (vom Mond aus wäre nur eine partielle Sonnenfinsternis zu sehen), daher fallen solche Finsternisse fast gar nicht auf. Lediglich zur Kernschattengrenze hin erkennt man eine schwache, rauchartige Verdüsterung.

Die partielle Mondfinsternis vom 7. September 2006. Neben dem Kernschatten oben ist noch der Schleier des Halbschattens zu erkennen.

Die Sonne

Unsere Sonne ist ein gasförmiger Himmelskörper, der zu etwa 73 % aus Wasserstoff, zu 25 % aus dem Edelgas Helium und zu lediglich 2 % aus schwereren Elementen wie Kohlenstoff, Stickstoff, Sauerstoff, Silizium oder Eisen besteht. An ihrer Oberfläche herrscht eine Temperatur von rund 5500 °C. Nach innen hin nehmen Druck, Dichte und Temperatur gewaltig zu. Im Mittelpunkt der Sonne ist es fast 15 Millionen Grad heiß, die Dichte erreicht 160 g/cm^3 und der Druck 22 000 Billionen Pascal (= 220 Milliarden Atmosphären).
Im Kernbereich um das Zentrum der Sonne, in dem die Temperatur 10 Millionen Grad übersteigt, verwandelt sich Wasserstoff in Helium, wobei Energie freigesetzt wird. Dabei verliert die Sonne pro Sekunde 4 Millionen Tonnen Masse. Diese wird nach der berühmten Formel von Albert Einstein $E = m \cdot c^2$ in Energie verwandelt. Hierin bedeutet E die freigesetzte Energie, m die Masse und c die Lichtgeschwindigkeit von 300 000 km/sec.
Die Gesamtausstrahlung der Sonne beläuft sich auf fast $4 \cdot 10^{23}$ Kilowatt (das ist eine 4 mit 23 Nullen), wobei jeder Quadratmeter der Sonnenoberfläche über 60 000 Kilowatt liefert. So vermag die Sonne über 10 Mrd. Jahre zu strahlen. Ihr jetziges Alter beträgt 4,6 Mrd. Jahre.

Die Sonne in Zahlen

Mittlere Entfernung	
von der Erde	**149 598 000 km**
in Sonnennähe	**147 100 000 km**
in Sonnenferne	**152 100 000 km**
Durchmesser	**1 392 000 km**
Masse	**333 000 Erdmassen**
Dichte	**1,4 g/cm^3**

Sonnenbeobachtungen mit dem Fernrohr

Beobachtungen der Sonne mit einem Fernrohr bedürfen besonderer Vorsicht. **Ein ungeschützter Blick in die Sonne – bereits mit freiem Auge und erst recht mit einem Licht sammelnden Fernrohr – ist für unsere Augen höchst gefährlich und in jedem Fall zu vermeiden.** Einfache Filter oder Dämpfgläser, die man auf das Okular des Fernrohrs aufschraubt, sind selbst bei Instrumenten mit sehr kleiner Öffnung (bis maximal 5 oder 6 cm) nicht zu empfehlen und schon gar nicht bei Instrumenten größerer Öffnung. Zu schnell können die Gläser durch die Hitze zerplatzen und die Sonnenstrahlen ungeschwächt ins Auge treffen. Wie groß die Hitzeentwicklung hinter einem auf die Sonne gerichteten Fernrohr ohne Filter ist, erkennt man leicht, wenn man ein Stück Papier hinter das Okularende hält. Es wird sich schnell entzünden. Sollten Sie dennoch einmal ein einfaches Okularfilter einsetzen, drehen Sie selbst ein kleines Fernrohr in Abständen von einigen Minuten immer mal wieder von der Sonne weg, um es etwas auskühlen zu lassen. Weitaus empfehlenswerter ist jedoch der Einsatz von metallbedampften Polyesterfolien, so genannten Sonnenfilterfolien. Man stülpt sie über das Objektiv eines Linsenfernrohrs oder den vorne offenen Tubus eines Spiegelteleskops. Sie absorbieren rund 99,9 % der auftreffenden Strahlung – so erwärmt sich das Fernrohrinnere gar nicht

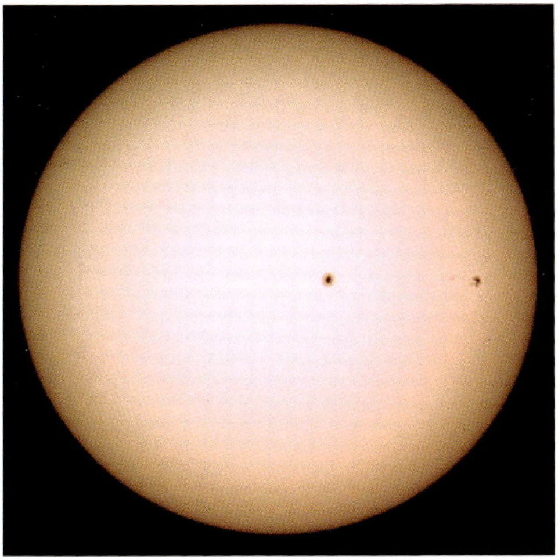

Die Sonnenscheibe am 16. März 2005. Deutlich sichtbar sind zwei große Flecken.

erst. Noch besser hinsichtlich der Bildqualität und Sicherheit sind Objektivfilter aus Glas. Solche Filter werden von einigen Firmen angeboten, leider sind sie auch entsprechend teurer. Sie bestehen aus metallbedampften, planparallelen Glasplatten.
Es gibt aber noch eine andere, sehr bequeme und völlig ungefährliche Methode der Sonnenbeobachtung: Man projiziert das Sonnenbild mittels des Fernrohrs einfach auf einen Projektionsschirm, der etwa 50 bis 100 cm hinter dem Okularende angebracht ist. Auf ein Filter kann man jetzt verzichten. Mit dem Okularauszug stellt man das Bild scharf. Doch auch bei dieser Methode sollte man das Fernrohr gelegentlich von der Sonne abwenden, damit es sich nicht zu sehr aufheizt. Wie bei einer Diaprojektion, so fällt auch bei der Sonnenprojektion das Sonnenbild umso größer aus, je größer der Projektionsabstand ist. Man ist also nicht auf stark vergrößernde, oft weniger scharf zeichnende Okulare angewiesen. Eine Blende, die man über den Tubus des Fernrohrs stülpt, oder ein Schattenschirm sollte dafür sorgen, dass der Projektionsschirm im Schatten liegt und nur von dem Licht getroffen wird, das durch das Fernrohr austritt.
Zu einfachen Sonnenbeobachtungen eignet sich sogar ein Fernglas, und zwar sowohl für die Direktbeobachtung mit Filtern als auch für die Projektionsmethode. Im letzteren Falle muss allerdings, um Doppelbilder zu vermeiden, die eine Hälfte des Fernglases abgedeckt werden.

Sonnenflecken

Von Ausnahmen abgesehen zeigt die Sonne immer mehr oder weniger große Flecken. Oft besitzen sie eine recht komplizierte Struktur. Während die kleinsten Flecken als Punkte erscheinen, zeigen größere einen dunklen Kern (Umbra) und außen herum einen weniger dunklen Hof (Penumbra). Häufig schließen sich Flecken zu größeren Gruppen zusammen. Die größten Gruppen haben eine Länge bis zu 200 000 oder 300 000 km. Sie

Sonnenprojektion mit einem Fernrohr

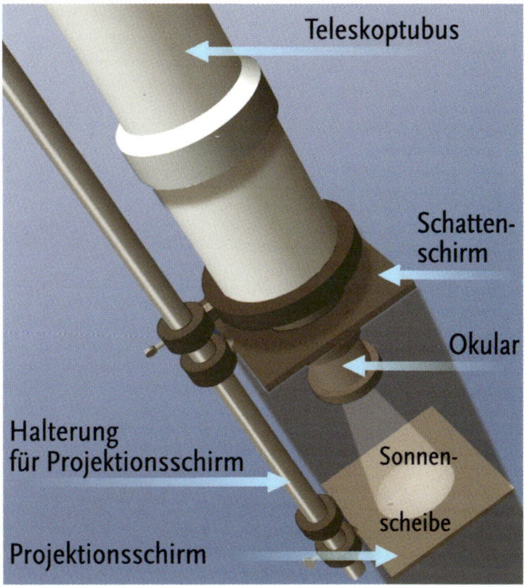

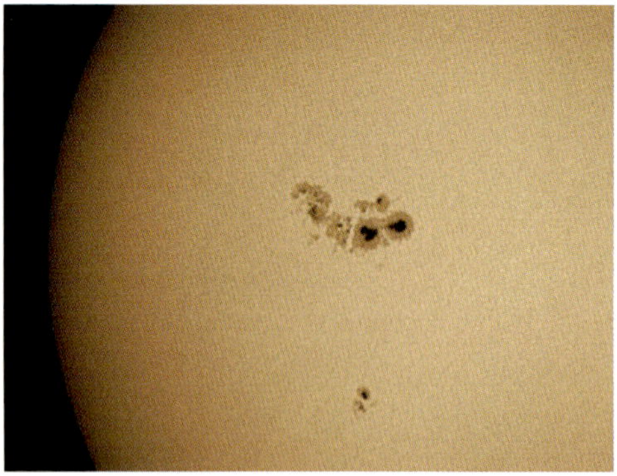

Eine größere Fleckengruppe auf der Sonne am 21. Juli 2004

sind dann auch mit bloßem Auge mit Sonnenfinsternisbrille oder bei horizontnahem Stand der Sonne, wenn diese stark abgeschwächt ist, sogar ohne Augenschutz als schwarze Punkte zu sehen.
Die Flecken verändern sich dauernd, alte vergehen, neue entstehen. Die Lebensdauer einer Fleckengruppe beträgt meist nur einige Tage, bei größeren Gruppen im Extremfall auch mehrere Monate. Die Entwicklung einer großen Sonnenfleckengruppe mit einem kleinem Fernrohr zu verfolgen, gehört zu den interessantesten Amateur-Beobachtungen. Sehr schnell bemerkt man, dass sich die Flecken infolge der Sonnenrotation systematisch von Ost nach West über die Sonnenscheibe bewegen. Die Sonne rotiert am Äquator in 25 Tagen, zu den Polen hin bis zu über 30 Tagen einmal um sich selbst. Wegen der Erdbewegung um die Sonne, die in Richtung der Sonnenrotation erfolgt, erscheint uns diese aber etwas verzögert. Am Äquator sind es dann etwa 27 Tage.
Langfristige Sonnenbeobachtungen zeigen eine Schwankung in der Häufigkeit von Sonnenflecken von durchschnittlich etwa 11 Jahren, der berühmten Sonnenfleckenperiode. Das letzte Sonnenfleckenmaximum trat im Jahr 2000 auf. In der Regel dauert der Abstieg vom Maximum zum Minimum etwas länger als der Anstieg zum Maximum, die Sonnenfleckenkurve ist also etwas asymmetrisch. Die Höhe der einzelnen Maxima ist ebenfalls recht verschieden. Die Maxima der letzten Jahrzehnte fielen meist verhältnismäßig hoch aus.
Auch die Zonen, in denen überhaupt Sonnenflecken vorkommen, zeigen mit der 11-Jahres-Periode eine systematische Verschiebung. Allgemein stellt man zunächst fest, dass es zwei Fleckenzonen beiderseits des Äquators gibt; in höheren mittleren Breiten sowie in den Polzonen der Sonne gibt es keine Flecken. Einige Zeit vor dem Fleckenminimum tauchen bei etwa 40 Grad Nord- oder Südbreite erste Flecken des so genannten „neuen Zyklus“ auf. Diese Zonen verschieben sich Richtung Äquator und erreichen – bei zunehmender Fleckenzahl – im Fleckenmaximum etwa 15° Nord- und Südbreite. Dann verschieben sie sich noch weiter Richtung Äquator und verschwinden dort schließlich. Zuvor aber tauchen schon wieder in mittleren Breiten die Flecken des nächsten Zyklus auf. So sind über einige Zeit hinweg je zwei Fleckenzonen vertreten.
In den Sonnenflecken liegt die Temperatur tiefer als auf der ungestörten Sonnenoberfläche, nämlich bei etwa 4000 °C. Wegen dieser tieferen Temperatur erscheinen die Flecken so dunkel. Könnte man sie herausreißen und an den Nachthimmel versetzen, wären sie aber noch viel heller als der Mond! Sicher ist, dass die Flecken mit starken Magnetfeldern verbunden sind, die sogar die Ursache für den ganzen Vorgang darstellen. Die Abkühlung und damit die Flecken sind nur eine Begleiterscheinung.

Fackeln und Granulation

Im Unterschied zu den Flecken gibt es aber auch überhitzte Gebiete, die Fackeln mit einer Temperatur von fast 7000 °C. Man erkennt die hellen Zonen am besten in der Nähe des Sonnenrandes. Fackeln sind oft mit Sonnenflecken verbunden; es gibt aber auch isolierte Fackelherde.

Schließlich entdeckt man bei ruhiger Luft, wenn das Sonnenbild einmal gestochen scharf erscheint, über die gesamte Sonnenscheibe hinweg eine feine körnige Struktur, die Granulation. Jedes „Korn“ ist etwa so groß wie Mitteleuropa und hat eine Lebensdauer von nur wenigen Minuten. Die Granulation geht auf ein ständiges „Brodeln“ der Gasmassen an der Sonnenoberfläche zurück: Heiße, leichtere Gaszellen steigen in die Höhe, kühlen dort ab und fallen wieder in tiefere Schichten zurück.

Eruptionen und Protuberanzen

Flecken, Fackeln und Granulation sind Erscheinungen auf der Oberfläche der Sonne, die man Photosphäre nennt, da es sich ja um die „Oberfläche“ eines gasförmigen Himmelskörpers handelt. Über der Photosphäre befindet sich die Chromosphäre, die nur mit besonderen instrumentellen Hilfsmitteln zu beobachten ist. In ihr machen sich die Flecken kaum mehr bemerkbar. Auffälliger sind dagegen die Fackeln und ganz besonders die Flares – eruptive Vorgänge in oder über aktiven Fleckengebieten. Sie dauern nur wenige Stunden, oftmals sogar nur einige Minuten. Wenn man die Sonnenscheibe mit einer Kegelblende im Strahlengang des Teleskops abdeckt und so gewissermaßen eine künstliche Sonnenfinsternis erzeugt oder/und ein spezielles Filter benutzt, zeigen sich am Sonnenrand Protuberanzen – Gaswolken, die

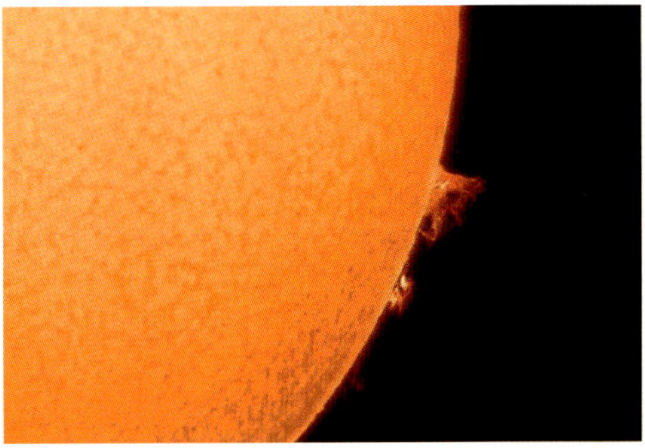

Am Sonnenrand erhebt sich eine Protuberanz (Anblick mit einem Hα-Filter).

sich meist längs magnetischer Feldlinien bewegen, oft aber auch eruptiv in die Höhe schießen. Dabei treten Geschwindigkeiten von mehreren 100 km/sec auf. Mit dem Filter, das nur das Licht des Wasserstoffs durchlässt (Hα-Filter), sieht man die Protuberanzen auch als dunkle Linien vor der Sonne. Sie bewegen sich in die Korona, die äußerste Gashülle der Sonne hinein, die während einer totalen Sonnenfinsternis auch mit freiem Auge sichtbar wird (s. S. 30).

Viele irdische Phänomene stehen in Bezug zu Vorgängen auf der Sonne. Dazu gehören Störungen im Kurzwellenbereich, im erdmagnetischen Feld sowie Polarlichter. Polarlichter sind zu Zeiten starker Sonnenaktivität mitunter auch von Mitteleuropa aus sichtbar. Hier zeigen sie sich oft als rote „Vorhänge“ in Richtung Nordwest und Nord. Es können aber auch bewegliche farbige Strahlen und fahnenartige Lichtflecke auftreten. Die Zone größter Polarlichthäufigkeit verläuft jedoch über Süd-Grönland, Süd-Island, Nord-Skandinavien, Nord-Sibirien, Mittel-Alaska und Nord-Kanada. Dort ist bei einer großen Polarlichterscheinung meist der ganze Himmel betroffen – ein gewaltiges Schauspiel.

Merkur
Venus
Erde
Mars
Jupiter
Neptun
Saturn
Pluto (Zwergplanet)
Uranus
Neptun
Sonne
Pluto (Zwergplanet)

Das Planetensystem

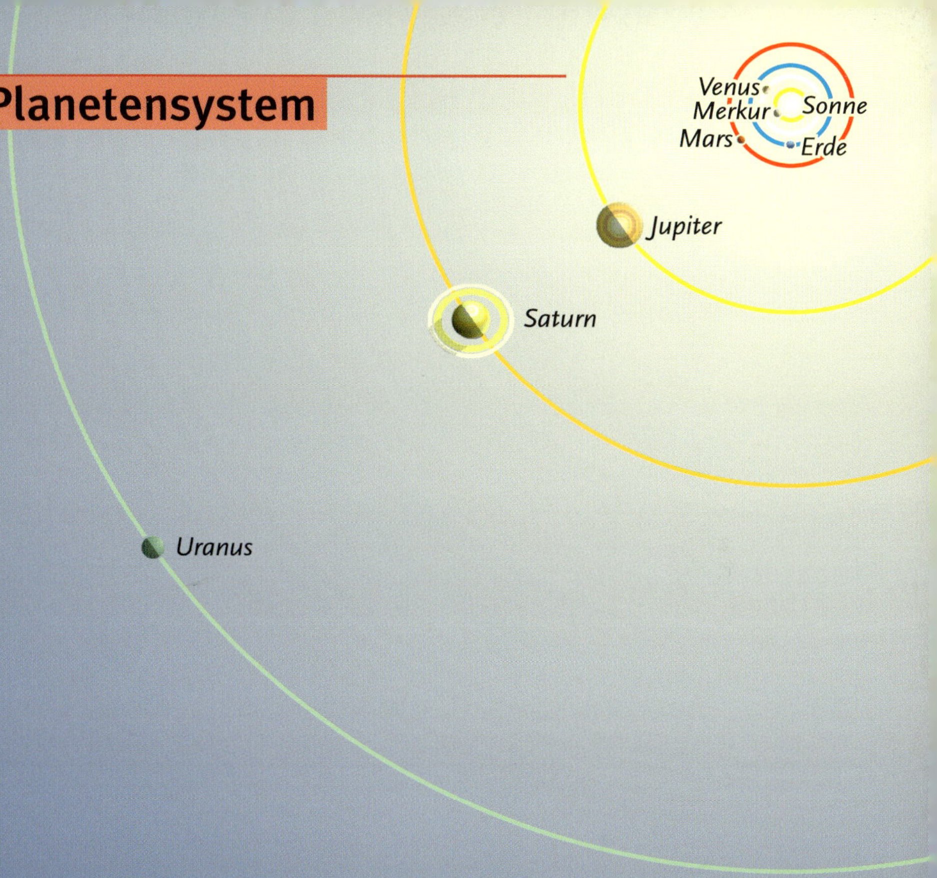

Planet	mittl. Entfernung von der Sonne in Millionen km	Umlaufzeit	Äquatordurchmesser in km	Masse (Erde = 1)
Merkur	57,9	87,97 Tage	4.878	0,055
Venus	108,2	224,70 Tage	12.102	0,815
Erde	149,6	365,26 Tage	12.756	1
Mars	227,9	686,98 Tage	6.794	0,107
Jupiter	778	11,86 Jahre	142.984	317,894
Saturn	1.427	29,46 Jahre	120.536	95,184
Uranus	2.871	84,01 Jahre	51.118	14,537
Neptun	4.497	164,79 Jahre	49.528	17,132
Pluto *(Zwergpl.)*	5.914	247,68 Jahre	2.302	0,0025

Merkur

Merkur ist der innerste Planet; meist verbirgt er sich in den Strahlen der Sonne, so dass er nur schwer zu beobachten ist. Er besitzt praktisch keine Atmosphäre. Auf seiner Tagseite steigen die Temperaturen bis auf über +400 °C, nachts fallen sie auf −180 °C ab.

Zwei Raumsonden untersuchten bisher die Merkuroberfläche: *Mariner 10* in den Jahren 1974/75 und *Messenger* im Jahr 2008.

Krater wie auf dem Mond

Merkur erinnert auf den ersten Blick an den Mond. Doch sind die zahlreichen Krater nicht nur durch den Einschlag von Meteori-

Merkur und Venus beobachten

Merkur und Venus bewegen sich innerhalb der Erdbahn um die Sonne. Man bezeichnet sie daher auch als innere oder untere Planeten. Von der Erde aus gesehen erreichen sie niemals einen so großen Winkelabstand von der Sonne, dass sie während der ganzen Nacht beobachtet werden können. Merkur entfernt sich maximal bis 28°, Venus bis 46° von der Sonne. Die Planeten sind also stets in der Nähe der Sonne und damit nur kurze Zeit vor Sonnenauf- oder nach Sonnenuntergang zu sehen. Stehen Merkur und Venus von der Erde aus gesehen hinter der Sonne, sind sie unsichtbar: Sie stehen dann in ***oberer Konjunktion mit der Sonne*** (s. Abb. rechte Seite oben). Ebenfalls unsichtbar sind sie bei ihrem Durchgang zwischen Sonne und Erde: Dann befinden sie sich in ***unterer Konjunktion mit der Sonne.*** Ganz selten laufen die Planeten dabei über die Sonnenscheibe hinweg (Merkur- oder Venusvorübergang, z. B. Venus am 6. Juni 2012).

Abends ergibt sich eine Sichtbarkeit, wenn sie auf der linken, östlichen Seite der Sonne stehen. Den größten dabei erreichbaren Winkelabstand von der Sonne nennt man ***größte östliche Elongation von der Sonne.*** Entsprechend führt eine Stellung rechts oder westlich der Sonne zu einer Morgensichtbarkeit. Der größte Winkelabstand vom Tagesgestirn heißt hier die ***größte westliche Elongation von der Sonne.*** Venus kann in der größten Elongation bis zu 4½ Stunden vor der Sonne auf- oder nach ihr untergehen. Bei Merkur sind es nur bis zu 2 Stunden. Doch nicht alle Elongationen von Merkur führen zu einer Sichtbarkeit. Wichtig ist, dass der Planet dabei deutlich nördlicher im Tierkreis steht als die Sonne. Allgemein gilt folgende Merkregel: Eine östliche Elongation ist nur zwischen etwa Mitte Januar und Ende Mai günstig. In einer westlichen Elongation ist Merkur dagegen nur zwischen etwa Anfang August und Anfang Dezember gut zu beobachten.

Merkur und Venus zeigen im Fernrohr Phasen wie unser Mond. In der unteren Konjunktion ist „Neumerkur“ oder „Neuvenus“, in der oberen Konjunktion „Vollmerkur“ oder „Vollvenus“. Etwa zur Zeit der größten östlichen oder westlichen Elongation von der Sonne erscheinen die Planeten halb beleuchtet. Zwischen diesen Stellungen und der unteren Konjunktion bieten sie uns eine Sichelgestalt. Im Unterschied zum Mond sind aber Merkur und Venus während der einzelnen Phasen ganz unterschiedlich weit von der Erde entfernt. Venus ist in Erdnähe 40 Mill. km, in Erdferne 260 Mill. km von uns weg. Bei Merkur sind die Unterschiede geringer. Beobachten wir also Venus während ihrer Sichtbarkeit als Abendstern, nimmt zwar die Phase ständig ab, gleichzeitig nimmt aber der Scheibendurchmesser zu. Zeigt Venus eine schmale Sichel, so ist diese schon mit einem Fernglas zu erkennen. Etwa um diese Zeit ist Venus auch am hellsten („größter Glanz“).

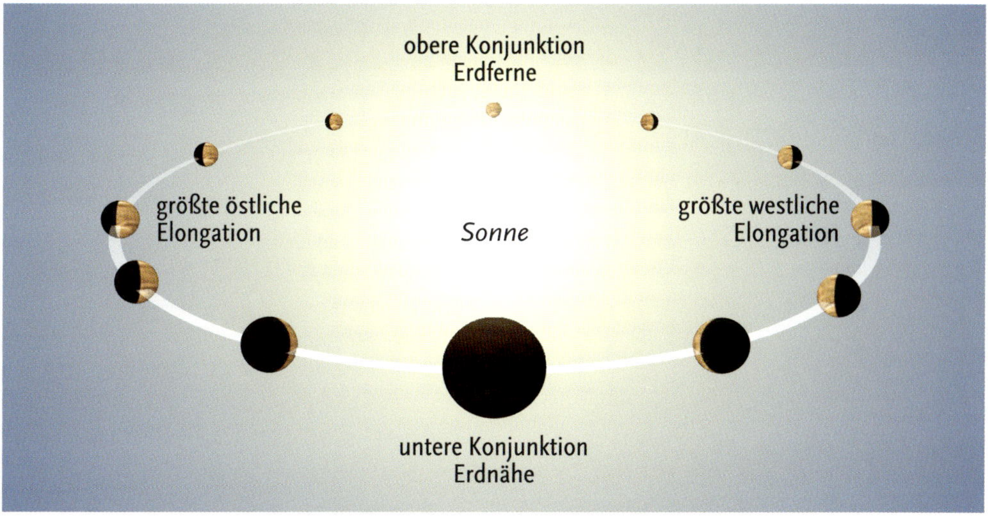

So bewegen sich die unteren Planeten von der Erde aus gesehen um die Sonne.

ten und anderen Kleinkörpern entstanden, sondern auch teilweise durch vulkanische Prozesse. Die größten Krater haben Durchmesser von mehreren hundert Kilometern. Besonders auffallend ist Caloris Planitia, ein Becken mit 1300 km Größe.

Merkur nach einer Aufnahme der Raumsonde *Messenger*, in der Bildmitte der Krater Kuiper

Die Merkurkrater erhielten Namen nach Künstlern, z. B. Shakespeare, Sophokles, Strindberg, Dürer, Heine, Strawinsky, Vivaldi, Homer, Rofin, Gluck, Monet, Michelangelo, Mozart, Balzac, Schubert, Renoir, Bach oder Rubens. Beethoven ist mit 625 km Durchmesser die größte Ringformation nach dem Caloris-Becken.
Mittels Radar wurde die Rotationszeit des sonnennächsten Planeten bestimmt: In 59 irdischen Tagen dreht er sich einmal um seine Achse. Während dieser Zeit läuft für einen gedachten Beobachter auf Merkur irgendein

Der Planet Merkur im Fernrohr

Stern einmal um den ganzen Himmel herum (ein Sterntag). Ein Sonnentag auf Merkur dauert allerdings 176 irdische Tage oder zwei Merkurumläufe um die Sonne. In dieser Zeitspanne wird es auf Merkur einmal Tag und einmal Nacht.

Venus

Beobachtet man Venus mit einem Fernrohr, so erkennt man keinerlei Einzelheiten; der innere Nachbarplanet der Erde besitzt eine vollkommen geschlossene Wolkendecke. Ein Sterntag dauert auf Venus 243 irdische Tage. Dabei erfolgt die Rotation von Ost nach West, nicht von West nach Ost wie z. B. bei der Erde. Ein Sonnentag auf Venus dauert allerdings nur etwas mehr als ein halbes „Venusjahr", nämlich 117 Erdtage.
Venus erhielt mehrfach Besuch von sowjetischen und amerikanischen Raumsonden. Am erfolgreichsten war die amerikanische Sonde *Magellan*, die mit Hilfe von Radar ab Sommer 1990 die Venusoberfläche mit einer Auflösung von etwa 100 bis 200 m abtastete.

Vor und nach der unteren Konjunktion zeigt Venus im Fernrohr eine Sichelgestalt.

Eine heiße Hölle

Die Venusatmosphäre ist so dicht, dass am Boden des Planeten ein 90-mal größerer Druck herrscht als auf der Erde. Die Temperatur beträgt +470 °C, und zwar ziemlich unabhängig, ob wir uns auf der Tag- oder Nachtseite, am Äquator oder an den Polen befinden. Der gewaltige Treibhauseffekt ist vor allem eine Folge des mit etwa 95 % extrem hohen Kohlendioxidanteils der Atmosphäre. Weitere Bestandteile sind Spuren von Stickstoff, Kohlenmonoxid, Wasserdampf, Schwefeldioxid, einige Edelgase u. a. Die Venuswolken befinden sich in einer Höhe zwischen etwa 45 und 75 km, teilweise bis 100 km. Darin gibt es auch Schwefelsäuretröpfchen und sogar Schwefelsäureregen. Doch verdampfen die Tröpfchen wegen der hohen Temperaturen bald wieder, ohne auf die Venusoberfläche zu fallen. Die hohen äquatorialen Wolken rotieren übrigens im Gegensatz zur festen Venuskugel bereits einmal in etwa 4 Tagen. Dies entspricht einer Windgeschwindigkeit von 100 m/sec.

Die Oberfläche

Ältere Radarabtastungen aus den 1970er und 80er Jahren zeigten zunächst zwei Hochländer auf Venus: Aphrodite Terra hat mit einer Ausdehnung von 9700 × 3200 km knapp die Größe von Afrika und erstreckt sich südlich fast genau parallel zum Venusäquator. Es enthält einige Gebirge nach Osten und Westen hin, dazwischen eine Senke. Ishtar Terra liegt weit im Norden und entspricht der Größe nach etwa Australien. In diesem Hochplateau finden sich auch die höchsten Berge auf Venus, die Maxwell Montes; sie ragen 10 800 m über das mittlere Venusniveau. Ein kleineres Hochland ist die Beta-Region mit

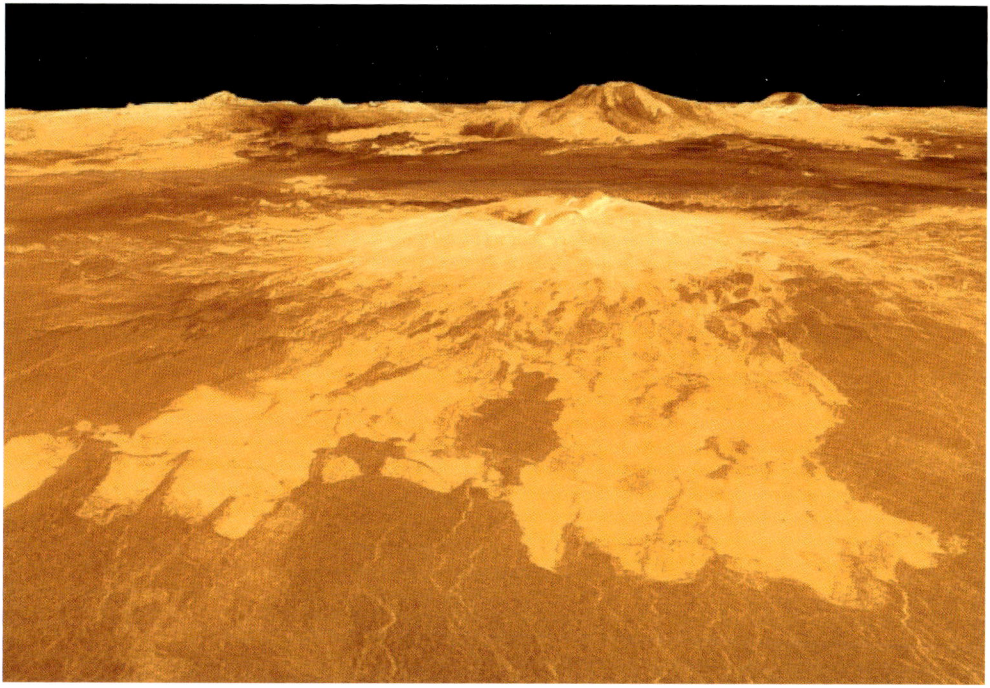

Eine Darstellung des Venusvulkans Sapas Mons aus Aufnahmen der Raumsonde *Magellan*. Er ist einer der höchsten Vulkane der Venus und liegt im Osten des Hochlandes Aphrodite Terra.

zwei großen Schildvulkanen: Rhea Mons und Theia Mons mit etwa 4000 m Höhe.
Im Ganzen ist Venus viel flacher als die Erde trotz der hohen Maxwell Montes. Das größte Tiefbecken auf Venus ist Atalanta Planitia auf der Nordhalbkugel des Planeten. Es hat eine Größe, die ungefähr dem Golf von Mexiko entspricht, und eine Tiefe von 1400 m unter dem mittleren Venusniveau. Ungefähr 70 % der ganzen Venusoberfläche sind riesige Ebenen, 10 % entfallen auf Hochländer und 20 % auf Senken.

Ergebnisse der *Magellan*-Sonde

Die *Magellan*-Sonde zeigte eine recht aufregende Geologie des Abend- und Morgensterns. Und dies, obwohl die Kruste der Venus nicht wie die Erdkruste aus einzelnen Platten besteht, an deren Grenzen plastisches Material aus den Tiefen aufquillt und die Platten auf die Seite schiebt – ein ganz wesentlicher Vorgang der Veränderungen auf unserem Heimatplaneten. Die Venuskruste besteht nur aus einer einzigen Platte. Doch gibt es eine Menge Vulkane, vor allem Schildvulkane, die an Schwachzonen der Kruste, den „hot spots", liegen. Es existieren auch ausgedehnte Verwerfungen und Bruchzonen. Aktive Vulkanausbrüche konnten allerdings bislang nicht mit Sicherheit nachgewiesen werden. Dasselbe gilt auch für Gewitter in der Venusatmosphäre als Folge von Vulkanausbrüchen.
Besonders überraschend war die Entdeckung zahlreicher Meteoriten- oder Einschlagkrater. Man sollte zunächst anneh-

men, dass die dichte Venusatmosphäre die Einschläge von Meteoriten oder Asteroiden verhindert. Dies ist auch für kleinere Körper der Fall, und so findet man auf Venus keine Einschlagkrater mit einem Durchmesser unter etwa 3 km. Größere in die Venusatmosphäre eindringende Brocken kommen aber doch nahezu heil hindurch und schlagen auf die Oberfläche auf.

Dass aber auf Venus viel mehr derartige Krater anzutreffen sind als auf unserer Erde, liegt daran, dass die Tektonik und Verwitterung am Venusboden langfristig schwächer ausgeprägt sind als bei uns. So bleiben alte Krater längere Zeit erhalten. Tatsächlich scheinen die Venuskrater bis zu 800 Millionen Jahre oder älter zu sein. Auf der Erde sind die ältesten noch leidlich erkennbaren Einschlagkrater nur einige Dutzend oder einige wenige hundert Millionen Jahre alt. Das Nördlinger Ries in Süddeutschland, das lange Zeit gar nicht als Krater dieser Art erkannt wurde, ist nur knapp 15 Millionen Jahre alt und doch schon beachtlich verwittert. Die Berge, Täler, Krater und anderen Einzelheiten auf Venus wurden nach berühmten Frauen benannt, zunächst aus der antiken Sage, dann aber auch aus Kunst, Wissenschaft und anderen Bereichen des Lebens. Ihren Nachruhm auf der Venus durften sie aber weder mit militärischen noch spezifisch nationalen Heldentaten erkämpft haben. Heilige aus Religionen der Gegenwart und Politikerinnen waren ebenfalls unerwünscht.

Mars

Mars ist der äußere Nachbarplanet der Erde und im Durchmesser nur etwas mehr als halb so groß. Trotzdem ist er wohl der Planet, auf dem man mit dem Fernrohr die meisten Oberflächeneinzelheiten sehen

Neben Anzeichen für einen früheren starken Vulkanismus gibt es auf Venus auch zahlreiche Meteoritenkrater. Der Krater Isabella ist der zweitgrößte Einschlagkrater auf der Venus.

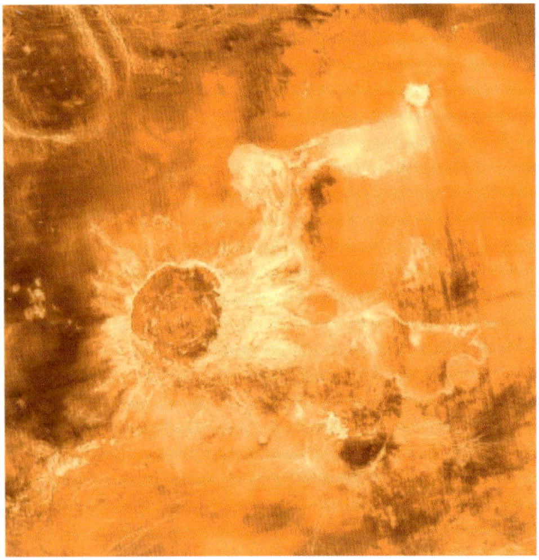

So sieht Mars in einem guten Fernrohr aus. Deutlich zeichnen sich einige Oberflächeneinzelheiten und die Polkappen (links oben und rechts unten) ab.

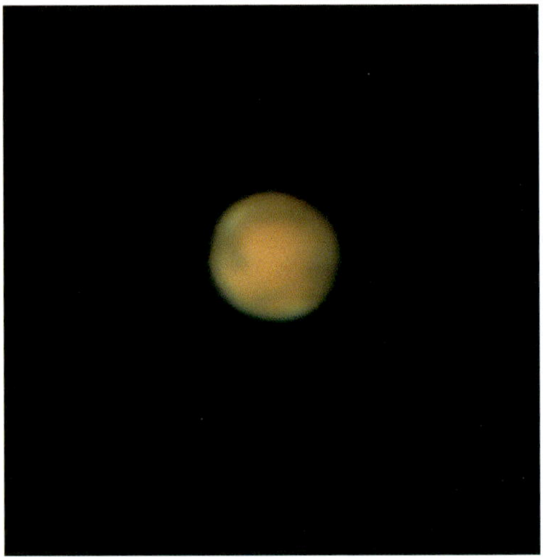

kann. So gibt es bereits seit über hundert Jahren regelrechte Marskarten, und viele Landschaften auf Mars tragen noch heute Namen, die aus dieser Zeit stammen. Ein besonders auffälliges Gebilde ist Syrtis Maior, die Große Syrte. Es erscheint als dunkles Dreieck und kann unter günstigen Bedingungen bereits mit einem 5-cm-Rohr gesehen werden. Dasselbe gilt auch für die weißen Polkappen.

Der Marsäquator ist mit 25° nur wenig stärker gegen die Bahnebene geneigt als der Erdäquator mit 23½°. So sind die Mars-Jahreszeiten ähnlich ausgeprägt wie bei uns, dauern aber wegen der längeren Umlaufzeit fast doppelt so lang. Die Temperaturen erreichen tagsüber am Äquator 15 bis 20 °C, fallen aber nachts auf –70 °C ab. Am tiefsten sinken sie in der Polarnacht: auf –130 °C. Ein Sterntag dauert 24 Std., 37 Min., ein Sonnentag zwei Minuten länger.

Die Atmosphäre

Am Marsboden beträgt der atmosphärische Druck nur 0,6 bis 0,7 % des irdischen Luftdrucks. Der Hauptbestandteil der Atmosphäre ist mit 95 % Kohlendioxid, der Rest entfällt auf Stickstoff, Argon sowie Spuren von Sauerstoff, Wasserdampf, Kohlenmonoxid u. a. Die Polkappen bestehen aus gefrorenem Kohlendioxid. Auf der Nordhalbkugel schmilzt es im Sommer ganz weg und legt eine verbleibende Wassereis-Polkappe frei. Auch am Südpol wurden von der europäischen Raumsonde *Mars Express* inzwischen große Mengen gefrorenen Wassers gefunden. Ein erheblicher Teil der Marsoberfläche ist von Sand- und Staubwüsten bedeckt. Manchmal wirbeln Winde die feinen, puderartigen Staubmassen auf, und es entstehen gewaltige Sandstürme, die sogar von der

Der Viktoria-Krater auf dem Mars

Erde aus als orangefarbene Flecke zu sehen sind. Daneben gibt es aber auch weißliche Wolken aus Kohlendioxid- oder Wassereis-Kristallen.

Schildvulkane, Krater und Canyons

Der rötliche Mars wurde bereits von mehreren Raumsonden besucht, zunächst vor allem von *Mariner 4, 6, 7* und *9, Viking 1* und *2*, später u. a. von *Mars Pathfinder, Mars Global Surveyor, Mars Odyssey*, 2003 *Mars Express*, 2004 die Mars Exploration Rover *Spirit* und *Opportunity* und 2008 *Phoenix*. Ein großer Teil der Marsoberfläche zeigt Einschlagkrater ähnlich wie der Mond. Ihre Namen gehen meist auf Astronomen und Physiker zurück, z. B. Kepler, Huygens, Herschel, Lowell, Cassini oder Maraldi. Ein riesiges Becken ist Hellas mit einem Durchmesser von 2300 km, einem äußeren Ring von sogar 4000 km Größe und einer Tiefe von 9000 m. Es geht ebenfalls sehr wahrscheinlich auf den Einschlag eines Kleinplaneten zurück. Die hervorstechendste Oberflächenstruktur sind riesige Schildvulkane, die heute aber nicht mehr aktiv sind. Besonders eindrucksvoll ist Olympus Mons. Seine Höhe beträgt 21 300 m, sein Basisdurchmesser fast 600 km; selbst die Gipfel-Caldera ist noch 80 km groß. Nicht weit entfernt liegen auch die Vulkane der Tharsis Montes: Arsia Mons, Pavo-

Der Olympus Mons auf Mars ist der höchste Berg im gesamten Sonnensystem.

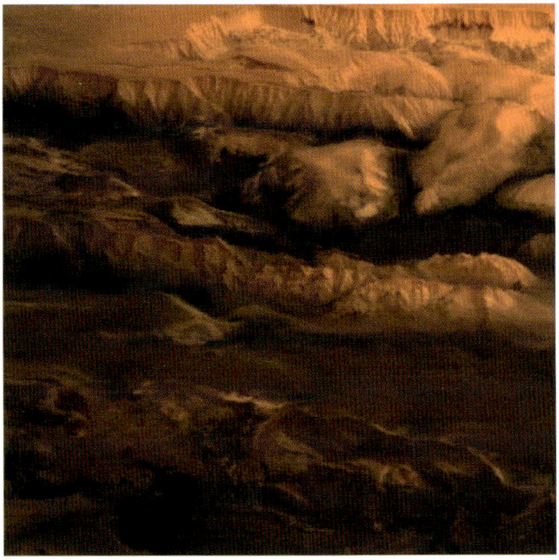

Auch das Canyon-System Valles Marineris zeigt riesige Ausmaße. Hier ein Teil des Grabenbruchs.

nis Mons und Ascraeus Mons. Das ganze Tharsis-Gebiet ist ein Wulst der Marskruste, der sich etwa 6 km über das mittlere Marsniveau erhebt.

Auffallend ist außerdem das Canyon-System Valles Marineris mit einer Länge von über 4000 km. In der Breite erreicht es 200 km, in der Tiefe 7000 m. Daneben gibt es auch alte und gewundene Flussbetten. Tatsächlich muss Mars in einer früheren, wärmeren Klimaepoche flüssiges Wasser auf seiner Oberfläche gehabt haben.

Der *Mars-Pathfinder* setzte 1997 in Ares Vallis ein Roboterfahrzeug, den *Sojourner* aus. Neben neueren Untersuchungen deuteten schon seine Ergebnisse darauf hin, dass früher einmal Wasser über die Marslandschaft geflossen ist. Das mag allerdings schon vor etwa 3–4 Milliarden Jahren gewesen sein. Vielleicht bildeten sich damals vorübergehend einige sehr einfache Lebensformen auf Mars?

Um diese Frage zu beantworten, untersuchten schon *Viking 1* und *2* Gesteine am Marsboden. Mit drei unterschiedlichen Experimenten sollten sie auch organisches Leben auf Mars nachweisen. Die Versuche fielen aber negativ aus. Es gilt daher heute als wenig wahrscheinlich, dass selbst einfachstes Leben auf unserem Nachbarplaneten

Marsoppositionen (Zahlen zwischen den Bahnen = Abstand in Millionen km)

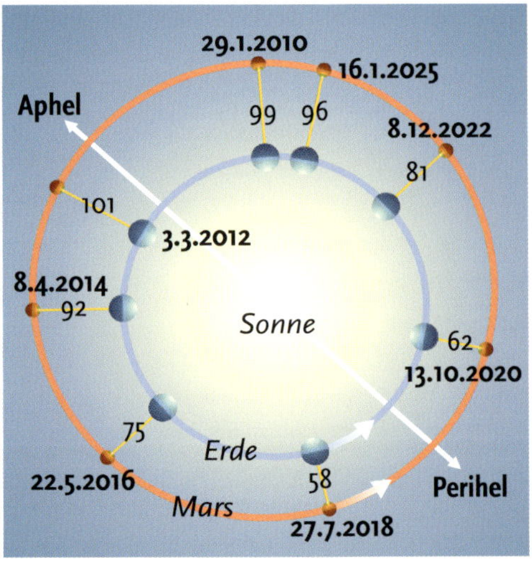

existiert. Das gilt übrigens auch für die anderen Planeten in unserem Sonnensystem.

Die Monde Phobos und Deimos

Asaph Hall entdeckte 1877 die beiden Marsmonde Phobos und Deimos. Es sind wahre Zwerge, die in kleinen Fernrohren nicht zu erkennen sind. Sie sehen aus wie riesige „Kartoffeln" von 28 × 23 × 20 km (Phobos) und 16 × 12 × 10 km Größe (Deimos). Phobos besitzt eine sehr raue Oberfläche mit seltsamen, parallel zueinander verlaufenden, rund 500 m breiten Furchen, aber auch beachtlichen Einschlagkratern; der größte, Stickney, hat einen Durchmesser von 10 km. Deimos hat eine ruhigere Oberfläche. Phobos ist 9270 km, Deimos 23 400 km von Mars entfernt. Die Umlaufzeit beträgt bei Phobos 7 Std. und 39 Min., bei Deimos 30 Std. und 21 Min.

Jupiter

Jupiter ist als größter Planet bereits für ganz kleine Fernrohre ein dankbares Objekt. Sogar ein Fernglas zeigt seine vier hellsten Monde als helle Punkte zu beiden Seiten des Planeten. Innerhalb einiger Stunden und Tage kann man ihre Bewegungen oder Erscheinungen verfolgen: Verfinsterungen beim Eintritt der Monde in den Jupiterschatten, Bedeckungen durch die Jupiterscheibe, Vorübergänge vor Jupiter usw. Man sieht daher von der Erde aus oft weniger als vier Monde.

Die Wolkengürtel

Schon ein kleines Fernrohr von etwa 5 oder 6 cm Öffnung zeigt in der Regel auf Jupiter zwei Wolkenstreifen, die parallel zum Äquator verlaufen und deswegen auch Nördliches und Südliches Äquatorialband (NEB und SEB) genannt werden. Größere Instrumente enthüllen noch sehr viel mehr atmosphärische Einzelheiten, die in ständiger Veränderung sind; zum einen, weil sie sich wirklich im Verlauf von Stunden oder Tagen verändern, teils aber auch wegen der raschen Rotation des Planeten. Die Rotationszeit beträgt weniger als 10 Stunden (am Äquator

Die Sichtbarkeit der oberen Planeten

Als obere oder äußere Planeten bezeichnet man alle Planeten, die außerhalb der Erdbahn um die Sonne laufen. Stehen sie hinter der Sonne, also in Konjunktion mit der Sonne, sind sie unsichtbar. Die beste Beobachtungsmöglichkeit ergibt sich, wenn die Erde zwischen dem Planeten und der Sonne hindurchläuft. Dann steht der Planet der Sonne am Himmel gegenüber und kann die ganze Nacht gesehen werden: Der Planet steht in Opposition zur Sonne. Er geht abends bei Sonnenuntergang etwa im Osten auf und morgens bei Sonnenaufgang etwa im Westen unter. Um Mitternacht erreicht er im Süden seinen Höchststand. In der Opposition kommt uns ein oberer Planet am nächsten. Bei den ferneren Planeten macht der Unterschied nicht viel aus. Bei Mars aber ist er gewaltig. Zudem ist die Marsbahn stark exzentrisch. Fällt eine Marsopposition in eine Zeit, in der Mars in Sonnenferne (im Aphel) steht, sinkt der Abstand Erde–Mars auf 101 Mill. km. Steht er in der Opposition in Sonnennähe (Perihel), schrumpft die Entfernung auf nur 56 Mill. km (vgl. Abb. l. S.). Andererseits wächst der Abstand in einer Konjunktion und bei einer Marsstellung im Aphel auf 400 Mill. km. Kurz vor und nach einer Opposition ist ein oberer Planet von der Erde aus gesehen rückläufig.

Der Planet Jupiter mit seinen Wolkengürteln im Fernrohr

9 Std., 5 Min., ab etwa 9° Nord oder Süd rund 5 Min. mehr), was zu einer starken Abplattung von immerhin 1:16 führt. Schon in einem kleinen Fernrohr kann man deutlich sehen, dass die Planetenscheibe nicht rund, sondern elliptisch ist.
Ein ganz besonders bemerkenswertes Gebilde auf Jupiter ist der Große Rote Fleck (GRF). Er ist im Durchmesser mehr als doppelt so groß wie unsere Erde, ein Wirbel in der Jupiteratmosphäre, der vermutlich schon seit mindestens 300 Jahren existiert.

Der Große Rote Fleck (GRF) ist ein Wirbelsturm in der Atmosphäre von Jupiter.

Blick ins Innere

Die Jupiteratmosphäre besteht vor allem aus Wasserstoff, Helium, Methan, Ammoniak sowie Spuren anderer Stoffe. An der Wolkenobergrenze herrscht eine Temperatur von etwa –140 °C. Nach innen hin nehmen Temperatur und Druck stark zu. Der innere Aufbau von Jupiter – und auch der anderen Riesenplaneten Saturn, Uranus und Neptun – weicht völlig von dem der erdähnlichen Planeten Merkur, Venus und Mars ab. Das zeigt sich schon bei der mittleren Dichte, die z. B. bei Jupiter nur 1,3-mal größer ist als die von Wasser, also 1,3 g/cm^3. Jupiter besitzt nur einen vergleichsweise winzigen Kern aus Gesteinen und vielleicht auch Eisen. Ansonsten geht die Wasserstoffatmosphäre nach innen unter der Wirkung des gewaltigen Drucks in den flüssigen Zustand über. In einer bestimmten Tiefe ist der Wasserstoff sogar elektrisch leitend („metallischer Wasserstoff").

Die Galileischen Monde

Die bereits 1610 von Galilei entdeckten hellsten Monde heißen Io, Europa, Ganymed und Kallisto. Ihre Abstände von Jupiter betragen 422 000, 671 000, 1 070 000 und 1 883 000 km, ihre Umlaufzeiten 1,8 Tg., 3,6 Tg., 7,2 Tg. und 16,7 Tg. und ihre Durchmesser 3643 km, 3130 km, 5268 km und 4808 km. Ihre Oberflächen sind recht verschieden und konnten u. a. mit Hilfe der Raumsonden *Voyager 1/2* und *Galileo* gut erforscht werden. Io zeigt einen ausgeprägten aktiven Vulkanismus. Bei Vorüberflügen der Raumsonden wurden mehrere Ausbrüche fotografiert. Europa bietet einen mit gewaltigen Rissen

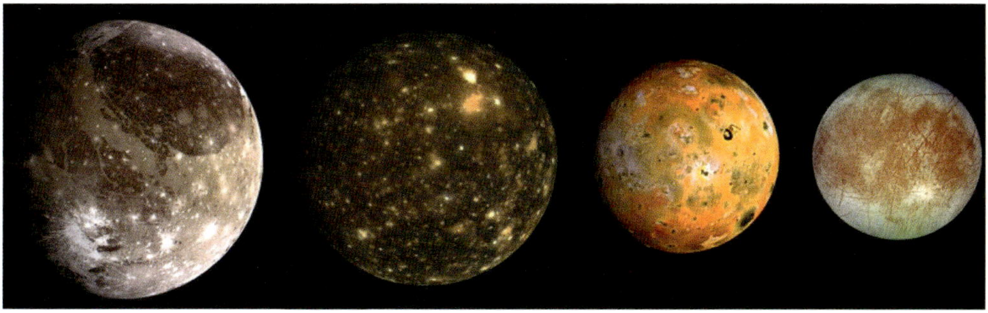

Die Jupitermonde Ganymed, Kallisto, Io und Europa (nach Größe sortiert), aufgenommen von *Galileo*

durchzogenen Eispanzer. Ganymed besitzt zahlreiche Einschlagkrater. Helle Strahlensysteme zeigen, dass einige Krater nicht sehr alt sein können, doch gibt es auch ältere. Kallisto ist von einer Unmenge von Kratern geradezu „gesättigt".
Die mittlere Dichte der vier Monde nimmt von innen nach außen systematisch ab: Io hat eine Dichte von 3,5 g/cm³, Kallisto bietet nur noch 1,8 g/cm³. Die Monde haben nach außen hin einen immer mächtigeren Eismantel und eine Kruste aus Eis. Die übrigen 59 Jupitermonde und der schmale Ring sind mit Amateurfernrohren nicht zu beobachten.

Die Bahnen der Galileischen Jupitermonde

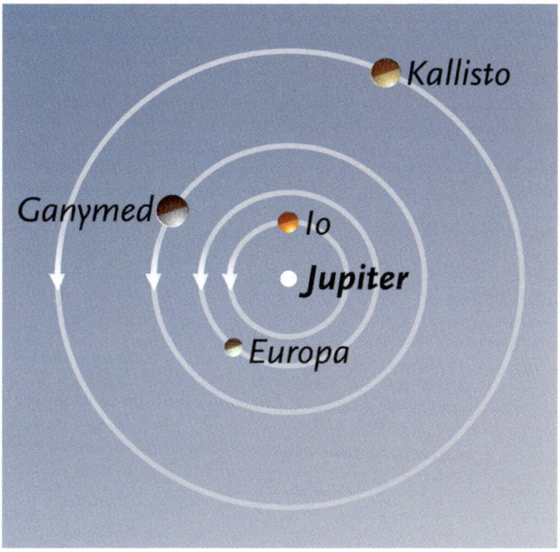

Saturn

Saturn ist der klassische Ringplanet. Schon ein ganz kleines Fernrohr genügt, um den Ring wenigstens andeutungsweise zu erkennen: 5 cm Öffnung und 30- bis 40fache Vergrößerung.
Auf Saturn selbst sind Strukturen nicht so leicht zu erkennen wie auf Jupiter – bei beiden handelt es sich um Wolkenformationen. Gelegentlich treten hellere weiße Flecke auf, offenbar ungefähr im 29,5-Jahres-Rhythmus des Saturnumlaufs. Letztmals war dies 1990 der Fall. Besonders auffallend ist die Abplattung des Ringplaneten: Sie ist unter allen Planeten mit 1:9 am stärksten; der Äquatordurchmesser beträgt 120 000 km, der Poldurchmesser dagegen nur 108 000 km! Die mittlere Dichte von Saturn ist mit 0,7 g/cm³

Saturn und sein Ringsystem, wie es von der Erde aus im Fernrohr erscheint

am kleinsten – der Ringplanet würde sogar auf einem Ozean aus Wasser schwimmen. Sein innerer Aufbau ähnelt dem von Jupiter, doch enthält die Saturnatmosphäre etwas weniger Helium. Ihre Rotationsdauer ist an verschiedenen Stellen recht unterschiedlich: Am Äquator beträgt sie 10 Std., 14 Min., nimmt aber nach Norden und Süden hin mit bis zu über einer halben Stunde stark zu.

Der Ring

Der Ring wurde schon 1610 von Galileo Galilei und kurze Zeit später auch von anderen frühen Fernrohrbeobachtern des 17. Jahrhunderts entdeckt: Zunächst konnte man diese seitlichen „Anhängsel" nicht deuten, man vermutete, dass es sich vielleicht um Monde handele. Erst der niederländische Astronom Christiaan Huygens deutete die Erscheinung 1656 richtig.

Genau genommen setzt sich „der Ring" aus mehreren Ringen zusammen: dem äußeren Ring A, dem mittleren Ring B sowie den inneren Ringen C (Florring) und D. Ring D kann nur mit den allergrößten Fernrohren ausgemacht werden, und auch Ring C ist für Amateurfernrohre nicht erreichbar. Das Ringsystem, wie es von der Erde aus beobachtet werden kann, hat einen Durchmesser von 278 000 km. Die Ringe A und B sind durch die so genannte Cassini-Teilung voneinander getrennt. Ihre Breite entspricht fast exakt dem Durchmesser unseres Mondes und kann schon mit einem Fernrohr von 8 bis 10 cm Durchmesser und 150- bis 200-facher Vergrößerung erkannt werden. Größere Fernrohre zeigen noch weitere Teilungen, z. B. die Encke-Teilung (Bleistiftlinie) auf dem Ring A. Je nach Position des Planeten zur Erde sehen wir einmal mehr auf die Nordseite, dann wieder auf die Südseite des Rings. Die Neigung des Rings zur Sichtlinie Erde–Saturn kann maximal 27° erreichen. Während eines Saturnumlaufs um die Sonne kommt es auch zweimal vor, dass wir genau auf die Kante des Rings blicken. Da dieser höchstens eine Dicke von ein paar hundert Metern hat, verschwindet er zumindest in kleinen Fernrohren dann scheinbar ganz. Dies wird man wieder in den Jahren 2009 und 2025 beobachten können. Im Jahr 2003 war die Südseite, 2017 wird die Nordseite des Rings am stärksten der Erde zugeneigt sein.

Der Ring besteht aus unzähligen kleinen, häufig vereisten Gesteinsbrocken. Die Raumsonden *Voyager 1/2* sowie *Cassini* zeigten, dass es Tausende weiterer Teilungen gibt, damit sieht der Saturnring auf den Sondenaufnahmen aus wie eine riesige Schallplatte. Außerdem fand man z. B. in der Cassini-Teilung und auch in anderen Teilungen mehrere ganz schmale Ringe. Die Teilungen sind also nicht wirklich leer, es sind nur Bereiche, in denen die Ringe weniger dicht aufeinander folgen. Außerhalb des A-Rings existieren noch der schmale F-Ring, dessen Teilchen von den beiden Schäferhundmonden Prome-

Der Saturnring, aufgenommen von der Raumsonde *Cassini*. Gut sichtbar ist die dunkle Cassini-Teilung und weit außen die Encke-Teilung.

theus und Pandora zusammengehalten werden, und die recht diffusen G- und E-Ringe. Besonders merkwürdig sind die ebenfalls von den *Voyager*-Sonden entdeckten „Speichen" im Ring B. Es sind radiale Streifen, die erstaunlich lange erhalten bleiben, obwohl sich doch die äußeren Ringteilchen langsamer um Saturn bewegen als die inneren. Vermutlich beruht das Phänomen der Speichen auf einer elektrischen Aufladung winziger Ringteilchen, die dadurch längere Zeit „wolkenartig" zusammengehalten werden.

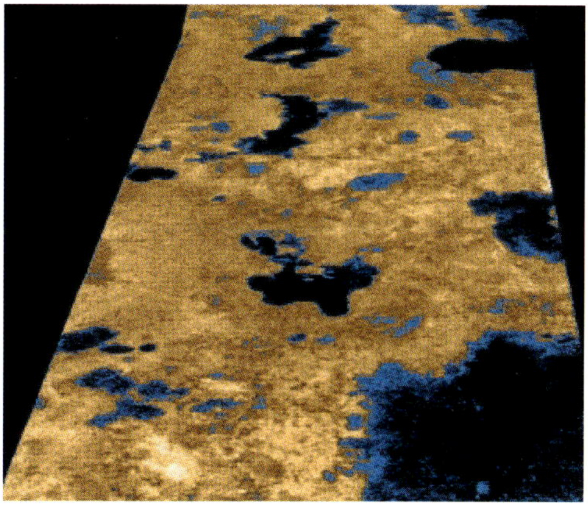

Auf der Titanoberfläche finden sich nach Aufnahmen der Raumsonde *Huygens* Seen aus Methan.

Die Monde

Der größte Saturnmond Titan ist bereits mit einem guten Fernglas oder 5-cm-Fernrohr gut zu sehen. Seine Helligkeit liegt während einer günstigen Opposition bei 8^m. Er hat einen Durchmesser von 5150 km und besitzt eine Atmosphäre aus Stickstoff mit Beimengungen von Methan und Argon. Die Umlaufzeit um Saturn beträgt knapp 16 Tage. 2005 landete *Huygens*, eine Landestufe der ein Jahr zuvor bei Saturn angekommenen Raumsonde *Cassini*, auf Titan, auf dessen Oberfläche sich u. a. Methan-Seen zeigten. Auch Rhea (Helligkeit knapp über 10^m) ist noch in ganz kleinen Fernrohren sichtbar. Dieser 1530 km große Mond umläuft Saturn in 4½ Tagen. Die wichtigsten Satelliten von innen nach außen sind: Atlas, Prometheus, Pandora, Epimetheus, Janus, Mimas, Enceladus, Tethys, Dione, Rhea, Titan, Hyperion, Japetus und Phoebe. Daneben gibt es noch einige kleine Möndchen, die auf den Bahnen von größeren Monden laufen, so genannte koorbitale Satelliten. Solche Kleinmonde gibt es auf der Bahn von Mimas, Tethys und Dione. Mitte 2008 waren 60 Saturntrabanten sicher bekannt. Außerdem gibt es im Ringsystem vermutlich noch viele größere Brocken, die man als Mini-Möndchen oder „Moonlets" bezeichnen könnte.

Der Saturnmond Titan wird von einer dichten, undurchsichtigen Atmosphäre umschlossen.

Viele der größeren Saturnmonde zeigen an ihrer Oberfläche beachtliche Einschlagkrater: Auf dem nur 390 km großen Mimas z. B. hat der Krater Herschel einen Durchmesser von 130 km! Der Krater Odysseus auf Tethys ist 400 km groß, Tethys selbst nur 1050 km. Hier müssen gewaltige Brocken mit den Satelliten zusammengestoßen sein. Daneben fallen Anzeichen für eine innere Aktivität auf, die

teilweise auf ein Aufheizen durch Gezeitenwirkungen von Nachbarsatelliten zurückgeht. So findet man z. B. auf Enceladus seltsame Fließmuster: Hier trat vielleicht aus dem Inneren plastisches Eis an die Oberfläche.
Die mittlere Dichte fast aller Saturnsatelliten liegt wenig über 1 g/cm³. Sie bestehen in ihrem Inneren vor allem aus Eis mit Beimengungen von Gesteinen. Auch die Oberfläche setzt sich oft aus Eis zusammen. Enceladus z. B. wirft 90 % des auftreffenden Sonnenlichts zurück und muss deswegen von einer gleichmäßig stark reflektierenden Reifschicht überzogen sein. Der äußerste Saturnmond Phoebe wurde vermutlich eingefangen. Er bewegt sich rückläufig um den Planeten.

Uranus und Neptun

1781 entdeckte Wilhelm Herschel mit seinem Teleskop den Planeten **Uranus.** Er ist etwa 6^m hell und könnte daher bei guter Sicht schon mit freiem Auge, leicht aber mit einem Opernglas oder Feldstecher gesehen werden. Voraussetzung ist eine gute Kenntnis seiner Position, damit man ihn nicht mit einem Fixstern verwechselt.
Uranus erscheint als winziges, grünlich blaues Scheibchen, auf dem von der Erde aus auch mit größeren Instrumenten wenig zu erkennen ist. Auch seine größten Monde Miranda, Ariel, Umbriel, Titania und Oberon sind Amateurfernrohren nicht zugänglich. Mit Hilfe von *Voyager 2* sowie Beobachtungen von erdgebundenen Teleskopen ist die Zahl der bekannten Uranusmonde bis 2008 auf 27 gestiegen. Außerdem besitzt Uranus ein Ringsystem: Es besteht aus mindestens neun schmalen Einzelringen, die von der Erde aus nicht direkt sichtbar sind.

Uranus auf einer Aufnahme von *Voyager 2*. Seine Atmosphäre zeigt praktisch keine Strukturen.

Im Aufbau ähnelt der siebte Planet sehr den Riesenplaneten Jupiter und Saturn, zeigt jedoch auf den Raumsondenaufnahmen weniger Einzelheiten. In 17¼ Stunden dreht er sich einmal um sich selbst. Seine Rotationsachse ist um 98° gegen die Senkrechte auf seiner Bahnebene geneigt und liegt damit fast genau in der Bahnebene. Uranus rotiert somit rückläufig.
Neptun, der achte Planet, wurde 1846 von J. G. Galle auf der Grundlage von theoretischen Bahnvorhersagen entdeckt, die U. J. Leverrier aus Störungen der Uranusbahn ableitete. Die Helligkeit von Neptun liegt knapp über der 8. Größe. Er erscheint noch kleiner als Uranus und ebenfalls grünlich bläulich. *Voyager 2* fotografierte bemerkenswerte Wolkenstrukturen, darunter den „Großen Dunklen Fleck“, der im Verhältnis zum Planetendurchmesser fast genau dieselbe Größe hatte wie der „Große Rote Fleck“ auf Jupiter und auch sonst viele Ähnlichkeiten zeigte. Bei einer Beobachtung mit dem Hubble-Weltraumteleskop konnte er allerdings nicht mehr wieder entdeckt werden. Daneben entdeckte man z. B. Zirruswolken, die Schatten auf darunter liegende Wolkenfelder werfen.

Die Rotationszeit beträgt etwas mehr als 16 Stunden. Ansonsten reiht sich Neptun gut in das Muster der anderen Riesenplaneten ein. Zwei Satelliten – Triton und Nereide – konnten schon von der Erde aus gefunden werden. Inzwischen sind insgesamt 13 Neptunsatelliten bekannt. Auf Triton (2720 km Durchmesser) gibt es geysirartige Erscheinungen, die auf Vulkanismus mit gefrorenem oder flüssigem Stickstoff hindeuten. Ferner besitzt Triton eine dünne Atmosphäre.

Neptun mit seinem „Großen Dunklen Fleck", aufgenommen von *Voyager 2*

Zwerg- und Kleinplaneten

Im Jahr 1930 wurde von C. W. Tombaugh Pluto entdeckt. Auf seiner stark exzentrischen Bahn läuft er zeitweise innerhalb der Neptunbahn (z. B. zwischen 1979 und 1999). Sein Durchmesser beträgt etwa 2300 km. Seine Helligkeit erreicht maximal rund die 13. Größe, so dass er mit normalen Amateurfernrohren nicht zu sehen ist. Pluto hat drei Satelliten, von denen Charon immerhin mehr als halb so groß ist wie Pluto.

Transneptunische Objekte

In den letzten Jahren wurden am Rande unseres Sonnensystems noch viele weitere Körper entdeckt, von denen einige etwa so groß wie Pluto sind oder sogar noch größer. So hat z. B. Eris einen Durchmesser von rund 3000 km, Sedna 1700 km, Makemake 1800 km und Haumea 2200 km. Die Zahl der bekannten transneptunischen Objekte wächst sehr schnell an.

So stellte sich die Frage, ob alle diese Körper, auch Pluto, noch als Planeten bezeichnet werden dürfen. Die Internationale Astronomische Union (IAU) führte daher den Begriff *Zwergplanet* ein. Zu ihnen zählen neben Pluto bisher Eris, Makemake und Haumea. Es gibt noch weitere Kandidaten, z. B. Sedna. Die Zwergplaneten im äußeren Bereich des Sonnensystems nennt man neuerdings auch Plutoide. Insgesamt hat man alle transneptunischen Kleinkörper oft auch als Kuiper-Gürtel-Objekte bezeichnet, nach dem hollän-

Was ist ein Planet?

Die Internationale Astronomische Union (IAU) beschloss 2006 neue Definitionen für die Körper in unserem Planetensystem:

Ein **Planet** ist 1. ein nicht selbst leuchtender Körper, der um die Sonne läuft, aber kein Satellit eines solchen Körpers ist. Er ist 2. im hydrostatischen Gleichgewicht, besitzt also so viel Masse, dass er infolge der Schwerkraft annähernd Kugelgestalt annimmt. Und er räumt 3. infolge seiner Schwerkraft seine Bahn von anderen Körpern frei (Ausnahme Trojaner). Werden 1. und 2., aber nicht 3. erfüllt, so handelt es sich um einen **Zwergplaneten**. Wird auch die 2. Bedingung nicht erfüllt, spricht man von einem **Kleinplaneten**.

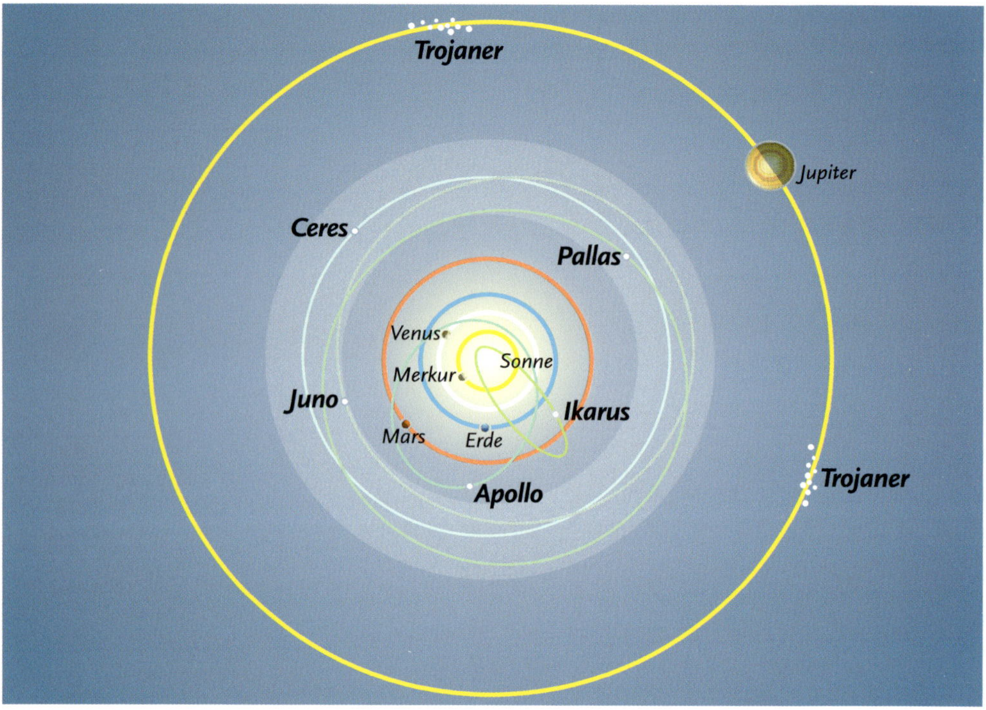

Die Bahnen einiger typischer Kleinplaneten um die Sonne

disch-amerikanischen Astronomen Gerard Peter Kuiper, der diese Objekte schon vor rund 50 Jahren voraussagte. Während diese im Wesentlichen knapp hinter der Neptunbahn angeordnet sind, kreisen die Objekte der so genannten Oortschen Wolke (benannt nach dem holländischen Astronomen Jan Hendrik Oort) vermutlich in einer Sonnenentfernung von etwa 300 bis 100 000 Astronomischen Einheiten (Abstand Erde–Sonne). Die Abgrenzung zum Kuiper-Gürtel ist allerdings nicht ganz klar. Die Objekte in der Oortschen Wolke sind so weit entfernt, dass sie praktisch noch nicht entdeckt wurden, es sei denn, sie werden durch Bahnstörungen ins Innere des Planetensystems getrieben, wo sie dann als langperiodische Kometen beobachtet werden.

Kleinkörper innerhalb der Neptunbahn

Das „Problem" der Kleinkörper in unserem Sonnensystem war schon seit über zwei Jahrhunderten durch andere Entdeckungen akut geworden. In der Neujahrsnacht 1800/1801 fand Giuseppe Piazzi zwischen der Mars- und Jupiterbahn die später so benannte Ceres mit 913 km Durchmesser. Bis 1807 kamen Pallas, Juno und Vesta hinzu. 1845 und 1847 Astraea und Hebe. Seither riss die Entdeckungsflut nicht mehr ab. Inzwischen sind, einschließlich der Körper im äußeren Planetensystem weit über 300 000 Objekte nummeriert und oft mit Namen versehen. Die Gesamtzahl ist viel größer, da die kleineren Objekte sehr schwer zu erfassen sind. Alle diese Objekte nannte man Kleinplaneten, Planetoiden oder Asteroiden. Nach der

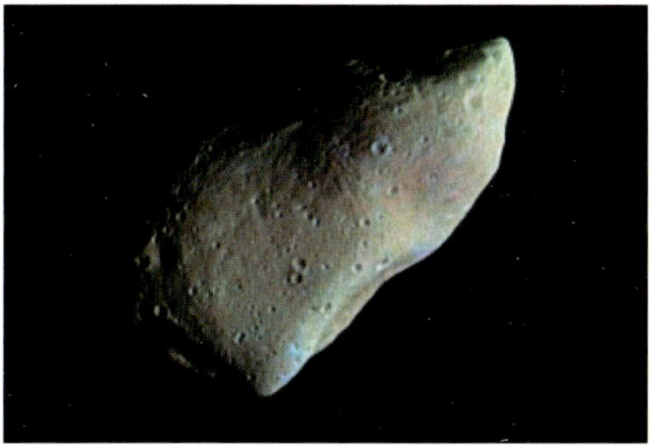

Der Kleinplanet Gaspra nach *Galileo*

neuen Definition der IAU ist innerhalb der Neptunbahn nur Ceres ein Zwergplanet. Einige Kleinplaneten können bereits mit einem Feldstecher beobachtet werden. Vesta erreicht in einer günstigen Opposition sogar rund 6. Größe. Die meisten Kleinplaneten halten sich an die Zone zwischen Mars und Jupiter. Doch überkreuzen viele von diesem Bereich aus auch die Mars- oder sogar die Erdbahn (Erdbahnkreuzer). Einige bewegen sich sogar durchweg innerhalb der Mars- oder Erdbahn. Im Raum zwischen Jupiter und Neptun bewegen sich z. B. die Zentauren. Die so genannten Trojaner hingegen laufen auf der Jupiterbahn und sind von dem Riesenplaneten 60° nach beiden Seiten hin entfernt. Es gibt auch Trojaner auf anderen Planetenbahnen. Die überwiegende Mehrheit der bisher bekannten Kleinplaneten hat aber einen Sonnenabstand zwischen etwa 320 und 500 Mill. km.
Die Zusammensetzung der Kleinplaneten innerhalb der Jupiterbahn ist recht unterschiedlich. Einen Teil bilden dunkle, kohlenstoffreiche Körper, andere bestehen mehr aus Silikaten mit etwas Eisen, nur wenige fast ausschließlich aus Metallen. Bei den transneptunischen Objekten gibt es auch Körper, die weitgehend aus Eis bestehen.

So ist das Bild, das wir uns heute über unser Sonnen- bzw. Planetensystem machen müssen, recht bunt geworden.
Der erste Vorbeiflug einer Raumsonde an einem Kleinplaneten erfolgte 1991. Damals besuchte die Raumsonde *Galileo* den Kleinplaneten Gaspra. Die Aufnahmen zeigten einen unregelmäßig geformten, fast 20 km großen Körper.

Kometen

Zu den beeindruckendsten Körpern in unserem Sonnensystem gehören die Kometen. Manchmal stehen sie als prachtvolle „Schweifsterne“ am Himmel, obwohl unser durch künstliche Effekte verwöhntes Auge am aufgehellten Großstadthimmel auch einen schönen Kometen vielleicht als gar nicht mehr so aufregend empfindet. Hinzu kommt, dass wirklich spektakuläre Kometen selten sind. Vor über 10 Jahren wurden wir aber durch zwei helle Kometen verwöhnt: Hyakutake im Frühjahr 1996 war zwar nur 2 km groß, kam der Erde aber auf 10 Mill. km nahe. Hale-Bopp erreichte 1997 seine Erdnähe mit 198 Mill. km Entfernung, war aber

Der helle Komet Hale-Bopp gab 1997 ein beeindruckendes Schauspiel ab.

über 40 km groß, so dass er trotz der Entfernung ein imposantes Schauspiel abgab. Auch zu Beginn des 21. Jh. tauchten einige bemerkenswerte Kometen auf. So erfuhr z. B. der Komet 17P/Holmes im Oktober 2007 einen Helligkeitsausbruch auf das rund 500 000-fache, so dass er mit freiem Auge gesehen werden konnte, obwohl er zuvor wegen seiner großen Entfernung nur in sehr großen Teleskopen zu erfassen war. Das vorgestellte 17P weist darauf hin, dass der Komet der 17. in der Liste der periodischen Kometen ist. Der Ausbruch ging vielleicht darauf zurück, dass durch das Auftreffen eines anderen Kleinkörpers oder andere Ursachen plötzlich frisches staubhaltiges Material aus dem Inneren herausgeschleudert wurde.

Schmutzige Schneebälle mit Schweifen

Dem Schweif eines Kometen wurde früher besonders viel Bedeutung beigemessen. Wesentlich ist aber in Wirklichkeit nur der kleine Kern von wenigen Kilometern Durchmesser, der aus Eis und Staub besteht. Deswegen nennt man die Kometenkerne auch sehr treffend „schmutzige Schneebälle“. Milliarden solcher schmutziger Schneebälle schwirren weit jenseits der Neptunbahn um die Sonne. Nur ein kleiner Teil der Kometenkerne gelangt jemals in das innere Planetensystem und wird dadurch überhaupt erst für uns sichtbar; dem Kometenkern wird es dabei immer wärmer. Ein Teil des Eises verdampft, und es entsteht die Koma, der „Kometenkopf“ mit einem Durchmesser von 10 000 bis 100 000 km. Durch den Sonnenwind wird ein Teil des Gases von der Koma weggetrieben; so bildet sich der Gasschweif, der stets von der Sonne abgewandt ist. Er ist so dünn, dass Sterne ungetrübt hindurchschimmern. Der Staubschweif ist im Unterschied zum Gasschweif etwas gekrümmt, weist aber im Prinzip als Folge des Strahlungsdrucks ebenfalls von der Sonne weg. Kometenschweife können viele Millionen Kilometer lang werden, Rekordwerte liegen bei 100 bis 250 Mill. km. Die Kometen verlieren bei ihrem Lauf durch das innere Planetensystem Materie, und zwar umso mehr, je lockerer sie gepackt sind und je näher sie der Sonne kommen. Danach kehren sie meist wieder in die Zone hinter der Neptunbahn zurück. Solche „neuen“ Kometen können langfristig nicht vorhergesagt werden. Sie werden irgendwann einmal auf ihrer Bahn nach innen entdeckt, vielleicht etwa in der Gegend der Jupiter- oder Marsbahn, vielleicht auch später – je nach Stellung am Himmel oder Zufall.

Periodische Kometen

Läuft ein „neuer“ Komet nahe an einem großen, massereichen Planeten vorüber, so kann seine Bahn so gestört werden, dass er fortan auf einer engeren Ellipse um die Sonne zieht. Er wird zu einem periodischen Kometen und sein Erscheinen kann jetzt vorhergesagt werden. So hat vor allem Jupiter eine regelrechte Kometenfamilie versammelt, die Jupiterfamilie mit über 50 Mitgliedern. Die Umlaufzeiten dieser Kometen betragen etwa 6 bis 7 Jahre. Die Kometenfamilien der anderen Riesenplaneten Saturn, Uranus und Neptun sind nicht so reich. Der berühmte Halleysche Komet gehört der Neptunfamilie an. Seine Umlaufzeit beträgt zur Zeit etwa 76 Jahre. Die kürzeste Umlaufzeit hat der Enckesche Komet mit 3,3 Jahren. Die periodischen Kometen sind allerdings meist nicht sehr spektakulär. Der Grund ist leicht einzusehen: Sie liefen inzwischen

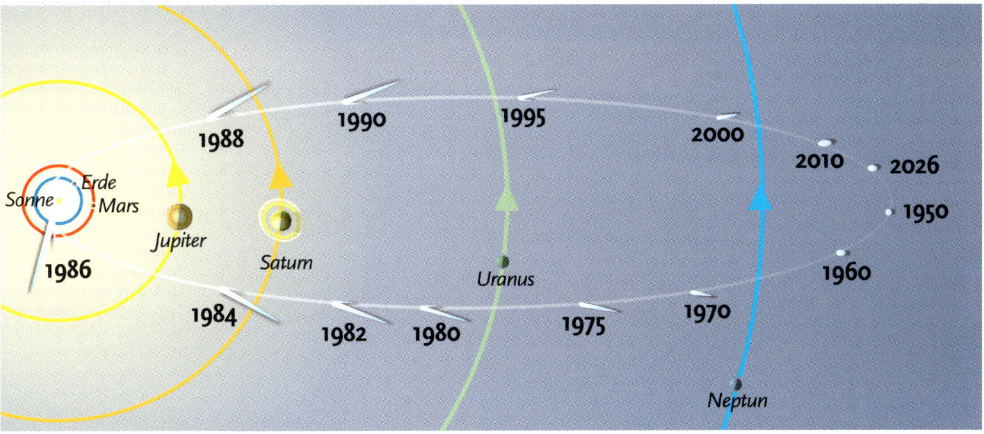

Die Bahn des Halleyschen Kometen um die Sonne. Je weiter der Komet von der Sonne entfernt ist, desto mehr verkümmert sein Schweif. Schon im Bereich Mars–Jupiter wird er für kleinere Fernrohre unsichtbar.

bereits so oft an der Sonne vorbei, dass sie ziemlich „verbraucht" sind und schon viel Gas und Staub verloren haben. Die Lebensdauer des Halleyschen Kometen wird nur auf höchstens einige hunderttausend Jahre geschätzt. Oft hat man den Zerfall oder zumindest die Aufspaltung eines Kometen in Sonnennähe beobachtet, z. B. beim Kometen Biela im 19. Jahrhundert. Neue Kometen sind frischer und unverbrauchter, da sie u. U. das erste Mal in das innere Planetensystem gelangen. 1986 erhielt der Halleysche Komet erstmals Nahbesuch von mehreren Raumsonden. Die europäische Sonde *Giotto* kam dem Kometenkern dabei auf 600 km nahe. 2005 flog die Sonde *Deep Impact* nicht nur an dem Kometen 9P/Tempel vorbei, sondern ein Projektil schlug auch auf seiner Oberfläche ein.

Die Bezeichnung von Kometen

Die Bezeichnung von Kometen erfolgt nach folgenden Regeln: Zunächst erhalten sie den Namen ihres Entdeckers. Dabei kommen auch Doppel- und Dreifachnennungen vor. Daneben werden dem Kometen eine Jahreszahl und ein Buchstabe zugeordnet, der den Halbmonat der Entdeckung angibt. Innerhalb der Halbmonate wird dann durchnummeriert. Beispiel: Das zuerst entdeckte Objekt in der ersten Januarhälfte 2009 erhält die Bezeichnung 2009 A1, das als Viertes entdeckte Objekt in der zweiten Märzhälfte heißt 2009 F4. Ein Buchstabe, falls schon angebbar, bedeutet: P – periodischer Komet mit einer Umlaufzeit unter 200 Jahren (werden fortlaufend durchnummeriert), C – nicht periodischer Komet, X – Komet ohne bekannte Bahn, D – verschwundener oder aufgelöster Komet. A – ist Kleinplaneten vorbehalten, die damit in das Schema einbezogen sind.

Sternschnuppen und Meteoriten

Sternschnuppen am Himmel hat jeder schon einmal gesehen. Im wissenschaftlichen

Sprachgebrauch werden sie als Meteore bezeichnet. Es sind die Leuchterscheinungen am Himmel, die man beim Eindringen kleiner kosmischer Staubkörner in unsere Erdatmosphäre sieht. Die Geschwindigkeiten der Teilchen können dabei bis über 70 km/s betragen.
In einer normalen Nacht sieht man gar nicht so wenige Meteore am Himmel: Am gesamten Himmel treten pro Stunde im Durchschnitt 5 bis 15 Sternschnuppen auf. Sie leuchten bereits in der Hochatmosphäre auf, ein Maximum liegt bei etwa 100 km. Entsprechend tiefer – etwa bei 30 bis 40 km – erlöschen sie. Dies sind jedoch nur grobe Richtwerte. Was wir sehen, sind allerdings nicht die aufleuchtenden und meist verglühenden Teilchen, dazu sind diese viel zu klein. Aber schon ein Staubkorn von Millimeter- bis Zentimetergröße kann eine schöne Sternschnuppe erzeugen. Wir sehen vielmehr die zum Leuchten angeregte Luft um die Einflugschneise des Teilchens herum. Manchmal können diese Luftschichten auch nachleuchten, und wir sehen lange Meteorschweife. Die hellsten Meteore nennt man Feuerkugeln oder Boliden.

Strichspur einer hellen Sternschnuppe über den Himmel

Meteorströme

Zu bestimmten Zeiten des Jahres treten regelmäßig Meteorströme oder Sternschnuppenschwärme auf. Das ereignet sich oftmals dann, wenn die Erde auf ihrer Bahn einen Staubring kreuzt, der von einem alten Kometen stammt. Kometen verlieren ja neben Gas auch Staub, besonders periodische Kometen verstreuen allmählich einen großen Staubvorrat längs ihrer ganzen Bahn. Dieser breitet sich langsam aus, und so muss die Erde noch nicht einmal exakt die Kometenbahn passieren, wenn es zu einem Sternschnuppenschwarm kommen soll. Ein schönes Beispiel sind die Perseiden, die auf den Kometen Swift-Tuttle (109P) zurückgehen. Schon am 20. Juli erreicht die Erde die äußersten Ausläufer des Perseidenschwarms und die ersten Perseiden-Sternschnuppen treten auf. Der Höhepunkt ist aber erst am 12. August: Dann flitzen bis zu über 100 Sternschnuppen pro Stunde über den Himmel, und noch bis zum 19. August können einige Perseiden gesehen werden. Die Erde benötigt also einen vollen Monat, um diesen Staubstrom zu durchqueren.
Die Perseiden erhielten ihren Namen, weil sie scheinbar aus dem Sternbild Perseus herausströmen. Ähnlich wie bei einer Autofahrt durch Schneegestöber – auch hier scheinen die Schneeflocken von einem Punkt aus radial nach allen Seiten zu fliehen – führt das Zusammenwirken der Bewegung der Staubteilchen und der Erde zu demselben Effekt. Der scheinbare Ausstrahlungspunkt der Strommeteore heißt Radiant.
Es gibt noch andere Meteorströme: Vom 1. bis 4. Januar treten die Quadrantiden auf; das Maximum ist am 4. Januar. Der Halleysche Komet verursacht sogar zwei Meteorströme, weil die Erde in jedem Jahr zweimal

den Staubstrom dieses Kometen durchquert: vom 29. April bis 21. Mai (Maximum 5. Mai) die Eta-Aquariden (Radiant im Wassermann) und vom 11. bis 30. Oktober die Orioniden (Maximum 21. Oktober) mit dem Radianten im Sternbild Orion. Mitte Dezember treten die Geminiden auf (Radiant im Sternbild Zwillinge).
Es gibt auch Meteorströme, die nicht jedes Jahr gleich ergiebig sind. Betrachten wir einen Kometen, der noch nicht oft genug um die Sonne gelaufen ist, um den Staub gleichmäßig über seine ganze Bahn zu verteilen. Die größte Staubwolke befindet sich dann in seiner Nähe und somit muss auch der Komet selbst in unserer Nähe sein, damit wir viele Sternschnuppen sehen. So ist es bei den Leoniden (Radiant im Löwen), die auf den Kometen 55P/Tempel-Tuttle zurückgehen. Sie erscheinen alljährlich Mitte November (Maximum 17. November), sind aber meist wenig eindrucksvoll. Gemäß der Umlaufzeit des Mutterkometen von 33,3 Jahren treten aber in Abständen von 33 oder 34 Jahren richtige Meteorstürme auf, zuletzt 1966 und um 1999 herum. Hier traten 2000 Meteore und mehr pro Minute auf! Große Schwärme sind auch aus den Jahren 1799, 1833 und 1866 bekannt. Doch 1899 und 1933 fielen sie aus. Jupiter und Saturn störten die Bahn der Leoniden so stark, dass die Erde das dichte Staubpaket verfehlte. Erneute Bahnstörungen führten dazu, dass die Leoniden aber 1966 wieder besonders aktiv waren. Erst 2032 etwa werden die Leoniden wieder verstärkt in Erscheinung treten.

Meteoriten

Größere in die Erdatmosphäre eindringende Brocken fallen bis zur Erdoberfläche: Sie heißen Meteoriten; es gibt Stein- und Eisenmeteoriten. Obwohl viel mehr Steinmeteoriten niedergehen, findet man doch mehr Eisenmeteoriten. Die Steinmeteoriten verwittern schneller, so dass sie nicht mehr auffallen und leicht übersehen werden. Die größten Meteoriten erzeugen auch Krater. Zu den bekanntesten gehört der Barringer-Krater in Arizona mit 1,3 km Durchmesser und 174 m Tiefe. Er ist wohl der eindrucksvollste und gleichzeitig am besten zu erkennende Meteoritenkrater auf der Erde. Bei einem Alter von etwa 25 000 Jahren ist er auch noch nicht so sehr verwittert. Das Nördlinger Ries ist zwar 25 km groß, aber schon 15 Mill. Jahre alt. Sein Wall ist daher nicht mehr so eindrucksvoll. Der berühmte Fall vom 30. Juni 1908 in der sibirischen Taiga in der Nähe des Flüsschens Steinige Tunguska geht dagegen vermutlich entweder auf einen Kometenkern oder einen Apollo-Asteroiden zurück, der beim Durchgang durch die Atmosphäre in 5 bis 10 km Höhe zerplatzte. Er zerstörte ein riesiges Waldgebiet, hinterließ aber keinen völlig gesicherten Krater.

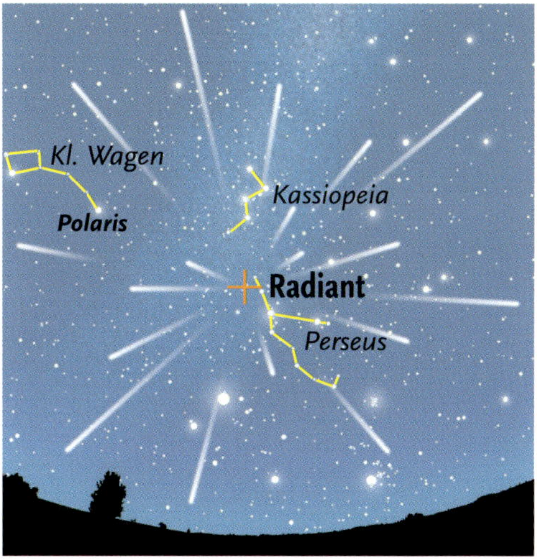

Der Radiant eines Sternschnuppenstroms

Die Sterne

Die Helligkeiten der Sterne

Sternhelligkeiten gibt man in so genannten „Größenklassen" an. Damit ist aber nicht die Größe der Sterne in Kilometer gemeint, sondern die Helligkeit, mit der sie am Himmel erscheinen. Die lateinische Bezeichnung für Größenklasse lautet magnitudo, daher kürzt man die Angabe der Sternhelligkeiten auch mit ^{m} ab.
Die Größenklassen-Skala ist über 2000 Jahre alt und geht im Grundsatz auf Hipparch (2. Jh. v. Chr.) zurück. Die hellsten Sterne wurden der 1. Größenklasse zugeordnet, die schwächsten, mit freiem Auge gerade noch sichtbaren Sterne der 6. Später hat man den Unterschied zwischen den Größenklassen genauer festgelegt: Er beträgt auf fünf Größenklassen 1:100. Damit ergibt sich pro Größenklasse ein Unterschied von 1:2,512, also etwa 1:2,5. Ein Stern 1. Größe (abgekürzt 1^m) ist damit rund zweieinhalbmal heller als ein Stern 2. Größe (2^m), dieser ist wieder zweieinhalbmal heller als ein Stern 3. Größe (3^m), und ein Stern 1. Größe ist 100-mal heller als ein Stern 6. Größe.
Da es eine Menge Sterne gibt, die nur noch mit Fernrohren gesehen oder fotografiert werden können, setzte man die Skala weiter fort. Mit einem Opernglas kommt man bis zu Sternen mit 7^m. Ein Feldstecher reicht je nach Lichtstärke bis 8^m oder sogar 10^m. Diese Werte nennt man „Grenzgröße". Ein Fernrohr mit 6 cm Objektivöffnung kann noch Sterne 11. Größe sehen, bei 20 cm Öffnung geht es bis 13^m. Voraussetzung ist natürlich

Die wirklichen Helligkeiten

Alle angegebenen Helligkeiten sind „scheinbare" Helligkeiten. Sie sagen nichts über die wirkliche Helligkeit oder Leuchtkraft der Sterne aus, da die Intensität des Lichtes mit wachsender Entfernung immer schwächer wird. Wenn man die Leuchtkraft eines Sterns (etwa im Vergleich zur Sonne) bestimmen wollte, müsste man also die Entfernung berücksichtigen. Man tut dies, indem man – gleichsam in Gedanken – alle Sterne in eine Einheitsentfernung von etwa 32,6 Lichtjahren oder 10 Parsec rückt und dann ihre „absolute" Helligkeit berechnet. Solche Angaben enthalten dann ein hoch gestelltes M (^{M}).

Über der Beleuchtung einer Stadt sind nicht viele Sterne am Himmel zu beobachten.

Die Größenklassen-Skala der Gestirne

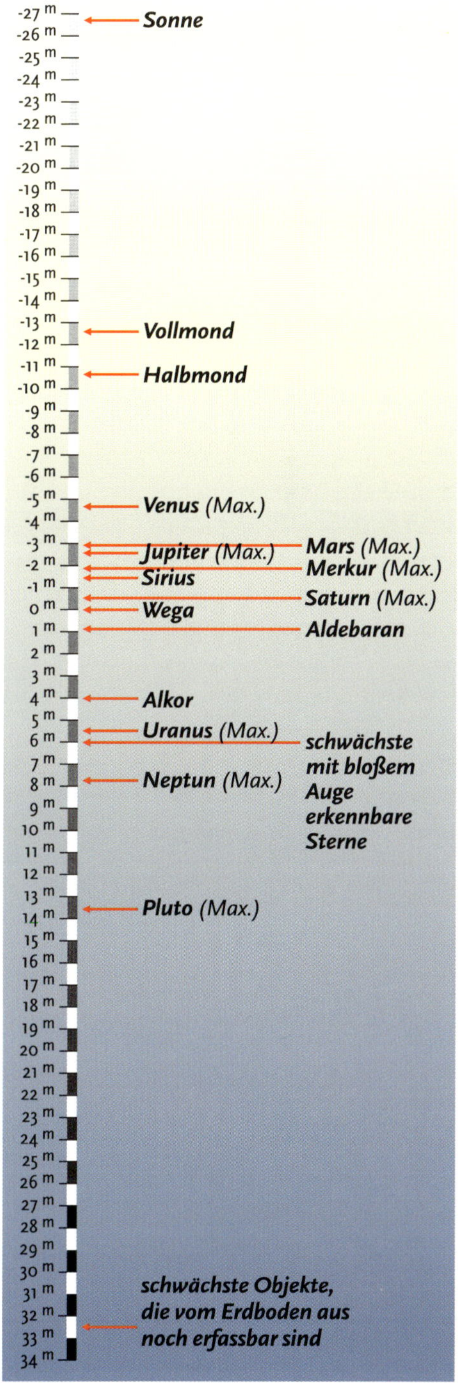

immer ein klarer Himmel ohne helles Mondlicht oder Stadtbeleuchtung. Die größten erdgebundenen Teleskope kommen unter Verwendung elektronischer Verstärker auf 29^m und tiefer. Ähnliches gilt für das Hubble-Weltraumteleskop, das außerhalb der „störenden“ Atmosphäre um die Erde kreist. Solche Sterne sind Milliarden mal schwächer als die, die gerade noch mit freiem Auge zu erkennen sind.
Die Skala muss aber auch nach oben hin noch ergänzt werden. Dort sind einige besonders helle Gestirne unterzubringen. Schon für die allerhellsten Sterne reicht nach der genauen modernen Festlegung die

in den französischen Alpen ist die Milchstraße trotz des vorbeifahrenden Autos gut zu sehen.

1. Größenklasse nicht mehr aus. So hat man die Größenklasse 0^{m} und negative Größenklassen eingeführt: -1^{m}, -2^{m}, -3^{m} usw. Die Helligkeits-Skala der Gestirne läuft also eigentlich verkehrt herum: Je größer die Zahl, desto geringer ist die Helligkeit und umgekehrt.
Zur feineren Unterteilung benutzt man außerdem noch Dezimalstellen hinter dem Komma. So ist z. B. die Helligkeit von Regulus, dem Hauptstern im Löwen, $1\overset{m}{,}3$ oder die von Sirius, dem hellsten Stern am Himmel und Hauptstern im Großen Hund, $-1\overset{m}{,}5$. Bei den Planeten schwankt die Helligkeit natürlich, je nach Stellung zur Erde und zur Sonne. Venus kommt auf maximal immerhin $-4\overset{m}{,}7$. Der Vollmond hat eine Helligkeit von $-12\overset{m}{,}6$, die Sonne leuchtet mit $-26\overset{m}{,}7$. Sie markiert den Endpunkt der Skala auf der „hellen“ Seite.

Die hellsten Sterne

Name	Sternbild	Helligkeit
Sirius	Großer Hund	$-1\overset{m}{,}5$
Canopus	Schiffskiel	−0,7
Toliman	Zentaur	−0,2
Arktur	Rinderhirte	0,0
Wega	Leier	0,0
Kapella	Fuhrmann	+0,1
Rigel	Orion	+0,1
Prokyon	Kleiner Hund	+0,4
Achernar	Eridanus	+0,5
Agena	Zentaur	+0,6
Beteigeuze	Orion	+0,7var
Atair	Adler	+0,8
Acrux	Südl. Kreuz	+0,8
Aldebaran	Stier	+0,9
Antares	Skorpion	+1,0
Spica	Jungfrau	+1,0

Wie viele Sterne sieht man?

Die Zahl der mit freiem Auge sichtbaren Sterne (bis einschließlich der 6. Größe) beträgt am ganzen Himmel nur etwa 6800. Zu sehen ist aber jeweils nur die Hälfte des Himmels über dem Horizont. Außerdem sind in der Nähe des Horizonts wegen der lichtverschluckenden Wirkung der Atmosphäre und des Dunstes keine schwachen Sterne mehr erkennbar. So lassen sich selbst unter günstigen Sichtverhältnissen mit freiem Auge bestenfalls 3000 Sterne beobachten! Diese Zahl schnellt aber bei Fernrohrbeobachtungen sofort gewaltig in die Höhe. Die Gesamtzahl der Sterne bis zur 13. Größenklasse, die mit normalen Amateurfernrohren gerade noch zu sehen sind, beträgt bereits 10 Millionen!

Bewegungen und Entfernungen

Im Gegensatz zu den Planeten (Wandelsternen) zeigen die Sterne keine Bewegung gegeneinander. Man nennt sie daher auch Fixsterne („festgeheftete“ Sterne). Langfristig gesehen ist dies allerdings nicht richtig. Bei längerer und genauerer Beobachtung zeigen die Sterne sehr wohl unterschiedliche Eigenbewegungen, die in Jahrzehntausenden oder Jahrhunderttausenden dazu führen werden, dass unsere heutigen Sternbilder ihre Gestalt verändern. Die Eigenbewegungen der Sterne wurden 1718 von E. Halley entdeckt. Was man sieht, ist allerdings nur die Projektion der tatsächlichen räumlichen Bewegung eines Sterns auf die Himmelssphäre. Möchte man seine wirkliche Raumbewegung herausfinden, muss auch noch bekannt sein, ob sich der Stern auf uns zu oder von uns weg bewegt. Auch die Sonne bewegt sich mitsamt den Planeten durch den Raum, und zwar in Bezug auf ihre Nachbar-

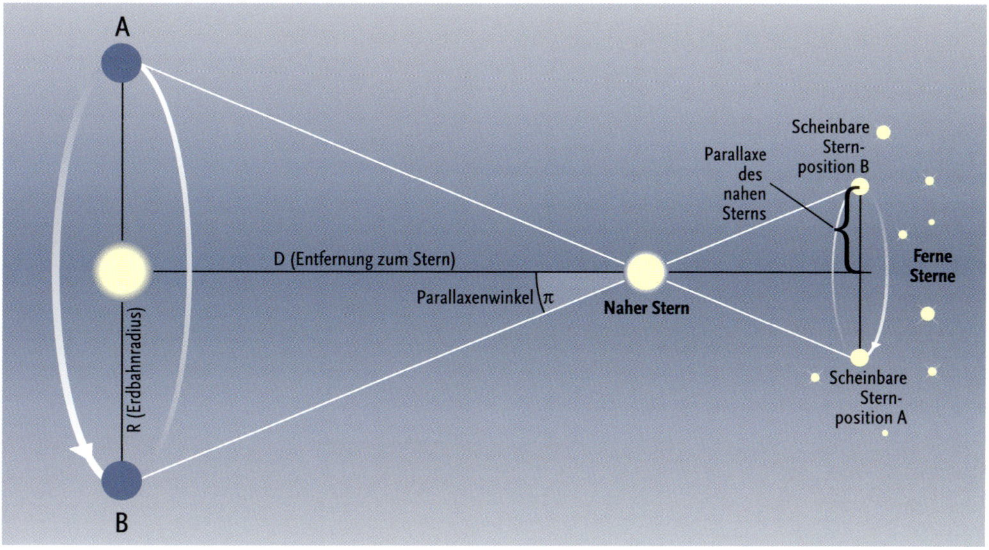

Die Messung der Sternparallaxe erlaubt eine Entfernungsbestimmung der näheren Sterne.

sterne mit einer Geschwindigkeit von knapp 20 km/s in Richtung auf den östlichen Teil des Sternbildes Herkules zu.

Alle Sterne sind selbstleuchtende Gaskugeln wie unsere Sonne, sie sind jedoch so weit entfernt, dass sie auch in großen Fernrohren nur als Punkte erscheinen. Die Entfernungen der näheren Sterne bestimmt man mit Hilfe der Parallaxe: Da sich die Erde innerhalb eines Jahres um die Sonne bewegt, verschiebt sich die Position eines Sterns scheinbar am Himmel. Sie spiegelt die Erdbewegung in einer winzigen Ellipse wider. Der Halbmesser dieser Ellipse heißt jährliche Parallaxe. Sie ist umso kleiner, je weiter der Stern entfernt ist. Kennt man den Bahnhalbmesser der Erde, so kann man mit Hilfe der Parallaxe die Sternentfernung berechnen. Erstmals wurde eine Parallaxe von F. W. Bessel 1838 an dem Stern 61 Cygni (im Schwan) entdeckt. Die Entfernungen gibt man in Lichtjahren an. **1 Lichtjahr** ist die Strecke, die das Licht mit der Ausbreitungsgeschwindigkeit von 300 000 km/s in einem Jahr zurücklegt. Das sind rund 9,5 Billionen km. Unser nächster Nachbarstern ist Proxima Centauri, ein Begleiter von α Centauri oder Toliman, dem Hauptstern im Sternbild Zentaur. Er ist 4,3 Lichtjahre entfernt. Sirius im Sternbild Großer Hund, der hellste Stern am ganzen Himmel, ist fast 9 Lichtjahre entfernt, Wega in der Leier 25, Beteigeuze im Orion 430.

Verschiedene Sterntypen

Unsere Sonne ist ein ziemlich durchschnittlicher Stern mittlerer Helligkeit. Viele Sterne unterscheiden sich von ihr jedoch in verschiedenen Hinsichten:

Durchmesser: Am größten sind die roten Riesensterne (z. B. Beteigeuze im Orion oder Antares im Skorpion). Den Rekord hält zurzeit der Stern VV Cephei mit dem 2400-fachen Sonnendurchmesser. Am kleinsten sind die weißen Zwergsterne, die von der Größe her mit der Erde vergleichbar sind.

Noch winziger sind allerdings die exotischen Neutronensterne (Durchmesser 20–30 km) und die Schwarzen Löcher.

Masse: Die massereichsten Sterne kommen auf 50 bis 80, seltener auch etwas über 100 Sonnenmassen. In der Regel sind dies blauweiße Überriesen. Die masseärmsten Sterne, sofern sie ihre Energie aus atomaren Kernfusionsprozessen beziehen, sind die Roten Zwerge mit bis zu 0,08 Sonnenmassen herab. Die Braunen Zwerge beziehen ihre Energie aus einer langsamen Kontraktion und haben Massen zwischen etwa 0,013 und 0,08 Sonnenmassen.

Leuchtkraft: Hier ist die wirkliche, absolute Leuchtkraft gemeint (oder absolute Helligkeit), nicht die Helligkeit, mit der uns ein Stern von der Erde aus erscheint (scheinbare Helligkeit, s. S. 58). Die größte Leuchtkraft haben die blauweißen Überriesen und andere Überriesen. Sie liegt beim 100 000-fachen bis 1 Millionenfachen der Leuchtkraft unserer Sonne. Am schwächsten sind die Roten Zwerge mit 1/100 000 der Sonnenleuchtkraft sowie die Braunen Zwerge.

Sirius, der im Winter am Himmel leuchtet, ist ein heißer, blauer Stern.

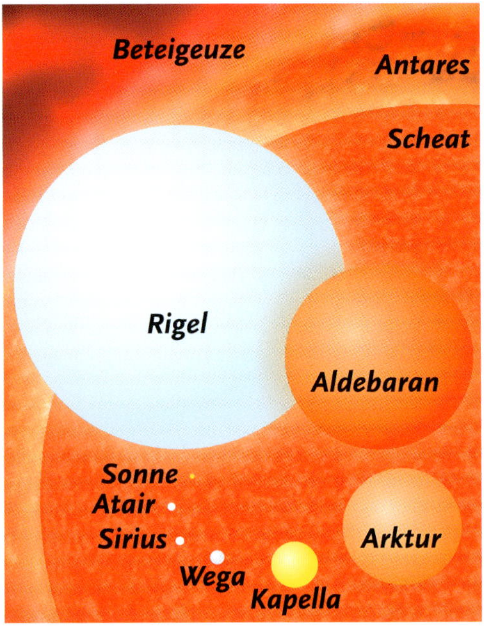

Sterne haben unterschiedliche Größen und Farben.

Temperatur und Farbe: Die roten Sterne sind mit etwa 3000 °C an der Oberfläche am kühlsten (außer den noch etwas kühleren Braunen Zwergen). Ist ein Stern heißer, so verschiebt sich seine Farbe über Orange nach Gelb. Hierzu gehört die Sonne mit knapp 6000 °C. Noch heißer sind die gelbweißen, weißen und blauweißen Sterne. Die Letzteren kommen bis auf rund 100 000 °C. Im Inneren sind die Sterne noch heißer. Die Roten Zwerge haben eine Zentraltemperatur von rund 10 Mill. Grad, die Sonne kommt auf etwa 15 Mill. Grad und die massereichsten Sterne auf 30–40 Mill. Grad. Die Roten Riesen sind alte Sterne und im Zentrum 50 Mill. bis über 1 Mrd. Grad heiß.

Dichte: Die mittlere Dichte ist bei den weißen Zwergsternen und Neutronensternen mit 1 t/cm^3 bzw. 10 bis 100 Mill. t/cm^3 am größten. Nur bei Schwarzen Löchern liegt sie noch darüber. Am kleinsten ist sie bei den Roten Riesen mit 10^{-7} g/cm^3. Sie gelten als extrem alte Sterne. Allerdings bestehen dort innerhalb des Sterns gewaltige Dichteunterschiede. Während die äußeren Sternschichten extrem verdünnt sind, zeigt der Kern eine sehr hohe Dichte, ähnlich der von Weißen Zwergen.

Doppelsterne

Betrachtet man den mittleren Deichselstern im Großen Wagen – sein altarabischer Name lautet Mizar –, so findet man dicht oberhalb dieses Sterns noch ein schwächeres Sternchen. Es „sitzt" auf der Deichsel und wird daher das Reiterlein genannt. Sein altarabischer Name ist Alkor. Beide Sterne zusammen bilden einen Doppelstern, der schon leicht mit bloßem Auge getrennt werden kann. Aber gehören die beiden auch räumlich zusammen? Sie könnten ja auch zufällig etwa in der gleichen Blickrichtung, in Wirklichkeit aber weit hintereinander stehen. Ein solches Paar würde man einen **optischen Doppelstern** nennen. Bei einem echten oder **physischen Doppelstern** umkreisen sich die beiden Partner oder Komponenten gegenseitig. Da die Umlaufzeiten z. T. riesig sind, kann man oft nicht feststellen, welcher Fall vorliegt. Einen Hinweis hätte man, wenn man die Entfernungen der beiden Sterne kennen würde. Aber Entfernungsmessungen

Mizar und Alkor im Großen Wagen bilden einen optischen Doppelstern.

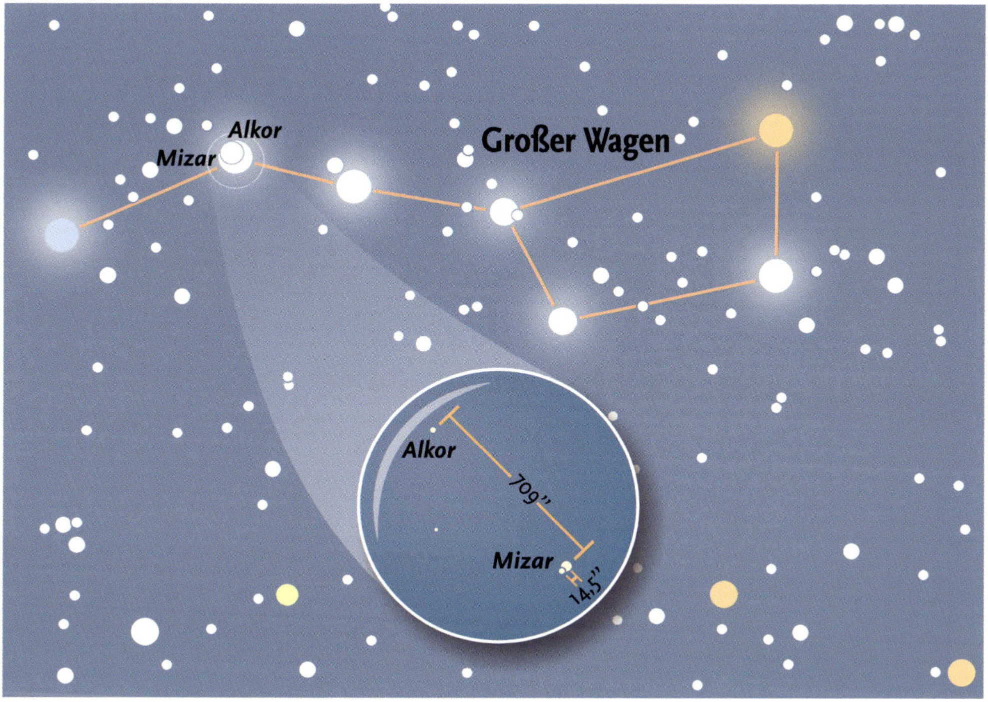

sind nicht immer sehr genau. Wenn jedoch beide Partner dieselbe Eigenbewegung am Himmel zeigten, wäre es schon ein großer Zufall, wenn sie räumlich nichts miteinander zu tun hätten. Gemeinsame Eigenbewegungen sind also ebenfalls ein guter Hinweis auf einen physischen Doppelstern. Lange Zeit war unklar, wie die Dinge im Fall von Mizar/Alkor liegen. Heute nimmt man an, dass Alkor mit rund 3 Lichtjahren Abstand hinter Mizar liegt. Mit einem kleinen Fernrohr von mindestens 5 cm Öffnung und 30-facher Vergrößerung entdeckt man dicht neben Mizar einen echten physischen Begleiter, etwa so hell wie Alkor. Er ist nur 14″ von seinem Hauptstern entfernt. Die Umlaufzeit mag viele Jahrtausende betragen.
Je enger die Komponenten eines Doppelsterns beieinander stehen und je unterschiedlicher ihre Helligkeit ist, desto schwieriger ist ihre Trennung. Ein Fernglas vermag die Komponenten meist noch zu trennen – einigermaßen gleich helle Sterne vorausgesetzt –, wenn sie mindestens etwa 20″ voneinander entfernt sind. Bei einem kleineren Fernrohr gilt für das Auflösungsvermögen folgende Faustformel: noch zu trennende Distanz in ″ = zwölf dividiert durch die Fernrohröffnung in cm. Ein 6-cm-Rohr kann also noch Sterne trennen, wenn sie mindestens 2″ voneinander entfernt sind. Dies gilt wiederum bei näherungsweise gleicher und mittlerer Helligkeit (etwa 5. oder 6. Größe). Bei der Trennung von Doppelsternen spielt aber auch die Luftunruhe eine große Rolle. Extrem enge Doppelsterne kann man selbst in sehr großen Fernrohren nicht mehr trennen. Hier hilft die Spektroskopie (s. Kasten). Besteht ein im Fernrohr einzeln erscheinender Sternpunkt in Wirklichkeit aus zwei

Die Spektren der Sterne

Das Licht der Sonne oder eines Sterns kann man mit einem Prisma in seine Spektralfarben zerlegen: Rot, Orange, Gelb, Grün, Blau, Violett. Praktisch benötigt man, um weit auseinandergezogene und scharfe Spektren zu erhalten, ein so genanntes Spektroskop oder einen Spektrografen, der in Verbindung mit einem Fernrohr eingesetzt wird. Häufig setzt man statt Prismen auch Beugungsgitter ein. In den Spektren von Sonne und Sternen zeigen sich viele, meist dunkle Linien (s. Abb. r. Seite oben). Sie liegen bei ganz bestimmten Wellenlängen und gehen auf bestimmte chemische Elemente in den Sternatmosphären zurück, vor allem auf Wasserstoff und Helium, aber auch auf andere Elemente wie Kohlenstoff, Stickstoff, Sauerstoff, Kalzium, Silizium, Eisen u. a. So lässt sich die chemische Zusammensetzung der Sonne und der Sterne bestimmen.
Bewegt sich ein Stern auf uns zu, sind alle Spektrallinien zum Blauen, bewegt er sich von uns weg, sind sie zum Roten hin verschoben, und zwar umso mehr, je größer seine Geschwindigkeit ist. Dies nennt man den Doppler-Effekt. Im Reich der Schallwellen kann man diesen Effekt täglich wahrnehmen: Fährt z. B. ein Feuerwehrauto mit eingeschalteter Sirene auf uns zu, hören wir einen höheren Ton als dann, wenn es sich von uns entfernt. Aus dem Betrag der Doppler-Verschiebung der Spektrallinien leitet man ab, wie schnell sich die Lichtquelle auf die Erde zu bewegt oder von ihr entfernt. Dies nennt man die Radialgeschwindigkeit. Sie wird mit einem „+“ versehen, wenn sich der Stern entfernt. Ein „–“ bedeutet eine Annäherung.

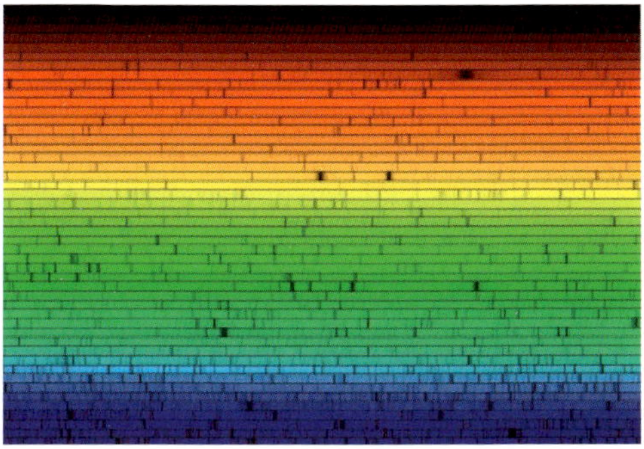

Sonnenspektrum mit schwarzen Fraunhoferlinien

einander umkreisenden Komponenten, so muss zu bestimmten Zeiten der eine Stern auf die Erde zu und der andere von uns weglaufen. Die Spektrallinien des einen Sterns sind wegen des Doppler-Effekts also zum Blauen, die des anderen zum Roten verschoben. Alle Linien, z. B. die des Wasserstoffs, erscheinen daher bei einem solchen spektroskopischen Doppelstern verdoppelt. Bewegen sich beide Sterne gerade quer zur Blickrichtung, laufen sie also weder auf die Erde zu noch von ihr weg, fallen die Spektrallinien vorübergehend zusammen.
Es gibt noch weitere Möglichkeiten, Doppelsterne zu entdecken: Zeigt sich in der Eigenbewegung eines Sterns eine periodische Störung, so geht diese in aller Regel auf einen unsichtbaren Begleiter zurück. Aus dem Betrag der Störung und der Periode lässt sich die Masse des unsichtbaren Körpers bestimmen. Außerdem kann auch ein periodischer Helligkeitsabfall des Hauptsterns auf einen Begleiter hindeuten.

Veränderliche Sterne

Wenn wir gelegentlich die Sterne am Himmel funkeln oder szintillieren sehen, so hat dies mit den Sternen selbst überhaupt nichts zu tun. Die Ursache dieser Erscheinung liegt vielmehr ausschließlich in unserer Erdatmosphäre. Denn bei unruhiger Luft erfährt der dünne Lichtstrahl eines Sterns beim Durchtritt durch die Atmosphäre unregelmäßige Schwächungen. Und je turbulenter die Luft ist, desto stärker ist das beobachtete Sternflimmern.
Es gibt aber auch verschiedene Arten von Sternen, die tatsächliche Helligkeitsschwankungen zeigen. Diese laufen allerdings nicht so schnell ab wie das leicht zu beobachtende atmosphärisch bedingte Sternfunkeln.

Optisch Veränderliche

Optisch veränderliche Sterne sind z. B. die **Bedeckungsveränderlichen.** Es handelt sich

Der Bedeckungsveränderliche Algol im Perseus und seine Helligkeitsänderung

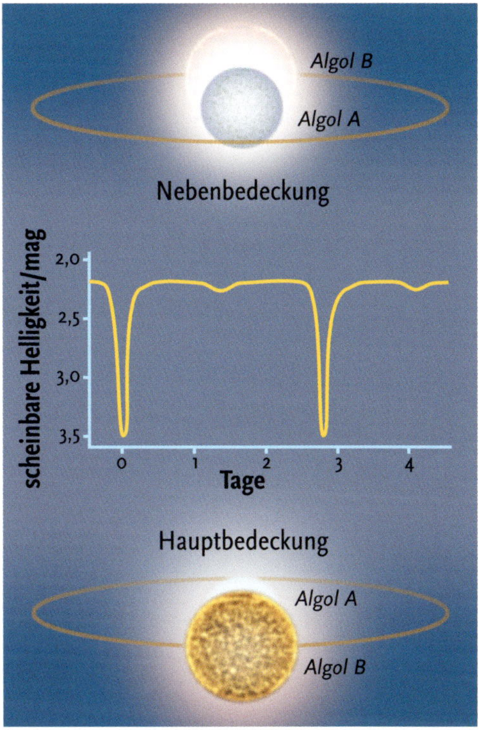

dabei um Doppelsterne, bei denen wir von der Erde aus fast exakt auf die Kante der Bahnebene der beiden Sterne blicken. Die beiden Sternpartner stehen aber so eng beieinander, dass sie selbst in großen Fernrohren nur als ein Lichtpunkt erscheinen, d. h. nicht aufgelöst werden können. Die Helligkeit beider Sterne addiert sich bei der Beobachtung daher. Kommt es aber während eines Umlaufs zu gegenseitigen Bedeckungen oder Verfinsterungen, so sinkt die Helligkeit des gemeinsamen Sternpunkts regelmäßig ab. Die Periode des Lichtwechsels zeigt die Umlaufzeit der beiden Sterne an. Ein berühmtes Beispiel ist Algol im Perseus. Bei diesem Stern fällt die Helligkeit regelmäßig innerhalb von knapp 69 Stunden auf weniger als ein Drittel oder um 1,3 Größenklassen von $2\overset{m}{,}1$ auf $3\overset{m}{,}4$ ab, was bereits mit freiem Auge – etwa durch Vergleich mit den Nachbarsternen – gut zu verfolgen ist. Das Helligkeitsminimum entsteht dadurch, dass der hellere Stern durch den schwächeren teilweise bedeckt wird. Eine halbe Umlaufperiode später bedeckt dann der hellere Stern den schwächeren, und es entsteht ein so genanntes Nebenminimum, das aber nur $0\overset{m}{,}1$ ausmacht und ausschließlich mit Messinstrumenten nachzuweisen ist.
Es gibt sehr viele Bedeckungsveränderliche. Berühmte Beispiele sind auch β Lyrae in der Leier oder ε Aurigae im Fuhrmann.

Physisch Veränderliche

Pulsierende Veränderliche sind Sterne, die nicht nur scheinbar ihre Helligkeit verändern wie die Bedeckungsveränderlichen, sondern tatsächlich. Die wichtigste Gruppe sind die Cepheiden, benannt nach ihrem Hauptvertreter δ Cephei. Ihre Perioden liegen zwischen 1 und 50 Tagen. Bei δ Cephei beträgt die Periode 5,3663 Tage, und die Helligkeit schwankt zwischen $3\overset{m}{,}5$ und $4\overset{m}{,}4$. Meist erfolgt der Anstieg der Helligkeit schneller als der Abstieg. Diese Sterne blähen sich regelmäßig auf, wodurch sich ihre Leuchtkraft erhöht, und ziehen sich dann wieder zusammen. Dabei verändert sich auch ihre Oberflächentemperatur. Die Cepheiden sind meist weiße bis gelbliche Sterne hoher Leuchtkraft.
Aber auch die roten Riesensterne zeigen sehr häufig Helligkeitsschwankungen, die auf Pulsationen zurückgehen. Eine wichtige Gruppe stellen hier die Mira-Veränderlichen dar. Ihr Hauptvertreter ist Mira im Walfisch (o Ceti). Es sind langperiodische Veränderliche mit Perioden zwischen etwa 50 Tagen und 3 Jahren. Mira selbst hat eine Periode von im Mittel 332 Tagen, doch verändern sich die Perioden der Mirasterne auch langfristig. Ihre Helligkeitsschwankungen sind sehr groß. So kann Mira im Maximum ganz leicht mit bloßem Auge gesehen werden (2. bis 4. Größe); im Minimum benötigt man aber ein kleines Amateurfernrohr (10. Größe). Viele pulsierende Veränderliche zeigen auch ganz unregelmäßige Helligkeitsschwankungen.
Eruptive Veränderliche sind Sterne, die sehr plötzlich und meist auch recht selten unvorhersehbar starke Helligkeitsausbrüche zeigen. Dazu gehören vor allem die Novae und Supernovae, von denen man früher annahm, dass sie wirklich neue Sterne wären. Heute wissen wir aber, dass sie alle irgendwelche Vorgänger haben. Die Vorgänger der Novae sind alte, sehr dichte, kaum mehr leuchtende Sterne, meist weiße Zwergsterne, die Partner in einem Doppelsternsystem sind. Vom anderen, noch jüngeren Stern strömt frische, vor allem aus Wasserstoff bestehende Mate-

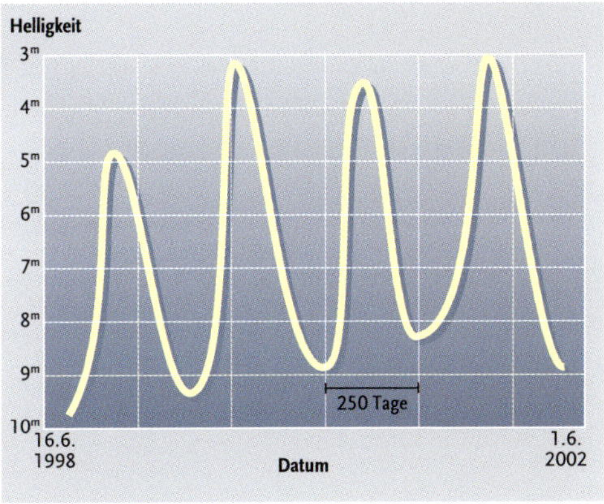

Beispiel für die Helligkeitsschwankungen von Mira in vier Jahren

rie auf den alten Stern. Auf diesem sammelt sich der Wasserstoff schließlich so sehr an, dass es zu einer nuklearen Explosion kommt. Bei den Supernovae vom Typ I explodiert ein dichter weißer Zwergstern durch ein ähnliches Ereignis sogar vollständig. Die Supernovae vom Typ II waren vor dem Ausbruch alte, extrem massereiche Sterne, deren Kerne nach Erschöpfen aller nuklearer Energiereserven kollabieren. Gleichzeitig schleudern sie ihre äußeren Gasschichten ins Weltall. Der Sternkern fällt zu einem Neutronenstern zusammen, der sich durch seine extrem rasche Rotation auch als Pulsar mit sehr schnellen Intensitätsschwankungen in allen möglichen Wellenlängenbereichen zeigen kann; oder er wird sogar zu einem Schwarzen Loch.

Es gibt noch verschiedene weitere Gruppen von eruptiven Veränderlichen. Interessant sind z. B. die Flare- oder UV-Ceti-Sterne, die oft innerhalb von Minuten oder Stunden Ausbrüche bis zu mehreren Größenklassen zeigen. Es sind durchweg eruptive rote Zwergsterne.

Der Krabbennebel M 1 im Sternbild Stier ist der Überrest einer Supernova.

Milchstraße, Sternhaufen & Nebel

Bis zum Beginn des 20. Jahrhunderts waren „Nebel“ für die Astronomen graue Nebelflecke am Himmel, die sich nicht in einzelne Sterne auflösen ließen. Erst allmählich lernte man, dass der Begriff „Nebel“ eigentlich ganz verschiedenartige Objekte umfasst. Es gibt echte Nebel, die aus Gas oder Staub bestehen und oft selbst leuchten, außerdem Sternhaufen und Galaxien, die wie unser eigenes Milchstraßensystem aus Milliarden von Sonnen bestehen.

Die Milchstraße

Als zartes, nebliges Band zieht sich die Milchstraße über das ganze Himmelsgewölbe. Immer steht praktisch eine Hälfte der Milchstraße über dem Horizont, während die andere Hälfte unter dem Horizont verborgen bleibt; die Sternkarten ab S. 84 zeigen ihren Verlauf über das Jahr. Am schwächsten ist das Band in den Wintersternbildern Stier und Fuhrmann, am hellsten in den Sommerbildern Schütze, Skorpion und Schild. Der helle Nachthimmel um die Sommersonnenwende herum erlaubt allerdings von Mitteleuropa aus keine gute Beobachtung. Deswegen ist für diese Breiten erst im August die beste Zeit, um die Milchstraße abends zu beobachten. An vielen Stellen zeigt sie eine ziemlich wolkige Struktur; im Bereich der Sommerbilder Schwan, Adler, Schütze und Skorpion ist sie sogar in zwei nahezu parallel verlaufende Äste aufgespalten. Zum Teil beherbergt sie auch dunkle, sternleere Bereiche. Schon bei einer Beobachtung mit einem Fernglas löst sich die Milchstraße in unzählige schwache Sterne auf. Sie ist das Sternsystem, in dem wir leben.

Die Milchstraße im Sternbild Schwan

Das Milchstraßensystem oder galaktische System ist eine Sterneninsel mit einigen hundert Milliarden Sonnen. Es hat einen Durchmesser von 100 000 Lichtjahren und die Form einer flachen Spirale mit einem rund 30 000 Lichtjahre langen balkenförmigen Kern, der etwa 45 Grad gegen die Richtung von unserer Sonne zum Zentrum des Systems gedreht ist. Unser Milchstraßensystem ist also ein balkenförmiger Spiralnebel.
Wir selbst sind rund 27 000 Lichtjahre vom Zentrum entfernt und befinden uns etwa zwischen zwei Spiralarmen, dem Sagittarius- und Perseus-Arm, in der Nähe des so genannten Orion-Arms, der heute wegen seiner geringen Ausprägung besser als Orion-Spur bezeichnet wird.
Von uns aus gesehen liegt die Mitte des Milchstraßensystems in Richtung zum westlichen Teil des Sternbilds Schütze. Leider

Der rund 400 Lichtjahre entfernte Sternhaufen der Plejaden im Sternbild Stier

können wir mit optischen Mitteln den Kern der Milchstraße nicht sehen. Unser galaktisches System enthält nämlich nicht nur Sterne, sondern zwischen den Sternen auch Gas- und Staubwolken, die interstellare Materie. Sie ist vor allem in der Äquatorebene unseres Systems konzentriert. Dort verdüstern Dunkelwolken aus Staub den Blick in entlegenere Teile der Milchstraße. Mit den Methoden der Radio- und Infrarotastronomie sowie mit Röntgenteleskopen lässt sich aber inzwischen auch der Kern des Milchstraßensystems erforschen. Viele Astronomen vermuten dort ein gigantisches „Schwarzes Loch“ von etwa 3 Millionen Sonnenmassen. Die Sterne und anderen Objekte umkreisen das Zentrum des Milchstraßensystems. Unsere Sonne benötigt mit ihren Planeten etwa 220 Millionen Jahre für einen Umlauf. Ihre Geschwindigkeit beträgt dabei rund 220 km/s.

Sternhaufen

Häufig findet man Sterne in Sternhaufen versammelt. Hier werden vor allem zwei Typen unterschieden:

Die **offenen Sternhaufen** enthalten einige Dutzend bis einige hundert Sterne, die relativ verstreut angeordnet sind. Sie lassen sich bereits in kleinen Fernrohren vollständig in Einzelsterne auflösen. Berühmte Beispiele sind die Plejaden und die Hyaden im Stier. Die offenen Sternhaufen liegen fast ausschließlich in den Spiralarmen unseres Milchstraßensystems.

Die **kugelförmigen Sternhaufen** oder kurz Kugelhaufen enthalten Hunderttausende von Sternen und sind nahezu exakt kugelsymmetrisch aufgebaut – von einer gelegentlichen leichten Abplattung abgesehen. Ihre Sterndichte nimmt zum Zentrum hin zu, so dass sie im Inneren manchmal selbst in großen Fernrohren nicht vollständig aufgelöst werden können. Die Entfernungen sind in der Regel größer als die der offenen Sternhaufen: Die Kugelhaufen bevölkern nämlich einen sphärischen Bereich um unser Milchstraßensystem herum, den so genannten Halo der Galaxis. In kleinen Fernrohren sehen sie wie rundliche, verwaschene Nebelflecke mit einer zentralen Verdichtung aus; nur bei einigen kann man die hellsten Sterne als feinen „Puder" auf den Nebelmassen ausmachen. Das berühmteste Beispiel für einen Kugelhaufen am Nordhimmel ist M 13 im Herkules, am Südhimmel ist es ω Centauri im Zentaur.

Gas- und Staubnebel

Die **hellen Nebel** sind leuchtende Gasnebel, die vor allem aus Wasserstoff bestehen. Sie werden von heißen, extrem leuchtkräftigen Sternen (meist blauweißen Überriesen) in ihrer Nachbarschaft oder in ihrem Inneren zum eigenen Leuchten angeregt; man nennt sie auch Emissionsnebel. Es gibt aber auch Nebel, die aus Staubwolken bestehen. Sie werfen das Licht der Nachbarsterne einfach zurück (Reflexionsnebel). Oft existieren Mischformen beider Typen. Die hellen Nebel sind häufig Brutstätten, in denen auch heute noch neue Sterne entstehen; das berühmteste Beispiel ist der Orion-Nebel. Auf Farbaufnahmen zeigen sich diese Nebel recht farbenprächtig: Wegen des Wasserstoffleuchtens dominiert dabei oft die Farbe Rot. Staubnebel zeigen die Farbe der hellsten Sterne, die sie beleuchten, ein Beispiel sind die blauen Nebel, in die die Plejaden eingebettet sind. Beim Blick durchs Fernrohr sieht man diese Farben allerdings nicht. Alle kosmischen Nebel erscheinen grau, da unser Auge bei schwachen Lichteindrücken nämlich sehr farbuntüchtig ist („In der Nacht sind alle Katzen grau.").

Der Pferdekopfnebel im Orion ist eine dunkle Staubwolke, die einen Teil des dahinter leuchtenden Nebels verdeckt.

Dunkelnebel sind sternleere Stellen am Himmel, vor allem innerhalb der Milchstraße. Hierbei handelt es sich in Wirklichkeit um dunkle Staubwolken, die den Blick in die ferneren Gegenden des Weltalls versperren. Ein schönes Beispiel ist die „dunkle Höhle" im Adler.

Planetarische Nebel oder Ringnebel zeigen sich als kleine Nebelscheibchen oder -ringe. Es sind leuchtende, expandierende Gasschalen um alternde Sterne, die oft wie Rauchkringel aussehen. Sie sind allerdings recht lichtschwach und daher in ganz kleinen Fernrohren häufig nicht zu erkennen, geschweige denn ihre Form (sie ist auch nicht bei allen diesen Nebeln vorhanden). Man sieht dann einfach nur eine kleine Nebelscheibe. Da sie wie Planetenscheibchen erscheinen, erhielten sie ihren etwas

Die Andromeda-Galaxie zählt zu den Spiralen, während ihre Begleiter elliptische Galaxien sind.

irreführenden Namen. Besonders berühmt ist der Ringnebel in der Leier.

Galaxien

Galaxien sind Sternsysteme wie unser eigenes Milchstraßensystem. Doch längst nicht alle sind auch **Spiralnebel**, obwohl dies der auffälligste Galaxientyp ist. In kleinen Fernrohren kann man die Spiralform allerdings fast nie erkennen, zumal wir auch oft schräg oder von der Kante her auf die flachen Spiralen blicken. Es gibt zwei Haupttypen unter den Spiralnebeln: die normalen Spiralen, zu denen auch der Andromeda-Nebel zählt, und die Balkenspiralen mit einem balkenartig verbreiterten Kern, denen z. B. unser galaktisches System zuzuordnen ist. Daneben gibt es die **elliptischen Galaxien**. Sie zeigen manchmal eine sehr starke Abplattung. Gelegentlich ist ihre Abplattung aber auch praktisch Null, so dass man eher von sphärischen Galaxien sprechen müsste. Dann ähneln sie ein wenig den kugelförmigen Sternhaufen, sind aber wesentlich größer und sternreicher. Beispiele für elliptische Galaxien sind die Begleiter des Andromeda-Nebels. Einen weiteren Typ stellen die **unregelmäßigen** oder **irregulären Galaxien** dar. Sie zeigen keine erkennbare Struktur. Zwei schöne Beispiele dafür finden sich unter den Begleitgalaxien unserer Milchstraße: die Große und Kleine Magellansche Wolke am Südhimmel.

Galaxien schließen sich zu **Galaxienhaufen** zusammen, die Hunderte bis Tausende von Mitgliedern enthalten können. Größere Galaxienhaufen in unserer „Nähe" sind der Virgo-Haufen im Sternbild Jungfrau in 70 Millionen Lichtjahren und der Coma-Haufen im Haar der Berenike in 400 Millionen Lichtjahren Entfernung. Unser Sternsystem bildet zusammen mit rund 30 anderen Galaxien, darunter auch dem Andromeda-Nebel, die lokale Galaxiengruppe. Galaxienhaufen bilden noch größere Ansammlungen, die Superhaufen. Darüber hinaus zeigt das Weltall eine blasenartige Struktur.

Die fernsten Galaxien, die mit lichtstarken Teleskopen noch erfasst werden können, sind rund 12 Milliarden Lichtjahre entfernt. Weit entfernt sind auch die **Quasare** – superleuchtkräftige, aktive Kerne von (vielleicht jungen?) Galaxien.

Die Galaxien werden durch die Expansion des Weltalls auseinandergetrieben. Vor rund 13,7 Milliarden Jahren entstand die Welt aus einem überdichten Zustand, den man „Urknall" nennt. Seither dehnt sich das Weltall aus.

Fernglas und Fernrohr

Die ersten Himmelsbeobachtungen unternimmt man sicher mit bloßem Auge, vor allem, um erst einmal Sterne und Sternbilder kennenzulernen. Doch bald wird der Appetit auf mehr kommen. Tatsächlich kann man mit kleinen Instrumenten, die auch finanziell einigermaßen erschwinglich sind, schon eine Menge anfangen. Daher soll am Schluss dieses Kapitels noch ein kleiner Überblick zu diesem Thema gegeben werden.

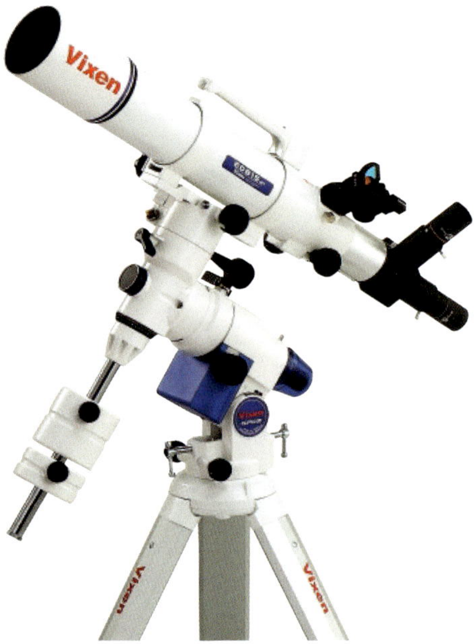

Ein Linsenfernrohr (Refraktor). Der Einblick ist hinten.

Der Aufbau eines astronomischen Fernrohrs

Ein Linsenfernrohr (Refraktor) besitzt an der Vorderseite des Tubus ein Objektiv, das durchaus mit einem Fotoobjektiv vergleichbar ist. Bei Himmelsbeobachtungen kommt es aber darauf an, möglichst viel Licht einzufangen, um noch möglichst schwache Objekte zu erkennen. Deswegen ist der Objektivdurchmesser die wichtigste Kennzahl für die Leistungsfähigkeit eines Fernrohrs. Bei den kleinsten astronomischen Instrumenten beträgt er 5 cm. In einem bestimmten Abstand hinter dem Objektiv, den man Brennweite nennt, entsteht ein umgekehrtes Bild, das durch ein Okular (Augenlinse) stark vergrößert betrachtet werden kann. Ein astronomisches Fernrohr liefert also ein umgekehrtes Bild: Norden ist unten!

Die Zahl „Objektivbrennweite dividiert durch Okularbrennweite" ergibt die Vergrößerung; je kleiner also die Brennweite des Okulars ist, desto höher ist die Vergrößerung. Ein Fernrohr mit 800 mm Objektiv- und 10 mm Okularbrennweite besitzt demnach eine 80-fache Vergrößerung. Sinnvolle Vergrößerungen sind aber nach oben begrenzt. Bei hohen Vergrößerungen verteilt sich die „verfügbare" Lichtmenge über eine größere Fläche, das Bild wird lichtschwächer. Aber noch ein anderer Punkt spielt eine entscheidende Rolle: Der Objektivdurchmesser bestimmt auch die Trennschärfe oder das Auflösungsvermögen; davon hängt ab, ob nahe beieinander befindliche Objekte, z. B. zwei Sterne, noch getrennt werden können. Zu hohe Vergrößerungen zeigen also keine zusätzlichen Einzelheiten, es sind „leere" Vergrößerungen. Schließlich spielt auch noch die atmosphärische Unruhe (Luftunruhe) eine Rolle,

Rechts: Der Strahlengang in einem Refraktor (oben), einem Newton-Reflektor (Mitte) und einem Schmidt-Cassegrain-Teleskop (unten)

Refraktor

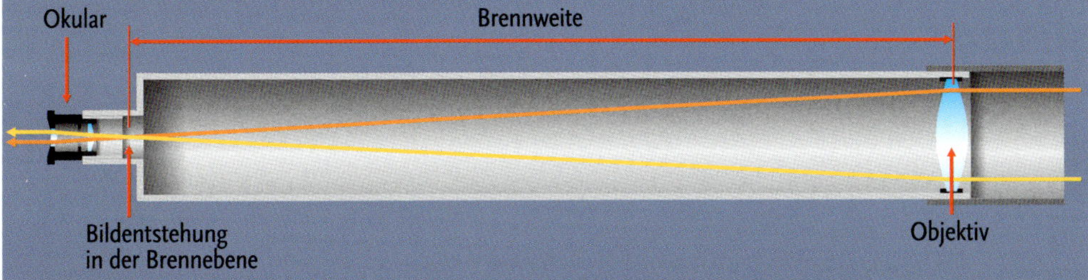

Newton-Reflektor

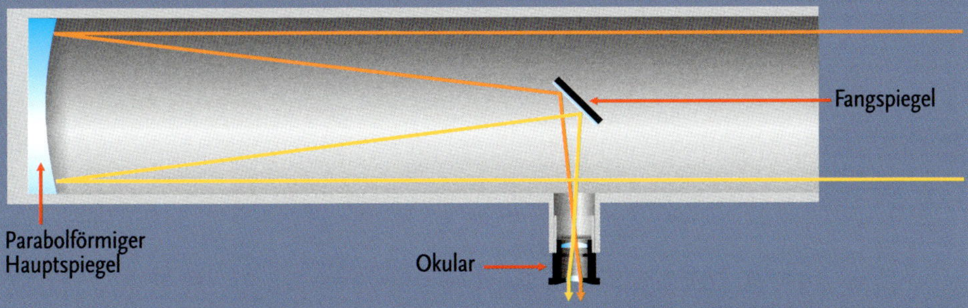

Schmidt-Cassegrain-Teleskop

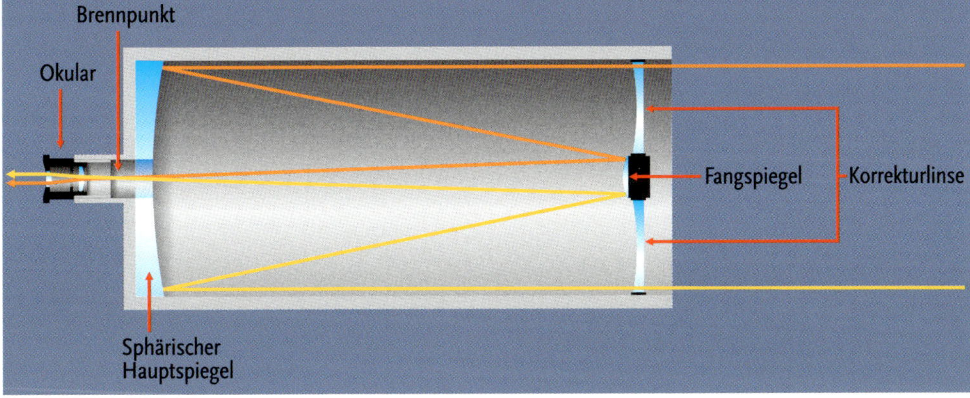

die das Funkeln oder „Szintillieren" der Sterne hervorruft. Je stärker die Luftunruhe, desto verwaschener die Fernrohrbilder, und desto weniger hohe Vergrößerungen sind einsetzbar. Als Faustregel gilt: Die maximal sinnvolle Vergrößerung bei günstigen Sichtverhältnissen liegt bei kleinen Fernrohren beim Doppelten des Objektivdurchmessers in Millimeter. Für ein 60-mm-Rohr wäre dies also eine 120-fache Vergrößerung. Die Trennschärfe eines 60-mm-Fernrohrs liegt bei etwa 2″, bei einem 120-mm-Rohr bei rund 1″. Dies gilt vor allem für die Auflösung von engen Doppelsternen, aber auch nur dann, wenn beide Partner etwa gleich hell sind, sich also nicht gegenseitig überstrahlen.

Das Objektiv besteht meist aus zwei oder mehreren Einzellinsen verschiedener Glassorten. Ein Einzelobjektiv hat nämlich einen hässlichen optischen Fehler: die Farbabweichung oder chromatische Aberration. Jede Linse wirkt auf die einzelnen Wellenlängen oder Farben des Lichts unterschiedlich: Für rotes oder langwelliges Licht ist die Brennweite etwas größer als für blaues, kurzwelliges Licht; so zeigen alle Bilder störende Farbsäume und sind entsprechend unscharf. Aus zwei oder drei Linsen bestehende, so genannte achromatische oder apochromatische Objektive beheben diesen Fehler weitgehend. Auch die Okulare bestehen aus mindestens zwei, meistens aber sogar mehreren Einzellinsen. Ihre Bauweise kann ganz verschieden sein. Sie haben dadurch auch oft einen unterschiedlichen Einsatzbereich, je nachdem, ob man ein weites Feld (Weitwinkelokular) oder bei höherer Vergrößerung Details auf dem Mond oder den Planeten beobachten möchte.

Zwei Beispiele für den Aufbau eines Okulars: Huygens- und Kellner-Okular

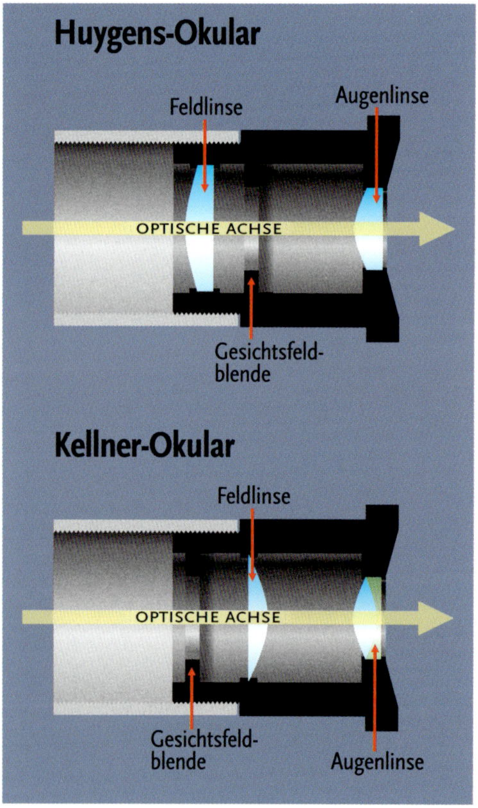

Das Fernglas

Auch Ferngläser (Feldstecher) eignen sich gut für astronomische Beobachtungen. Sie haben sogar gegenüber dem Fernrohr einen Vorteil: ihr großes Gesichtsfeld. Mit einem Fernglas kann man oft einen Himmelsbereich von mehreren Grad Durchmesser überblicken, während es bei einem Fernrohr selbst bei schwachen Vergrößerungen nur zu einem Feld reicht, das wenig größer ist als die Vollmondscheibe. Ferngläser eignen sich also zu Durchmusterungen am Himmel, zur Beobachtung ausgedehnter Objekte wie Kometen mit ihren Schweifen, flächenmäßig großen Sternhaufen wie den Plejaden oder

Auch ein Fernglas ist zur Himmelsbeobachtung gut einsetzbar, am besten auf einem Stativ.

der Milchstraße. Außerdem kann man auf dem Mond schon einige Einzelheiten sehen und die vier hellsten Jupitermonde erkennen.

Der Aufbau eines Prismen-Feldstechers

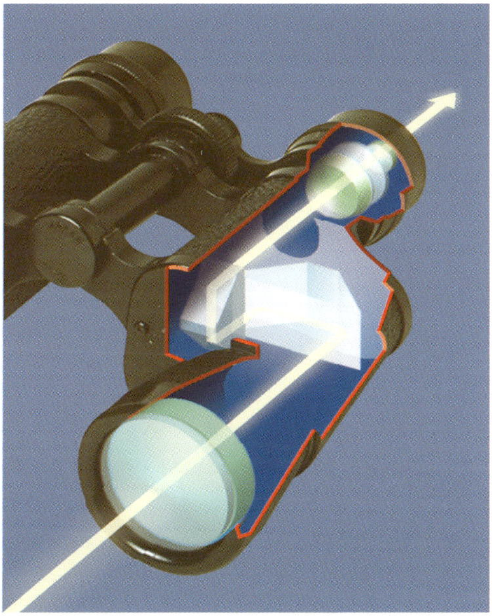

Zur Kennzeichnung eines Feldstechers liest man meist Zahlen wie 7 × 30 oder 10 × 50. Dabei bedeutet die erste Zahl die Vergrößerung, also 7-fach oder 10-fach. Die zweite Zahl gibt den Objektivdurchmesser in mm an, also 30 mm oder 50 mm. Wichtig ist: Bei einer Vergrößerung über 10-fach kann ein Feldstecher nicht mehr wackelfrei in den Händen gehalten werden; man sollte dann ein Stativ benutzen. Manchmal ist dies sogar schon bei geringeren Vergrößerungen sinnvoll. Ferngläser sind nach dem Prinzip eines astronomischen Fernrohrs aufgebaut. Sie enthalten aber Prismen, die zum einen die Fernrohrlänge verkürzen, vor allem aber eine Bildaufrichtung bewirken.

Das Spiegelteleskop

Neben den Linsenfernrohren (Refraktoren) gibt es auch Spiegelteleskope (Reflektoren) verschiedener Bauweisen. Am bekanntesten

Ein Newton-Teleskop. Der Einblick ist seitlich.

Ein Schmidt-Cassegrain-Teleskop. Der Einblick ist hinten.

ist der **Newton-Spiegel**: Ein parabolförmiger Hohlspiegel reflektiert das Licht eines Objektes und erzeugt – wie ein Refraktor – in der Brennebene ein umgekehrtes Bild; auch dieses kann durch ein Okular vergrößert betrachtet werden. Doch ist es nicht möglich, das Okular am oberen Ende des Fernrohrtubus anzubringen, es würde mitten im Strahlengang liegen. Deswegen bringt man kurz vor der Brennebene im Tubusinneren einen kleinen ebenen Fangspiegel an, der um 45° gegen die optische Achse des Teleskops geneigt ist. Er lenkt das Licht seitlich aus dem Tubus heraus. Nun liegt die Brennebene oben seitlich, und dort kann auch das Okular untergebracht werden. Der Lichtverlust durch den Fangspiegel hält sich in Grenzen. Eher ist schon die Bildverschlechterung infolge von Lichtbeugung um den Fangspiegel herum von Nachteil.

Beim **Cassegrain-Teleskop** ist der Fangspiegel konvex-hyperbolisch. Außerdem wirft er das Licht direkt in Richtung Hauptspiegel wieder zurück. Dort fällt es durch eine Bohrung in der Mitte, und das Okular kann, wie beim Refraktor, wieder am hinteren Ende des Tubus angebracht werden. Der Cassegrain-Spiegel hat den Vorteil einer kurzen Bauweise. Eine Weiterentwicklung sind die **katadioptrischen Systeme** (Schmidt-Cassegrain). Hier ist der Hauptspiegel oft sphärisch geschliffen, und der Fangspiegel wird ersetzt durch eine große, über den ganzen Tubus gehende konkave Meniskuslinse mit reflektierendem Belag oder dem Fangspiegel im Zentrum. Da diese Teleskope einige optische Mängel des Cassegrain vermeiden und trotzdem eine kurze Bauweise haben, sind

Ein Refraktor auf einer azimutalen Montierung. Das Fernrohr lässt sich um eine waagerechte und eine senkrechte Achse bewegen.

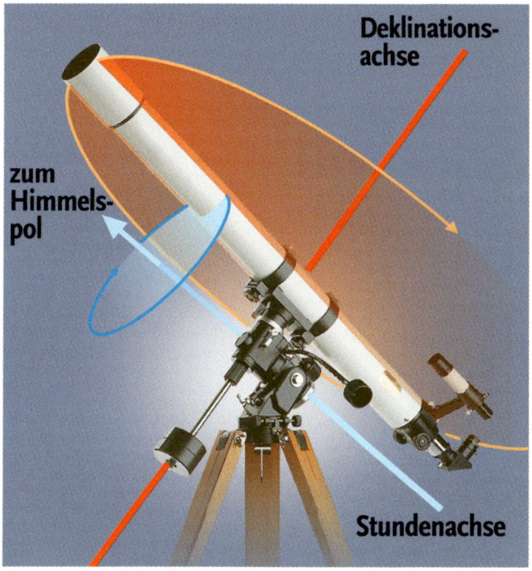

Bei der parallaktischen Montierung zeigt eine Achse zum Himmelspol. So kann das Fernrohr leicht der Erddrehung nachgeführt werden.

sie in den letzten Jahren immer beliebter geworden. Selbst bei einigermaßen großer Öffnung kann man sie ziemlich leicht transportieren.

Die Montierung eines Fernrohrs

Man kann Fernrohre so aufmontieren, dass sie um eine senkrechte und eine waagerechte Achse drehbar sind. Nun bewegen sich aber die Gestirne schräg zum Horizont, auf der Nordhalbkugel der Erde nach dem Aufgang schräg nach rechts aufwärts und vor dem Untergang schräg nach rechts abwärts. So muss man ein Fernrohr bei der eben erwähnten azimutalen Montierung um beide Achsen drehen, will man das Instrument der täglichen Bewegung der Gestirne nachführen. Ein Gestirn legt in einer Minute 0,25° am Himmel zurück. Hat das Gesichtsfeld eines Okulars also einen Durchmesser von einem viertel Grad (entsprechend einer halben Vollmondscheibe), so ist ein Objekt, das sich anfangs genau in der Gesichtsfeldmitte befindet, bereits nach 30 Sekunden an den Rand gelaufen.

Einen Ausweg bietet die parallaktische Montierung, bei der die senkrechte Achse des Fernrohrs so gekippt ist, dass sie auf den Polarstern (genauer: auf den Himmelspol) weist. Diese Achse ist also der Erd- und Himmelsachse parallel. Man nennt sie deswegen auch Polachse oder Stundenachse. Die andere Achse heißt Deklinationsachse. Jetzt muss man das Teleskop nur noch um die Polachse drehen, um dem Lauf der Gestirne am Himmel zu folgen.

Ein Dobson-Fernrohr ist ein einfaches, azimutal montiertes Newton-Teleskop. Da diese Instrumente viel Öffnung für relativ wenig Geld bieten, sind sie sehr beliebt.

Sternkarten

Der nördliche Sternhimmel

Kurzanleitung zur Beobachtung

1 **Was vorbereiten?** Bekleben Sie das Frontglas Ihrer Taschenlampe mit einer durchsichtigen roten Folie, damit das Licht nicht blendet.

2 **Was einpacken?** Warme Kleidung, Thermoskanne mit warmem Getränk, Imbiss, Rotlicht-Taschenlampe, Notizbuch, evtl. Fernglas oder Teleskop, Welcher Stern ist das?.

3 **Wo beobachten?** An einem nicht zu hellen Ort mit freiem Blick möglichst bis zum Horizont.

4 **Wohin schauen?** Z. B. nach Süden. Drehen Sie sich vom Untergangsort der Sonne 90° nach links, dann blicken Sie nach Süden.

5 **Wann beobachten?** Am besten gegen 21/22 Uhr bzw. 22/23 Uhr Sommerzeit.

Sinnvolle Utensilien bei der Beobachtung sind neben einem Fernglas und einer Taschenlampe eine warme Jacke, Proviant und Tee.

6 **Welche Karte aufschlagen?** Die Tabelle auf Seite 83 weist Ihnen den Weg zur richtigen Sternkarte.

7 **Wie benutze ich die Karte?** Schauen Sie sich das Kartenbild an und prägen Sie sich die Position einiger heller Sterne (große Sternpunkte) ein. Sterne oben in der Karte stehen auch hoch am Himmel, Sterne im unteren Teil sind nah am Horizont.

8 **Wo ist das am Himmel?** Suchen Sie nun am Himmel einen hellen Stern. Leuchtet er weit oben, halbhoch oder knapp über dem Horizont? Welcher Stern auf der Karte könnte es sein? Finden Sie ihn!

9 **Und welcher Stern ist das jetzt?** Hangeln Sie sich nun mit weiteren Orientierungssternen und gedachten (Sternbildverbindungs- oder anderen) Linien über den gesamten Himmelsausschnitt.

10 **Was sieht man noch?** Nebel, Sternhaufen und Galaxien. Orientieren Sie sich an den Sternen, um diese zu finden.

Zur Benutzung der Sternkarten

Die Seiten 84 bis 131 zeigen insgesamt 48 Sternkarten; für jeden Monat gibt es vier Karten, jeweils eine für jede Himmelsrichtung. Sie sind alle exakt für 50° nördl. Breite gezeichnet. Die Karten gelten für den 1. des Monats um 22 Uhr oder den 15. des Monats um 21 Uhr MEZ (= 23 Uhr bzw. 22 Uhr Sommerzeit, MESZ). Die Zeitangaben sind gültig genau genommen für 10° östl. Länge (alle Orte etwa auf der Linie Hamburg–Hildesheim–Göttingen–Würzburg–Ulm). Die Abweichungen in der Nord-Süd-Richtung sind gering, wenn es sich nur um einige Breitengrade handelt, so dass die Karten praktisch

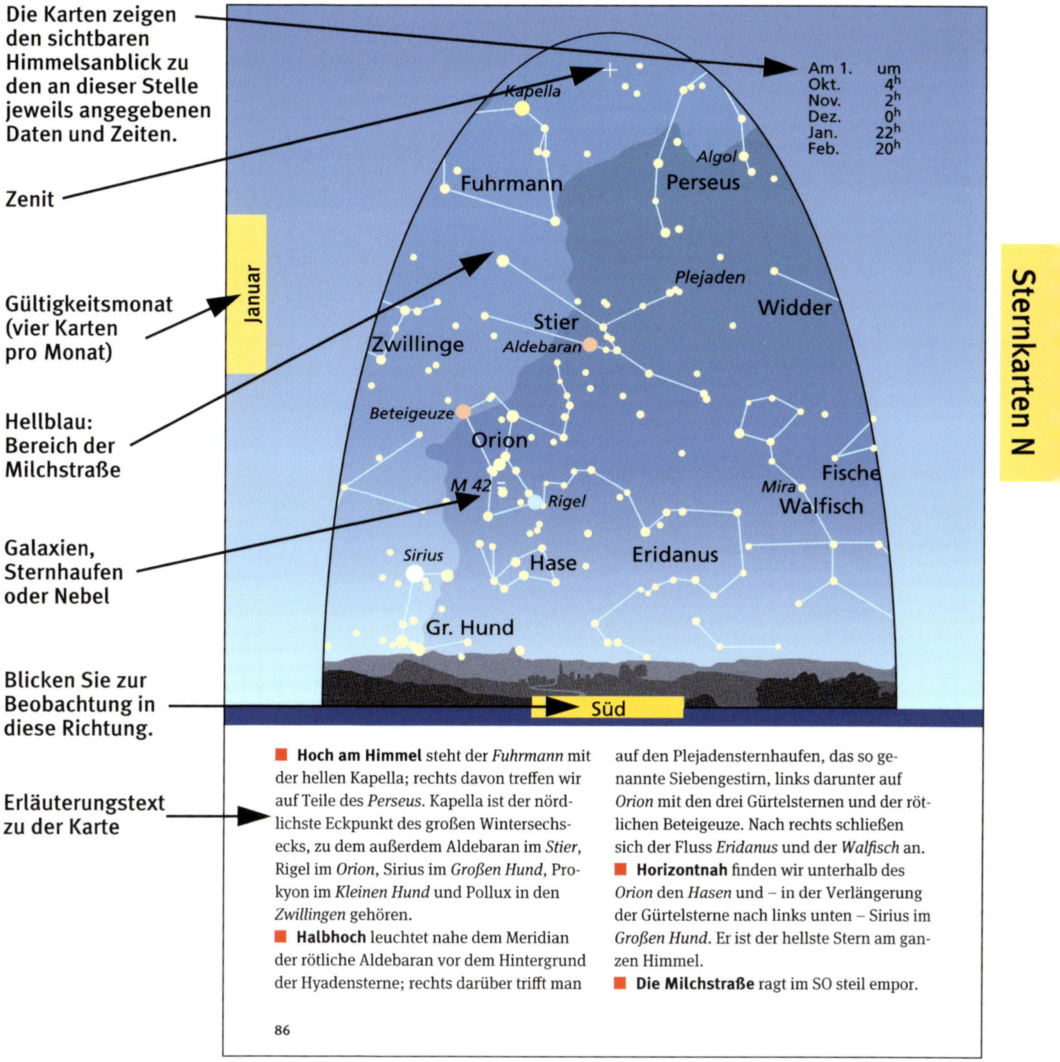

für ganz Mitteleuropa (und in entsprechenden Breiten überall auf der Welt) gelten. Für die Ost-West-Richtung gilt Folgendes: An Orten, die östlich des Standard-Längenkreises der Karten (10° östl. Länge) liegen, gehen die Gestirne früher auf, früher durch die Südrichtung und früher unter. Für Orte westlich des Standard-Längenkreises gehen sie später auf, später durch den Süden und später unter. Der Unterschied macht 4 Minuten pro Längengrad aus. Für Görlitz (15° östl. Länge) bedeutet dies z. B. $4 \times 5 = 20$ Minuten. Die

Karten gelten dort also eigentlich für einen 20 Minuten früheren Zeitpunkt. Für Aachen (6° östl. Länge) macht dies $4 \times 4 = 16$ Minuten aus. Dort liegt die Gültigkeit bei einem 16 Minuten späteren Zeitpunkt als auf der Karte angegeben.

Welche Karte wann benutzen?

Welche Karte nimmt man aber, wenn man zu einem anderen Zeitpunkt als z. B. am 1. jeden Monats um 22 Uhr beobachten möchte? Da die Erde im Laufe eines Jahres einmal um die Sonne läuft, verändert sich der Anblick des Himmels allmählich: Die Sterne stehen jeden Tag knapp 4 Minuten früher an der gleichen Position. In einem Jahr summiert sich dies zu 24 Stunden, und so ist der Anblick des Sternhimmels an einem bestimmten Kalendertag, z. B. am 1. Januar um 22 Uhr, jedes Jahr derselbe. Ein Stern geht also pro Tag fast 4 Minuten früher auf und unter, ein „Sterntag" dauert daher nur 23 Std., 56 Min., 4,09 Sek. und ist somit knapp 4 Minuten kürzer als ein Sonnentag. Deswegen gelten dieselben Karten am 15. des Monats eine Stunde früher als am Monatsanfang. Und so geht es weiter: Die Sternkarten für den Januar gelten auch am 1. Februar, jetzt aber um 20 Uhr, am 15. Februar um 19 Uhr, aber auch schon am 1. Oktober um 4 Uhr, am 1. November um 2 Uhr, am 1. Dezember um 0 Uhr usw.
Die Tabelle auf der rechten Seite zeigt, welche Karte zu einer beliebigen Zeit zu benutzen ist. Am Schnittpunkt von Datum und Uhrzeit findet man den Monat. Zu beachten ist aber, welche Zeit gerade gültig ist: Mitteleuropäische Zeit (MEZ) oder die Sommerzeit (+ 1 Stunde, MESZ). Als Datum ist jeweils der nächstliegende 1. oder 15. des Monats zu wählen, als Uhrzeit die nächstliegende volle Stunde.

Was die Karten zeigen

Auf den Karten liegt die angegebene Himmelsrichtung exakt auf der Mittellinie. Die Südkarten z. B. reichen links bis Südosten, rechts bis Südwesten. Zu den benachbarten Karten gibt es kleine Überlappungen. Nach oben hin reichen die Karten bis zum Zenit, dem Scheitelpunkt. Eine gekrümmte Fläche wie das Himmelsgewölbe ist jedoch nicht völlig exakt auf einer Ebene darzustellen, daher kommt es vor allem am Rand und im zenitnahen Bereich der Karten zu gewissen Verzerrungen; außerdem sind durch die „Viertelung" des Himmelsanblicks Sternbilder zum Teil auseinandergerissen. Der Vorteil ist jedoch, dass sich die einzelnen Himmelsfelder übersichtlich und groß genug wiedergeben lassen.
Um die Karten nicht zu überladen, wurden nur die wichtigsten Sterne eingetragen. Die gezeichnete Größe der Sternpunkte auf den Sternkarten von Seite 84 bis 131 entspricht ihrer Helligkeit; die schwächsten Sterne dort sind 4. Größe, manche auch schwächer. Auf den Südhimmelkarten ab S. 136 sind die Punkte wegen der anderen Darstellung kleiner. Näheres über ein bestimmtes Sternbild und seine interessanten Objekte wie Doppelsterne, Sternhaufen oder Nebel kann man im Sternbilder-Lexikon ab S. 150 erfahren.

Auf Reisen ans Mittelmeer

Auch Reisende in die Mittelmeerländer oder selbst auf die Kanarischen Inseln können die Karten verwenden, denn der Unterschied zu den Verhältnissen in Mitteleuropa ist viel kleiner als oft angenommen wird. So ist z. B. die Breite von Athen, Palermo oder Cordoba 38° Nord. Die Differenz zu 50° Nord beträgt also nur 12°. Selbst von den Kanaren aus sind z. B. das Kreuz des Südens oder α Cen-

Welche Sternkarte brauche ich wann?

Uhrzeit MEZ	18^h	19^h	20^h	21^h	22^h	23^h	24^h	1^h	2^h	3^h	4^h	5^h	6^h	7^h
MESZ	19^h	20^h	21^h	22^h	23^h	24^h	1^h	2^h	3^h	4^h	5^h	6^h	7^h	8^h
1. Januar	Nov		Dez		Jan		Feb		Mär		Apr		Mai	
15. Januar		Dez		Jan		Feb		Mär		Apr		Mai		Jun
1. Februar	Dez		Jan		Feb		Mär		Apr		Mai		Jun	
15. Februar		Jan		Feb		Mär		Apr		Mai		Jun		
1. März			Feb		Mär		Apr		Mai		Jun		Jul	
15. März		Feb		Mär		Apr		Mai		Jun		Jul		
1. April			Mär		Apr		Mai		Jun		Jul			
15. April				Apr		Mai		Jun		Jul				
1. Mai					Mai		Jun		Jul		Aug			
15. Mai				Mai		Jun		Jul		Aug				
1. Juni					Jun		Jul		Aug		Sep			
15. Juni				Jun		Jul		Aug		Sep				
1. Juli					Jul		Aug		Sep		Okt			
15. Juli				Jul		Aug		Sep		Okt				
1. August					Aug		Sep		Okt		Nov			
15. August				Aug		Sep		Okt		Nov				
1. September			Aug		Sep		Okt		Nov		Dez			
15. September		Aug		Sep		Okt		Nov		Dez		Jan		
1. Oktober			Sep		Okt		Nov		Dez		Jan		Feb	
15. Oktober		Sep		Okt		Nov		Dez		Jan		Feb		
1. November	Sep		Okt		Nov		Dez		Jan		Feb		Mär	
15. November		Okt		Nov		Dez		Jan		Feb		Mär		Apr
1. Dezember	Okt		Nov		Dez		Jan		Feb		Mär		Apr	
15. Dezember		Nov		Dez		Jan		Feb		Mär		Apr		Mai

tauri praktisch noch unsichtbar. Allerdings stehen die Sterne in der nördlichen Himmelsrichtung tiefer und einige, die schon in Mitteleuropa nahe dem Nordhorizont stehen, sind dort bereits untergegangen. Im Süden stehen die Sterne dafür etwas höher, und es kommen noch einige neue über den Horizont. Doch finden sie sich meist nur dicht darüber und verstecken sich im Dunst oder hinter Bergen und Gebäuden. Entsprechend sind Sterne nahe dem auf den Karten eingetragenen Südhorizont in Mitteleuropa praktisch meist noch gar nicht zu sehen, sondern erst in etwas südlicheren Breiten. Die Karten sind daher ohne Weiteres auch im Urlaub am Mittelmeer einsetzbar. Für Reisende auf die Südhalbkugel der Erde finden sich auf den Seiten 136 bis 147 zwölf Sternkarten, deren Benutzung auf den Seiten 132 bis 135 beschrieben wird.

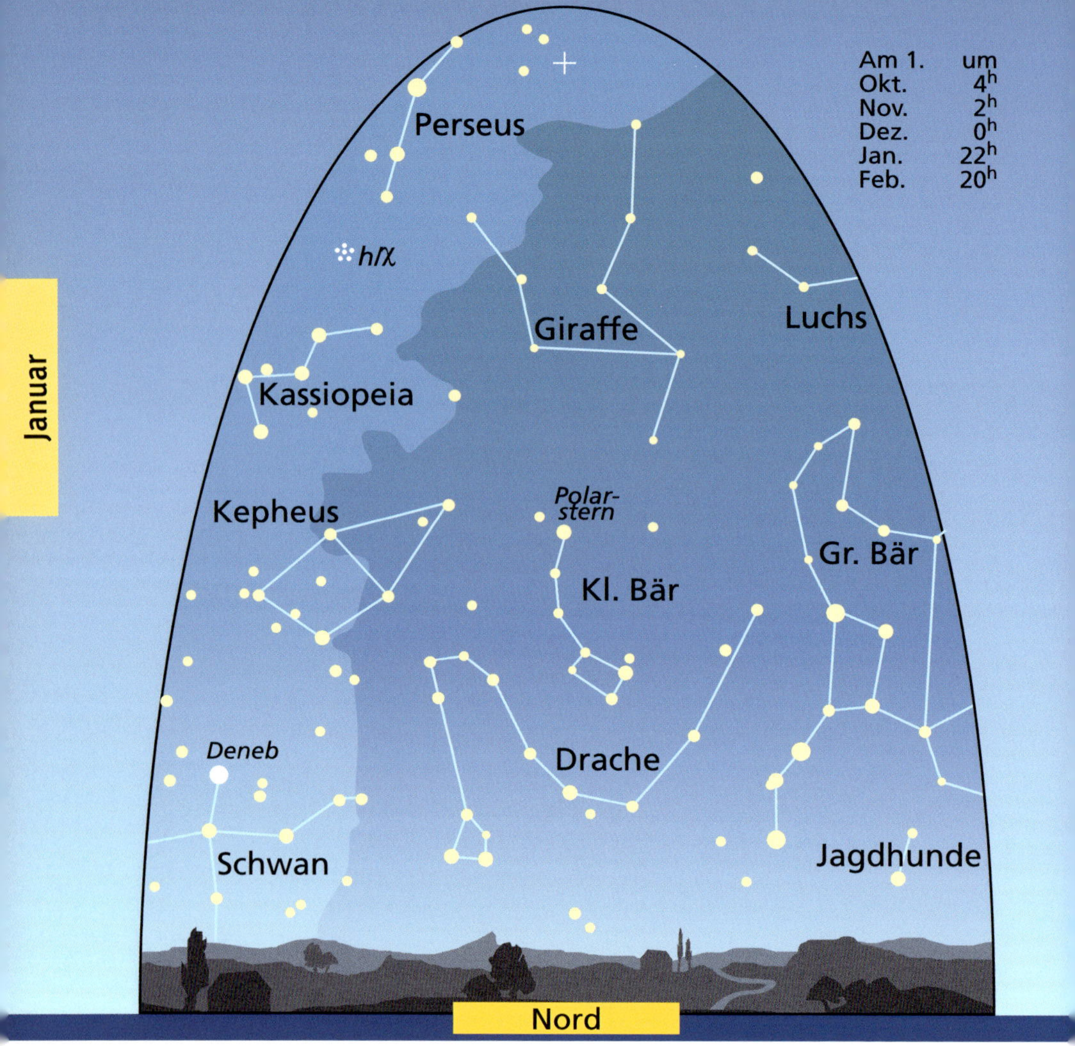

■ **Hoch am Himmel** treffen wir nur auf lichtschwache Sterne in der *Giraffe*, die ihren Hals in Richtung Polarstern reckt.

■ **Halbhoch** sinkt im NW die *Kassiopeia*, das Himmels-W, herab; sie folgt ihrem Gemahl, dem *Kepheus*, dessen hellere Sterne die Umrisse eines windschiefen Hausgiebels nachzeichnen. Im NO erkennen wir den *Großen Wagen* als Teil des *Großen Bären*; die Wagendeichsel (der Bärenschwanz) zeigt zum Horizont hinab. Links von den beiden hinteren Kastensternen treffen wir etwas höher auf den Polarstern, den Hauptstern im *Kleinen Bären*, der uns mit guter Genauigkeit Norden anzeigt.

■ **Horizontnah** leuchtet im NW Deneb im *Schwan*. Unterhalb des *Kleinen Bären* schlängelt sich der lange *Drache*, dessen Schwanz im NO noch bis über die Höhe des Großen Wagens aufragt.

■ **Die Milchstraße** steigt im NW bis zum Zenit empor.

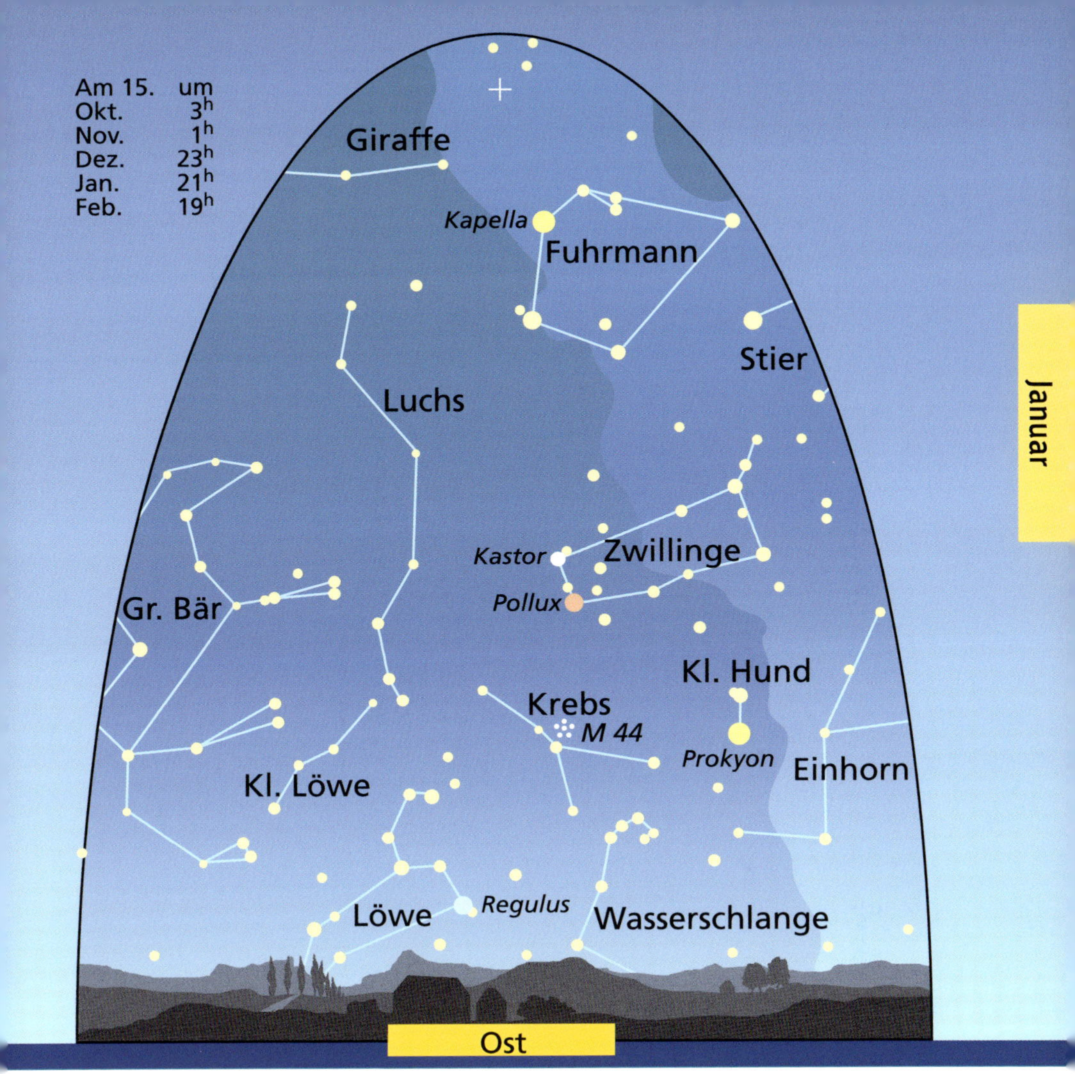

■ **Hoch am Himmel** strahlt die helle Kapella, der Hauptstern im *Fuhrmann*, dessen fünfeckige Figur leicht zu erkennen ist.

■ **Halbhoch** treffen wir im SO auf das Sternbild *Zwillinge* mit den beiden Hauptsternen Kastor und Pollux und rechts darunter auf Prokyon im *Kleinen Hund*. Nach links schließen sich das unscheinbare Sternbild *Krebs* und der *Luchs* an, für dessen schwach leuchtende Sterne man beinahe Luchsaugen braucht.

■ **Horizontnah** erkennen wir den *Löwen* mit Regulus; nur der Schwanzstern Denebola fehlt noch. Der sichelförmige Löwenkopf erinnert an ein gespiegeltes Fragezeichen (mit Regulus als Punkt). Im SO steigt der westliche Teil der langen *Wasserschlange* empor; bislang sind allerdings nur ihr Kopf und der Vorderleib über dem Horizont zu sehen.

■ **Die Milchstraße** erstreckt sich vom Zenit zum SO-Horizont.

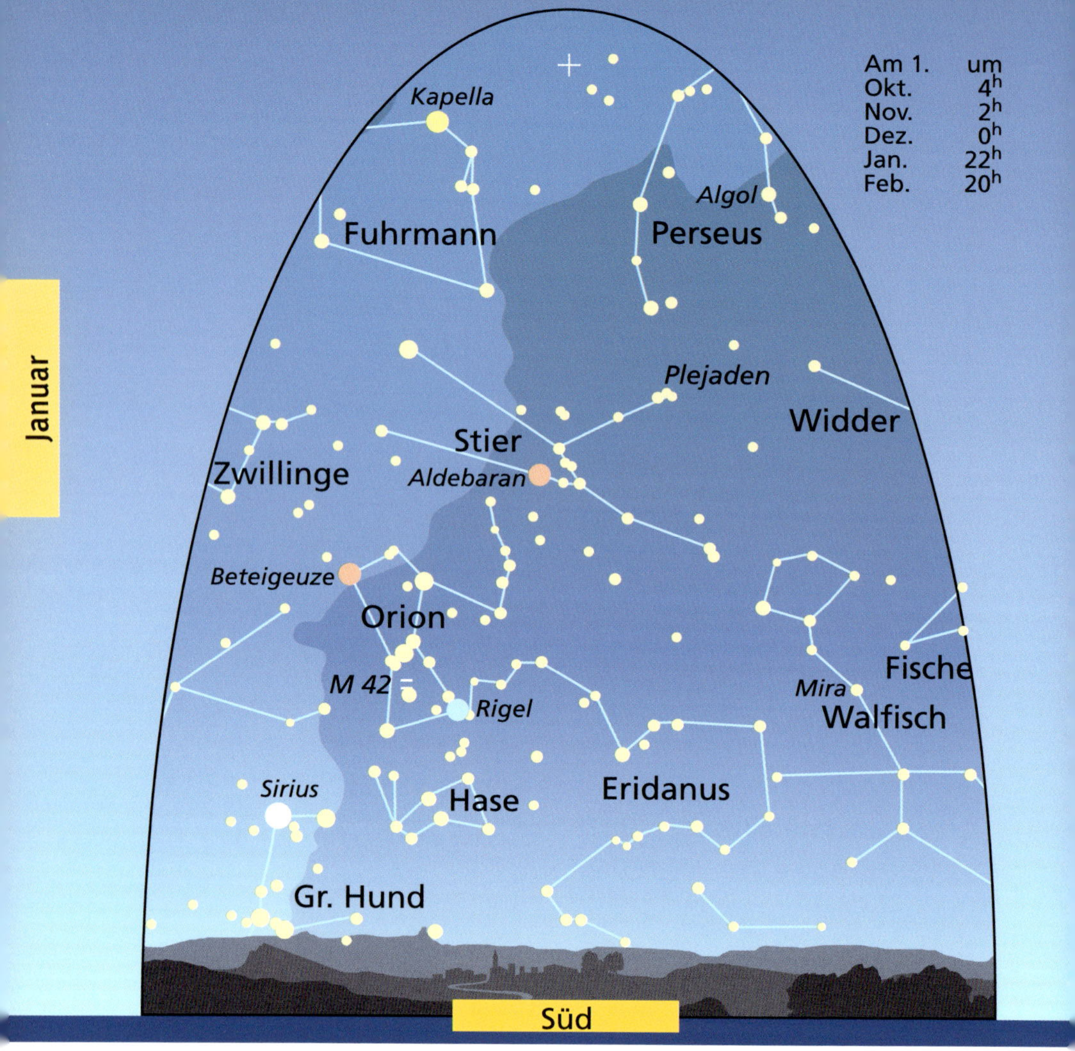

■ **Hoch am Himmel** steht der *Fuhrmann* mit der hellen Kapella; rechts davon treffen wir auf Teile des *Perseus*. Kapella ist der nördlichste Eckpunkt des großen Wintersechsecks, zu dem außerdem Aldebaran im *Stier*, Rigel im *Orion*, Sirius im *Großen Hund*, Prokyon im *Kleinen Hund* und Pollux in den *Zwillingen* gehören.

■ **Halbhoch** leuchtet nahe dem Meridian der rötliche Aldebaran vor dem Hintergrund der Hyadensterne; rechts darüber trifft man auf den Plejadensternhaufen, das so genannte Siebengestirn, links darunter auf *Orion* mit den drei Gürtelsternen und der rötlichen Beteigeuze. Nach rechts schließen sich der Fluss *Eridanus* und der *Walfisch* an.

■ **Horizontnah** finden wir unterhalb des *Orion* den *Hasen* und – in der Verlängerung der Gürtelsterne nach links unten – Sirius im *Großen Hund*. Er ist der hellste Stern am ganzen Himmel.

■ **Die Milchstraße** ragt im SO steil empor.

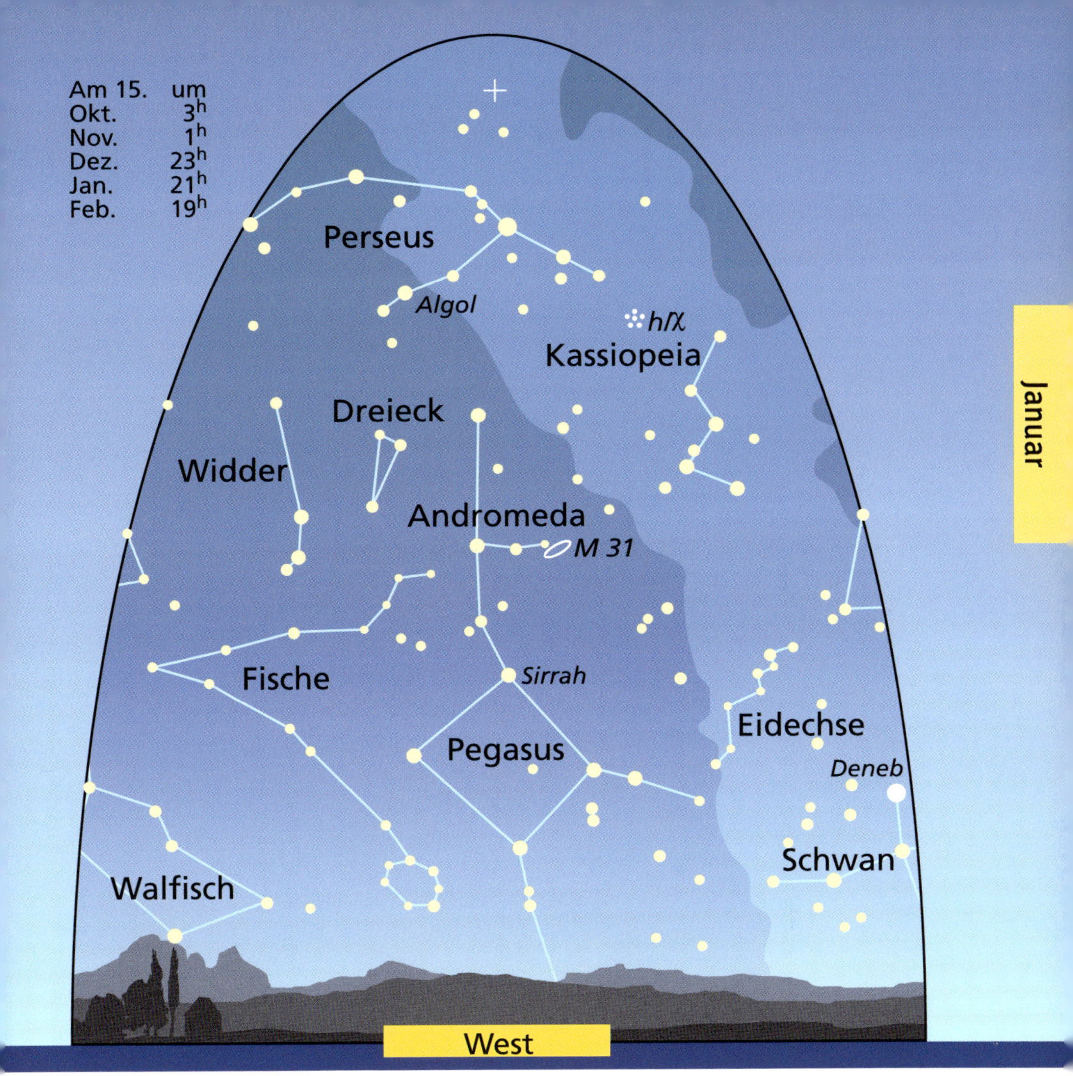

■ **Hoch am Himmel** erkennen wir den *Perseus,* er sieht in dieser Stellung wie ein liegendes „Y" aus, dessen „Fuß" in Richtung *Kassiopeia* zeigt.

■ **Halbhoch** verläuft die Sternenkette der *Andromeda* steil nach unten zum Viereck des *Pegasus*, dessen „oberste" Ecke, Sirrah, noch zur *Andromeda* gehört. Links von ihr stehen das kleine *Dreieck* und der *Widder* sowie die unauffälligen *Fische*, während rechts die *Eidechse* angrenzt.

■ **Horizontnah** bereitet sich der *Pegasus* auf den Untergang vor; Enif, der die Nüstern des kopfüber am Himmel schwebenden Pferdes markiert, befindet sich schon unter dem Horizont. Im SW finden wir den westlichen der beiden *Fische* und den Schwanz des *Walfischs*; im NW sieht man noch Teile des *Schwans*.

■ **Die Milchstraße** sinkt im NW vom Zenit her durch *Kassiopeia* und den *Schwan* zum Horizont herab.

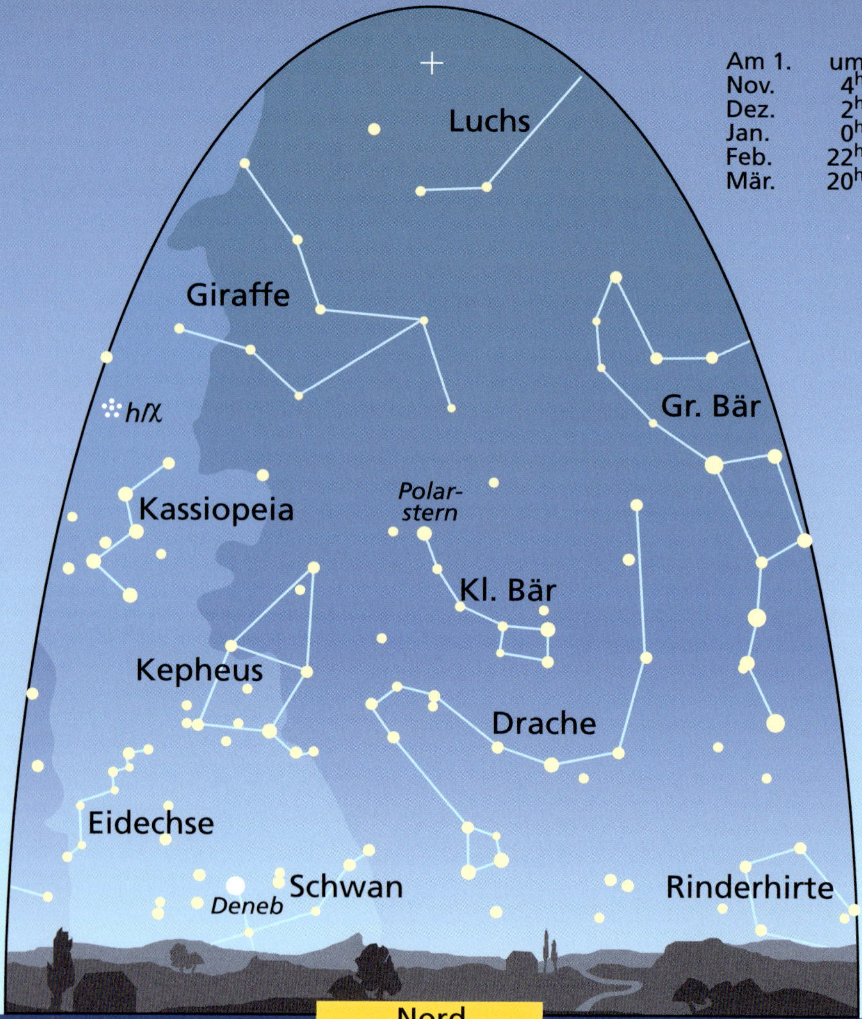

Hoch am Himmel erstrecken sich die Sternbilder *Luchs* und *Giraffe*, in denen man vergeblich nach hellen Sternen sucht. Sie zählen zu den sternärmsten Sternbildern.

Halbhoch steigt im NW das Himmels-W der *Kassiopeia* langsam zum Horizont herab; rechts daneben hat der *Kepheus* seine untere Kulmination fast erreicht. Genau im N leuchtet der Polarstern als Hauptstern im *Kleinen Wagen/Kleinen Bären*, der sich nach rechts unten anschließt. Zwischen ihm und dem *Großen Wagen* als Teil des *Großen Bären* im NO schlängelt sich der *Drache*, dessen Kopf gerade die tiefste Stellung durchschritten hat.

Horizontnah funkelt Deneb im Sternbild Schwan. Er ist bei uns zirkumpolar, nach links grenzt die *Eidechse* an. Im NO steigt der *Rinderhirte* oder Bootes langsam wieder empor.

Die Milchstraße bietet im NW noch einige Sternhaufen und Nebel.

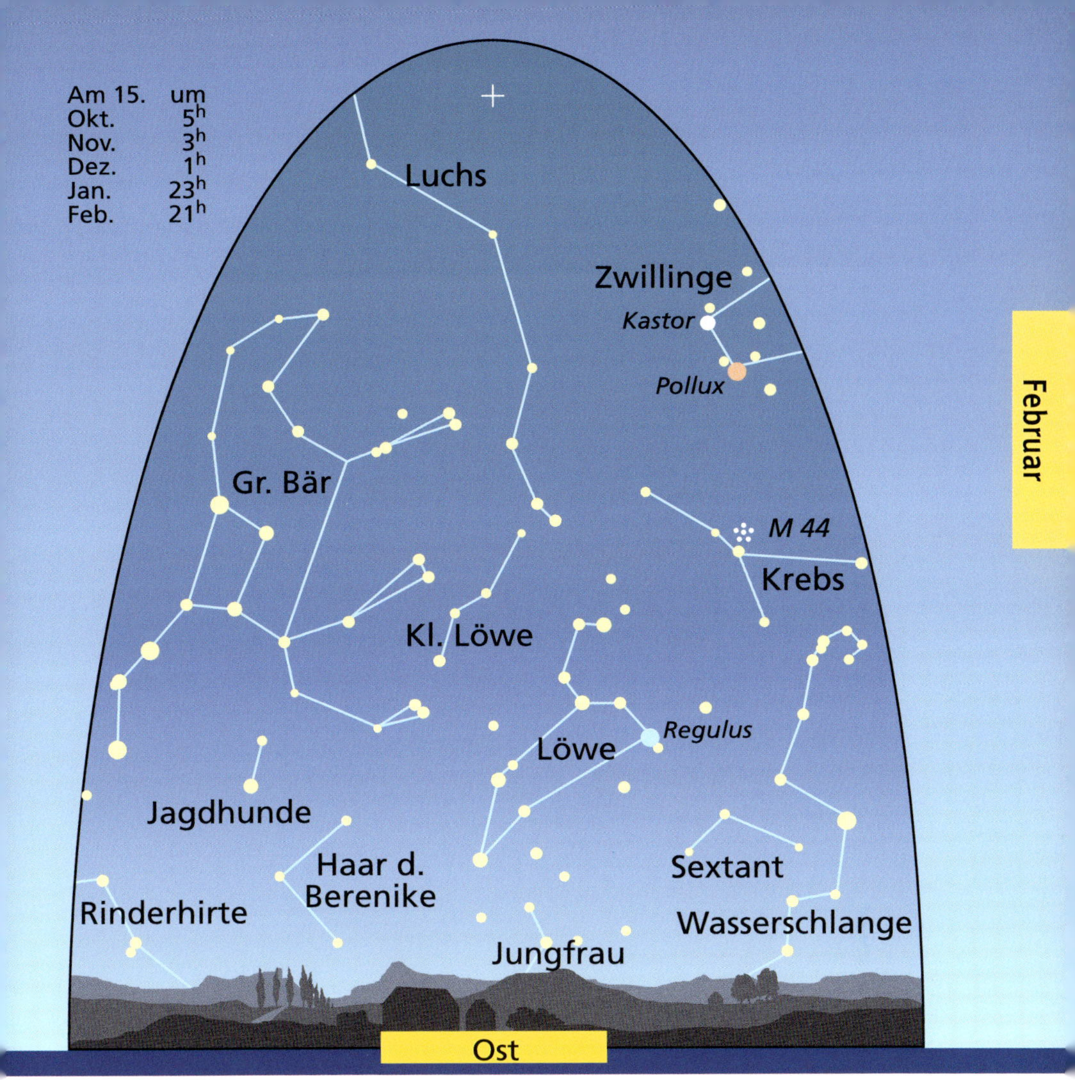

■ **Hoch am Himmel** nimmt der an hellen Sternen arme *Luchs* die größte Fläche ein. Auch Teile des *Großen Bären* sowie Kastor und Pollux sind hier zu finden.

■ **Halbhoch** schließt sich im NO der übrige Teil des *Großen Bären* an, dessen sieben hellste Sterne den *Großen Wagen* bilden. Nach O grenzt der *Große Bär* an den *Kleinen Löwen*, der die Lücke bis zum Kopf des *Löwen* überbrückt. Hier fällt Regulus wegen seiner Helligkeit auf, während der *Krebs* weiter rechts oben kaum helle Sterne enthält. Im SO erkennt man den kleinen Kopf der *Wasserschlange*.

■ **Horizontnah** steht der *Rinderhirte* oder Bootes, dessen Hauptstern Arktur nun nicht mehr lange auf sich warten lässt. Darüber trifft man auf die *Jagdhunde* und das schimmernde *Haar der Berenike*, das im Wesentlichen aus einem Sternhaufen besteht. Auch die ersten Sterne der *Jungfrau* sind bereits im O zu sehen.

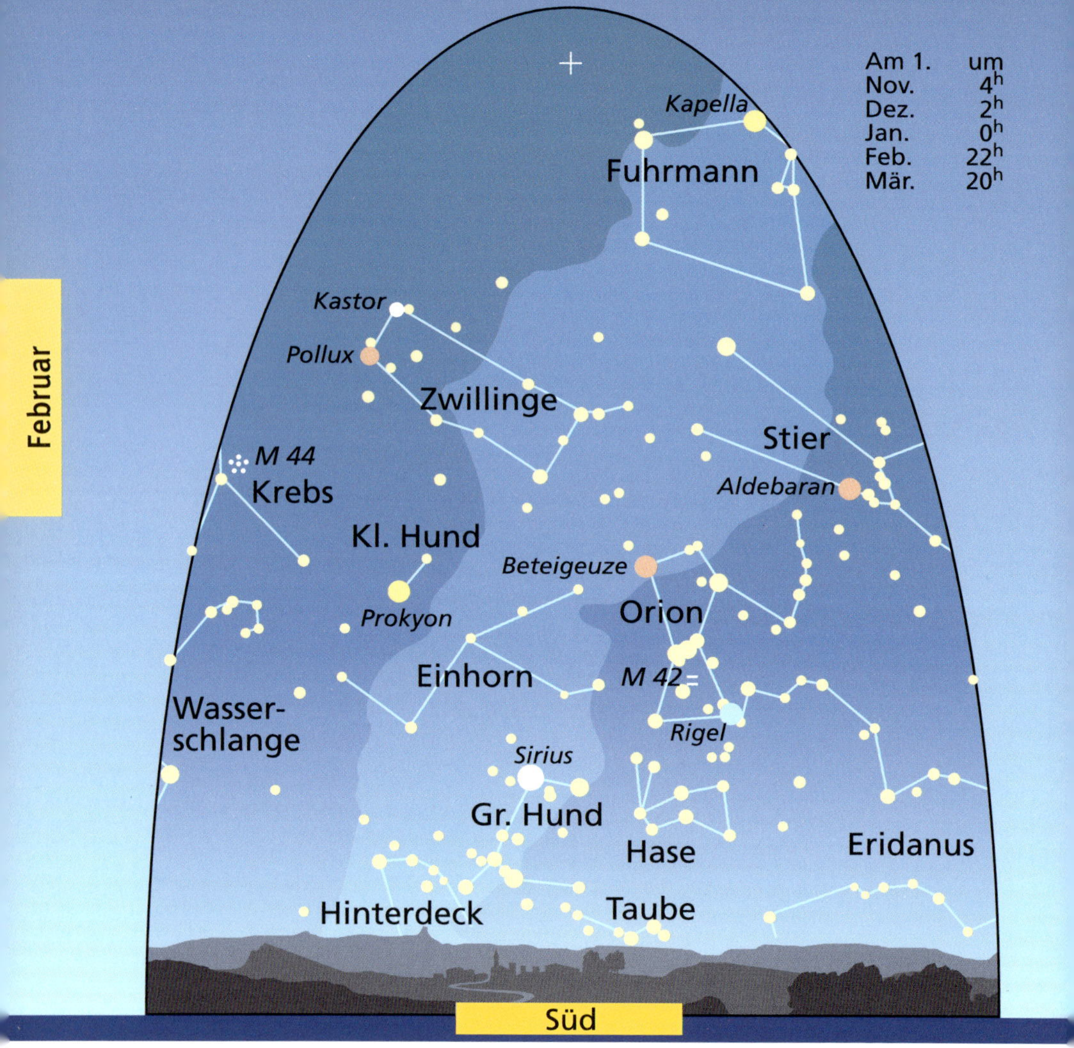

■ **Hoch am Himmel** leuchten die *Zwillinge* mit Kastor und Pollux. Auch *Fuhrmann* und *Stier* ragen im SW noch in diesen Bereich hinein.

■ **Halbhoch** beherrscht der *Orion* mit der rötlichen Beteigeuze links oben und dem bläulich weißen Rigel rechts unten die Szene; dazwischen erstreckt sich der durch drei Sterne markierte Gürtel. Seine Verlängerung nach rechts oben weist auf den rötlichen Aldebaran im *Stier*, während sich nach links das *Einhorn* und der *Kleine Hund* mit Prokyon anschließen.

■ **Horizontnah** strahlt fast im Meridian Sirius im *Großen Hund*, der hellste Stern am irdischen Firmament. Links darunter ragen Teile des *Schiffs* über den Horizont, während unterhalb von *Orion* noch *Hase* und *Taube* sowie im SW der „Oberlauf" des Flusses *Eridanus* zu erkennen sind.

■ **Die Milchstraße** ragt im S steil, aber unauffällig empor.

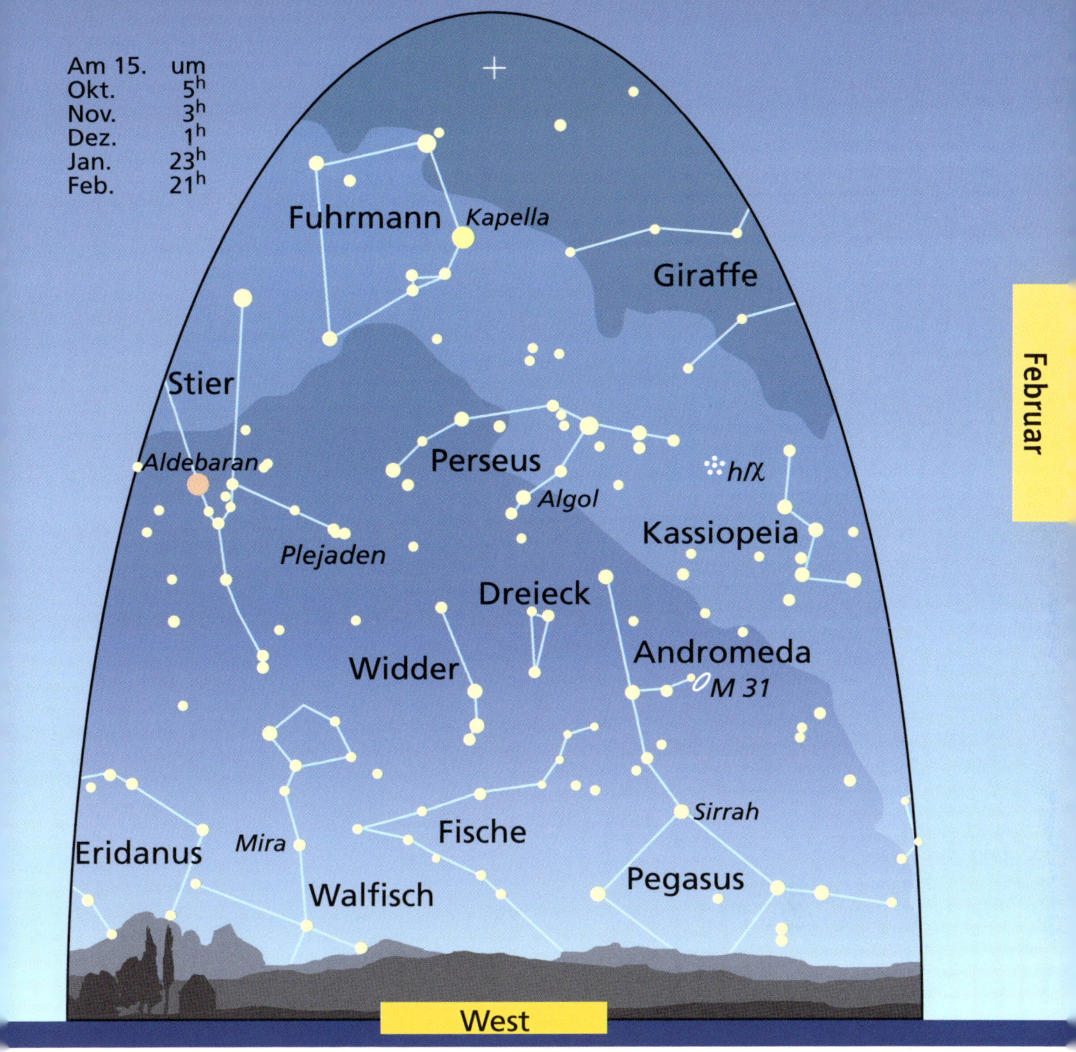

■ **Hoch am Himmel** treffen wir auf die helle Kapella im *Fuhrmann*, die zum großen Wintersechseck zählt, das jetzt größtenteils in südlicher Blickrichtung liegt.

■ **Halbhoch** schwebt der *Perseus* langsam herab, stets im Gefolge der *Andromeda*, die er vor dem Meeresungeheuer in Gestalt des *Walfischs* erretten will. Westlich der *Andromeda*, die im NW noch steil aufragt, liegen die kleinen Sternbilder *Widder* und *Dreieck* sowie der östliche der beiden *Fische*. Links darüber erkennen wir den *Stier* mit dem rötlichen Aldebaran.

■ **Horizontnah** ist im NW nur noch ein kleiner Teil des *Pegasus* zu finden: Das Herbstviereck, dessen oberster Eckpunkt, Sirrah, ohnehin zur *Andromeda* gehört, ist schon nicht mehr vollständig sowie auch der *Walfisch* im SW.

■ **Die Milchstraße** verläuft – wenig auffällig – von links oben nach rechts unten durch diesen Himmelsausschnitt.

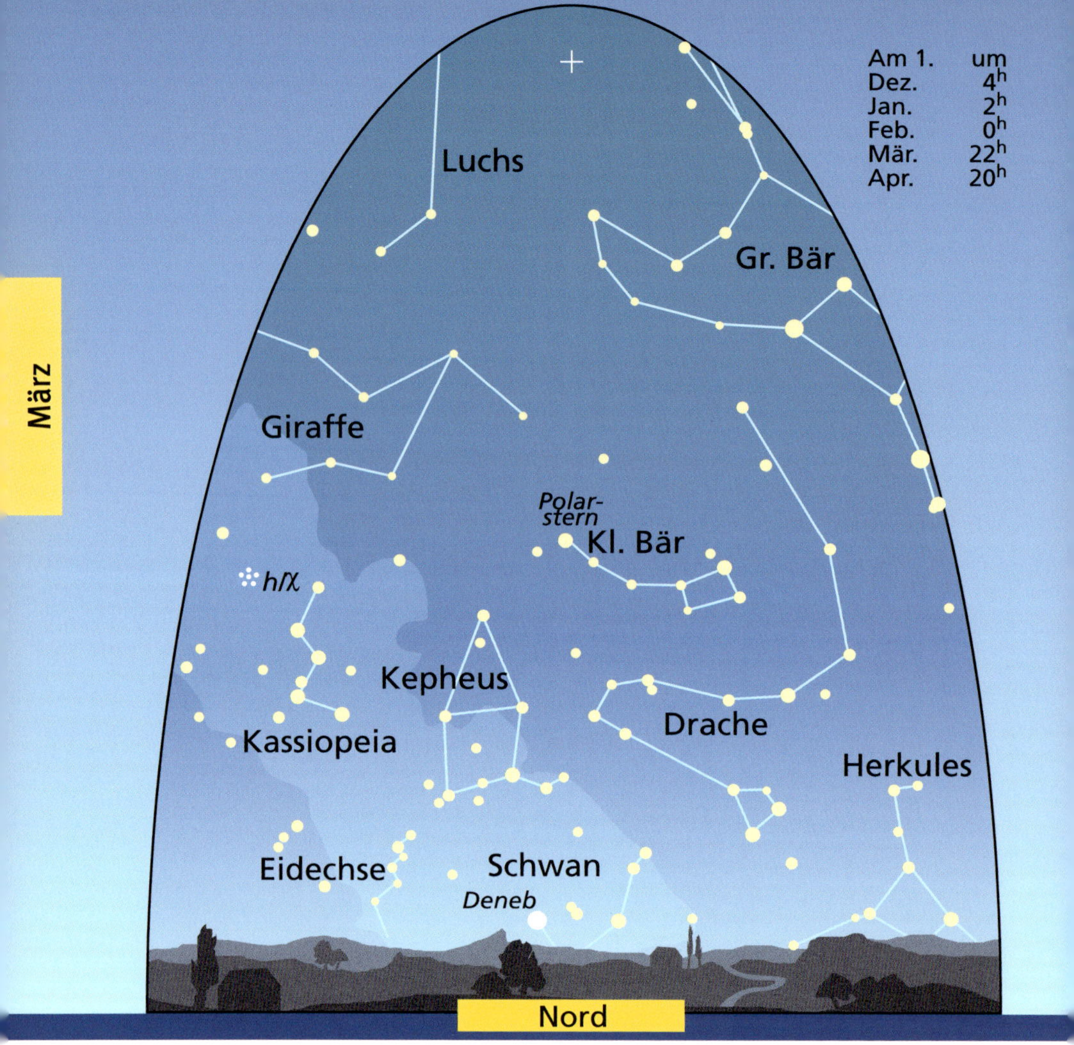

■ **Hoch am Himmel** rückt allmählich der unauffällige Kopf des *Großen Bären* ins Blickfeld.

■ **Halbhoch** nähern sich *Kepheus* und *Kassiopeia* der unteren Kulmination; der etwas windschiefe Hausgiebel aus den helleren Sternen des *Kepheus* steht jetzt fast aufrecht über dem N-Horizont. Rechts darüber leuchtet der Polarstern, von dem aus sich die Deichsel des *Kleinen Wagens* in einem abwärts gekrümmten Bogen nach O erstreckt. Dort erkennt man auch den hinteren Teil des lang gestreckten *Drachens* und links davon die wenigen Sterne des Sternbilds *Giraffe*.

■ **Horizontnah** entgeht Deneb im *Schwan* nur knapp dem Untergang; westlich davon ragt noch die *Eidechse* auf. Erste Teile des *Herkules* sind im NO bereits wieder zu erkennen.

■ **Die Milchstraße** bleibt im N und NW wenig auffällig.

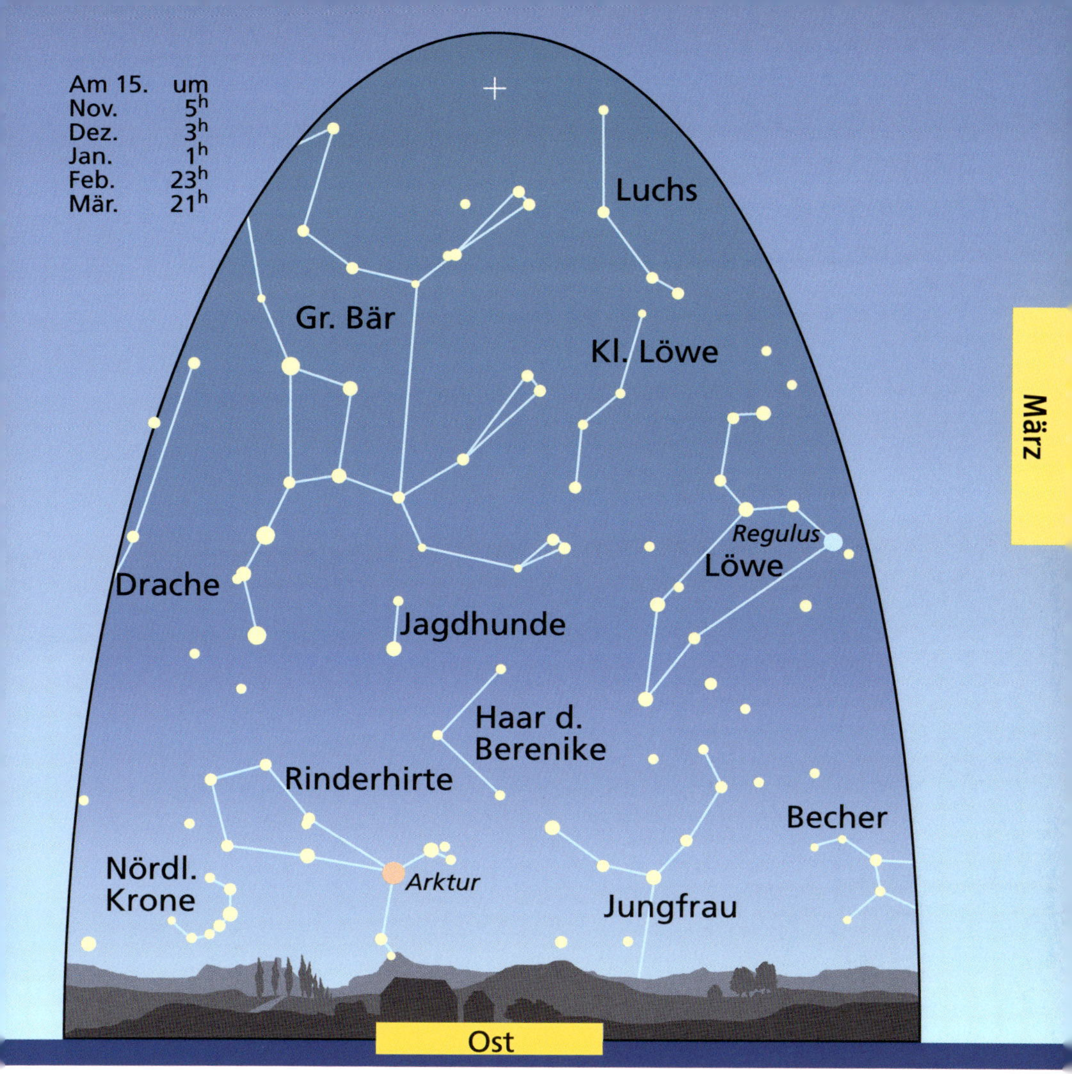

März

■ **Hoch am Himmel** strebt der *Große Bär* seiner oberen Kulmination entgegen; noch allerdings ragt sein Schwanz – die Deichsel des *Großen Wagens* – weit nach unten. Vor seinen Pranken kauert der *Kleine Löwe*, darüber der *Luchs*.

■ **Halbhoch** weist der geschwungene Bogen der Wagendeichsel auf den orangefarbenen Arktur, Hauptstern im *Rinderhirten* oder Bootes. Rechts davon findet man die *Jagdhunde* und weiter im SO den Schwanz des *Löwen*, der dieses Sternbild vervollständigt. In der scheinbaren Sternleere dazwischen erkennen wir das *Haar der Berenike*.

■ **Horizontnah** steigt der *Rinderhirte* (Bootes) empor, dessen Umrisse an einen großen (jetzt auf der Seite liegenden) Papierdrachen erinnern; links darunter steht das Halbrund der *Nördlichen Krone*. Im SO sind bereits die ersten Teile der *Jungfrau* über den Horizont gestiegen und weiter rechts findet man den *Becher*.

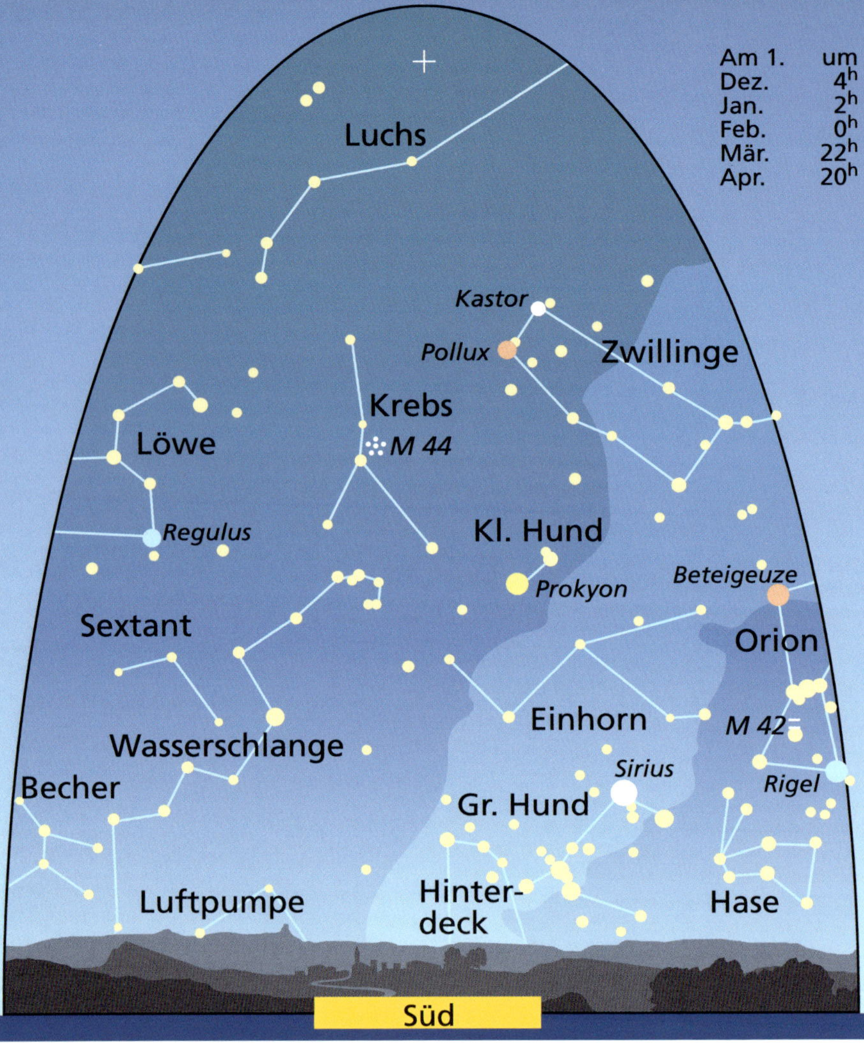

■ **Hoch am Himmel** versteckt sich der *Luchs* vor unseren Blicken. Er gehört zu den Sternbildern, die erst in der Neuzeit „erfunden“ wurden.

■ **Halbhoch** nähert sich der *Krebs* seiner Kulmination; seine wenig auffallende Figur ähnelt der eines auf dem Kopf stehenden „Y“. Er füllt die „Lücke“ zwischen den *Zwillingen* mit Kastor und Pollux sowie dem *Kleinen Hund* mit Prokyon im SW und dem *Löwen* mit Regulus im SO. Darunter beginnt die nach SO sehr lang gestreckte *Wasserschlange*.

■ **Horizontnah** bereitet sich im SW der *Große Hund* mit Sirius auf den Untergang vor. Darüber erkennt man das unauffällige *Einhorn*, links darunter ragen einige Sterne vom *Hinterdeck* des Schiffs auf.

■ **Die Milchstraße** steigt im SW schräg aufwärts, verläuft etwa zwischen Sirius und Prokyon hindurch und zieht dann in nordwestlicher Richtung weiter.

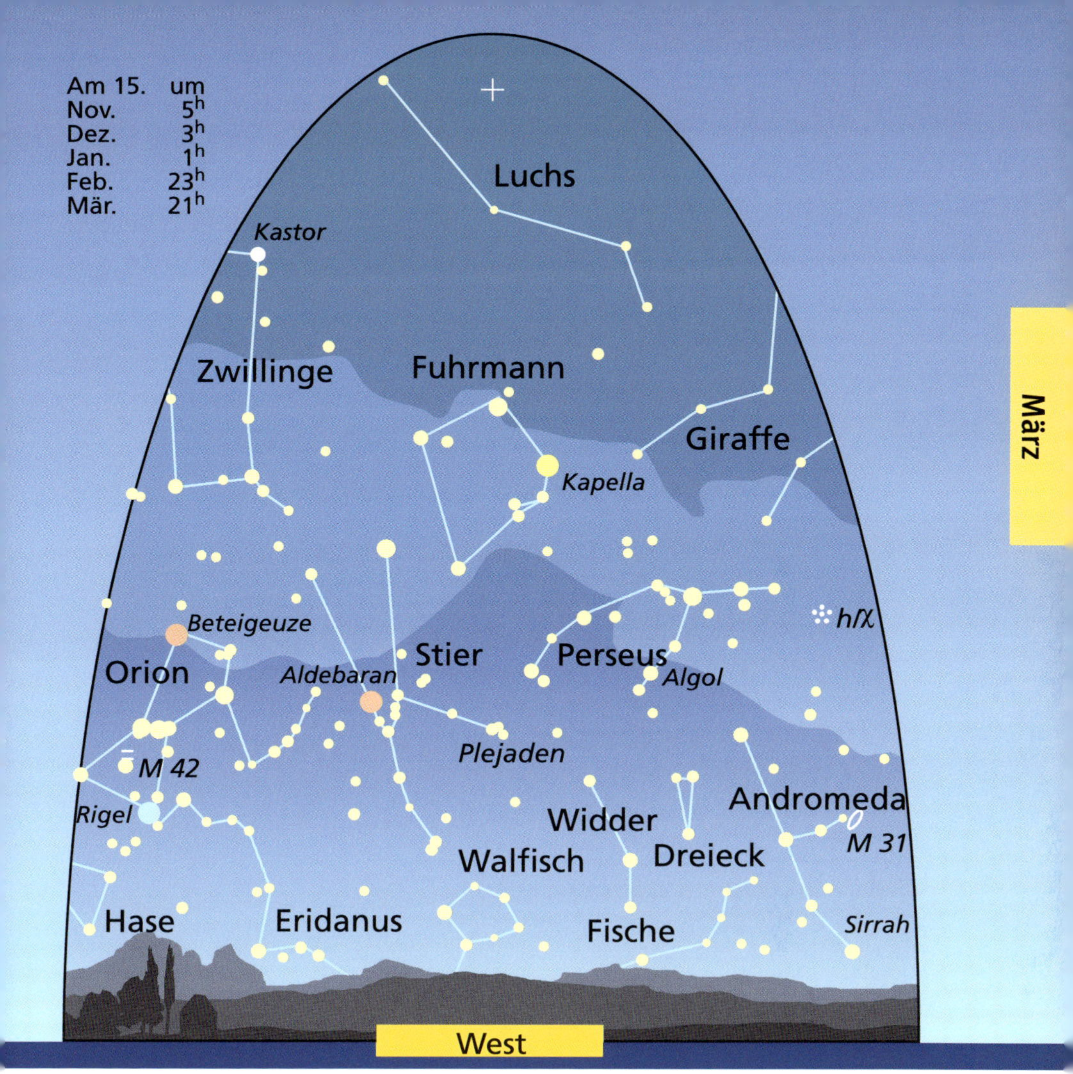

März

■ **Hoch am Himmel** suchen wir vergeblich nach hellen Sternen; nur Teile vom lichtschwachen *Luchs* sind hier zu finden.

■ **Halbhoch** haben sich die Sternbilder des Winters versammelt, um langsam von der Himmelsbühne abzutreten: Voran der *Stier* mit dem rötlichen Aldebaran, den Hyaden und den Plejaden, gefolgt von *Perseus* und dem *Fuhrmann* mit der hellen Kapella. Daneben erkennt man Teile der *Giraffe* und im SW die *Zwillinge*.

■ **Horizontnah** bleiben auch dem *Orion* mit dem *Hasen* sowie dem *Eridanus* nicht mehr viel Zeit. Der *Walfisch* im W ist schon fast ganz untergegangen, während rechts daneben *Andromeda*, *Dreieck* und *Widder* noch vollständig zu sehen sind. Darunter ragt nur noch der östliche Teil des Sternbilds *Fische* empor.

■ **Die Milchstraße** spannt sich mit zahlreichen Sternhaufen halbhoch über den Westteil des Himmels.

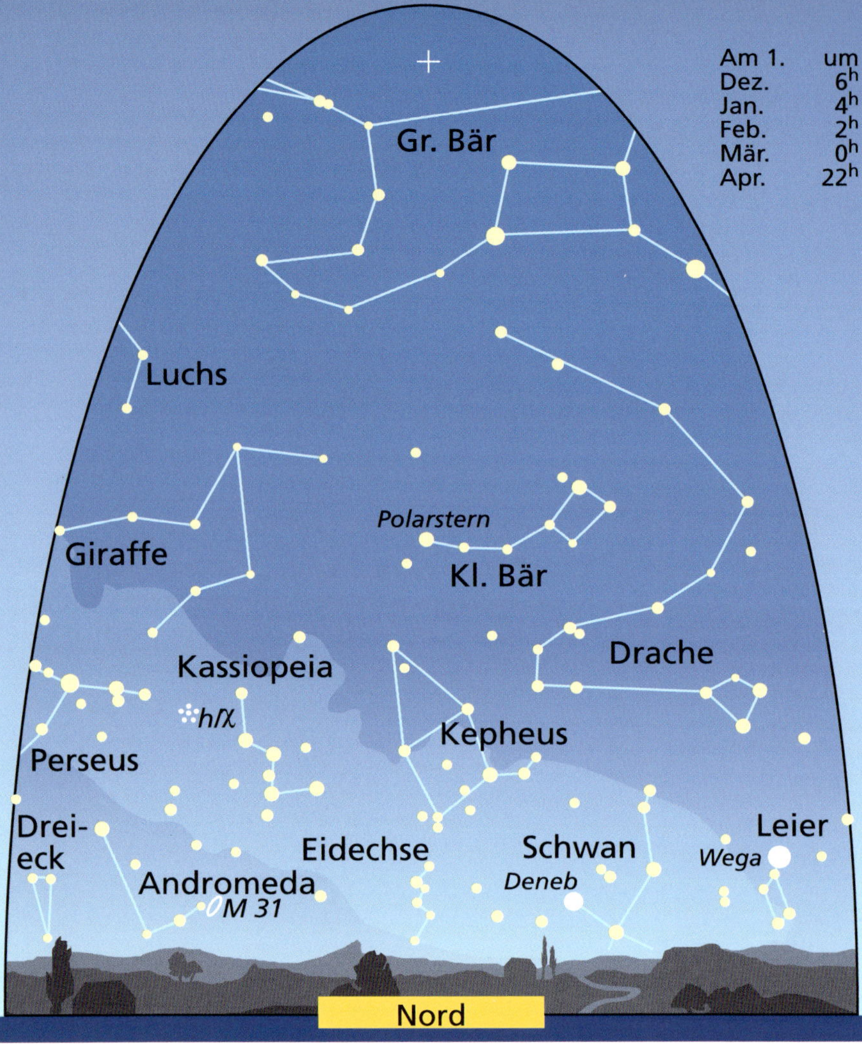

■ **Hoch am Himmel** beherrscht der *Große Bär* oder *Große Wagen* die Szene. Folgen wir dem Wegweiser der beiden hinteren Kastensterne abwärts zum Polarstern, passieren wir den Schwanz des *Drachens*, während im NW der lange Hals der *Giraffe* zum Polarstern reicht.

■ **Halbhoch** erstreckt sich der *Kleine Bär* oder *Kleine Wagen* vom Polarstern aus in östlicher Richtung; er wird im NO vom *Drachen* begrenzt.

■ **Horizontnah** hat der *Kepheus* seine untere Kulmination durchwandert, gefolgt von der *Kassiopeia*. Weiter im NW rückt der *Perseus* nach, während darunter die *Andromeda* und das *Dreieck* versinken. Die *Eidechse* füllt die Lücke bis zum *Schwan*, dessen Schwanzstern Deneb weiter rechts langsam höher steigt. Ihm voran zieht die *Leier* mit der hellen Wega.

■ **Die Milchstraße** verläuft flach über dem NW- und N-Horizont.

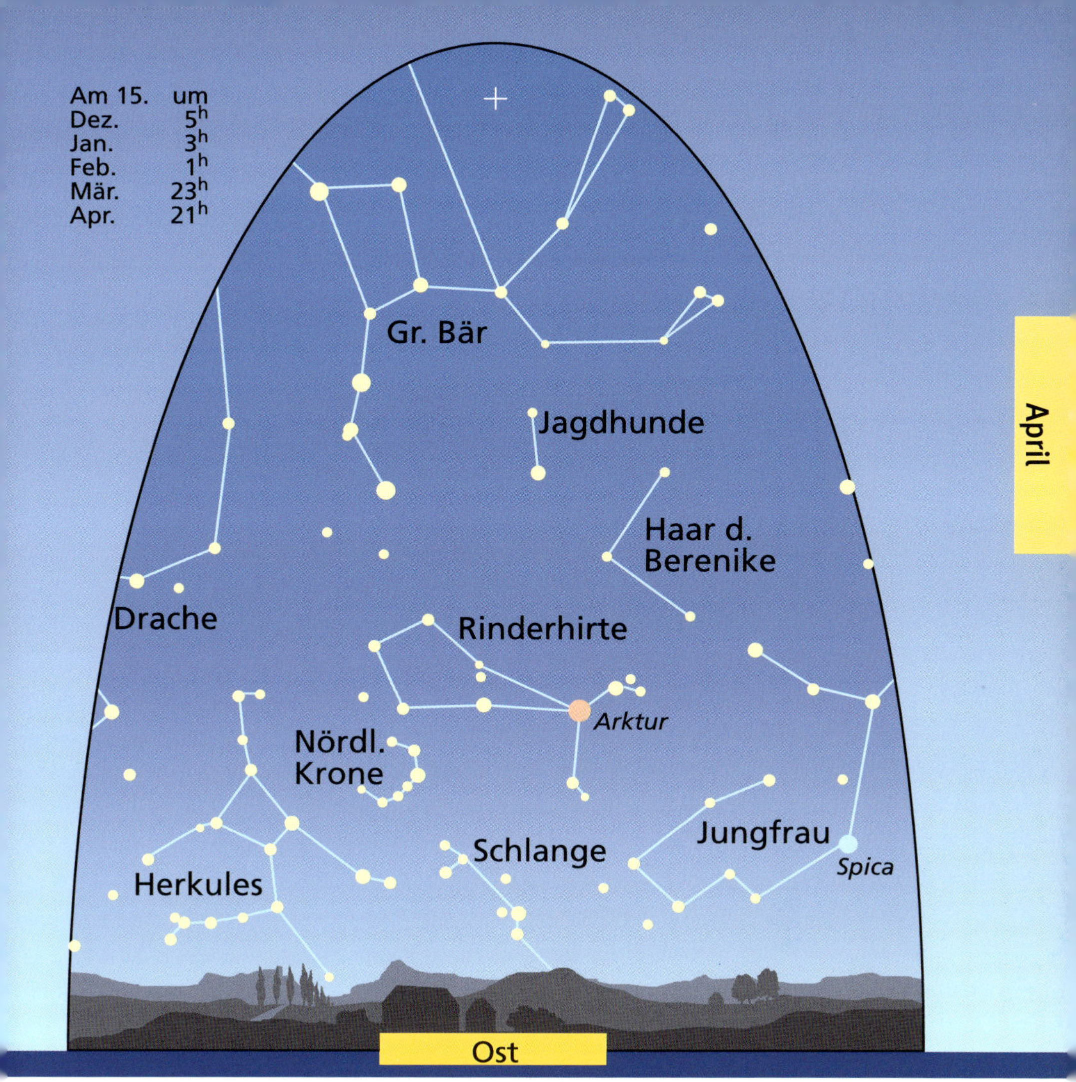

Hoch am Himmel steht der *Große Wagen* jetzt fast auf der (abgeknickten) Deichselspitze. Rechts daneben lauern die *Jagdhunde* mit ihrem Hauptstern Cor Caroli (Herz des Karl).

Halbhoch liegt der *Rinderhirte* mit dem orangefarbenen Hauptstern Arktur „quer“ am Himmel. Rechts darüber schimmert das *Haar der Berenike*, das man am besten mit einem Feldstecher durchmustern sollte, während links unterhalb des *Rinderhirten* oder Bootes die *Nördliche Krone* zu finden ist. Im SO leuchten die Sterne der *Jungfrau*, allen voran Spica, ihr bläulicher Hauptstern.

Horizontnah wird unterhalb des *Rinderhirten* der Kopf der *Schlange* sichtbar. Im NO ist der mächtige *Herkules* aufgegangen, dessen wenig einprägsame Figur aus mehreren Vierecken zusammengesetzt erscheint. Der griechische Held ist mit einer Keule bewaffnet und hängt in Siegerpose kniend allerdings kopfüber am Himmel.

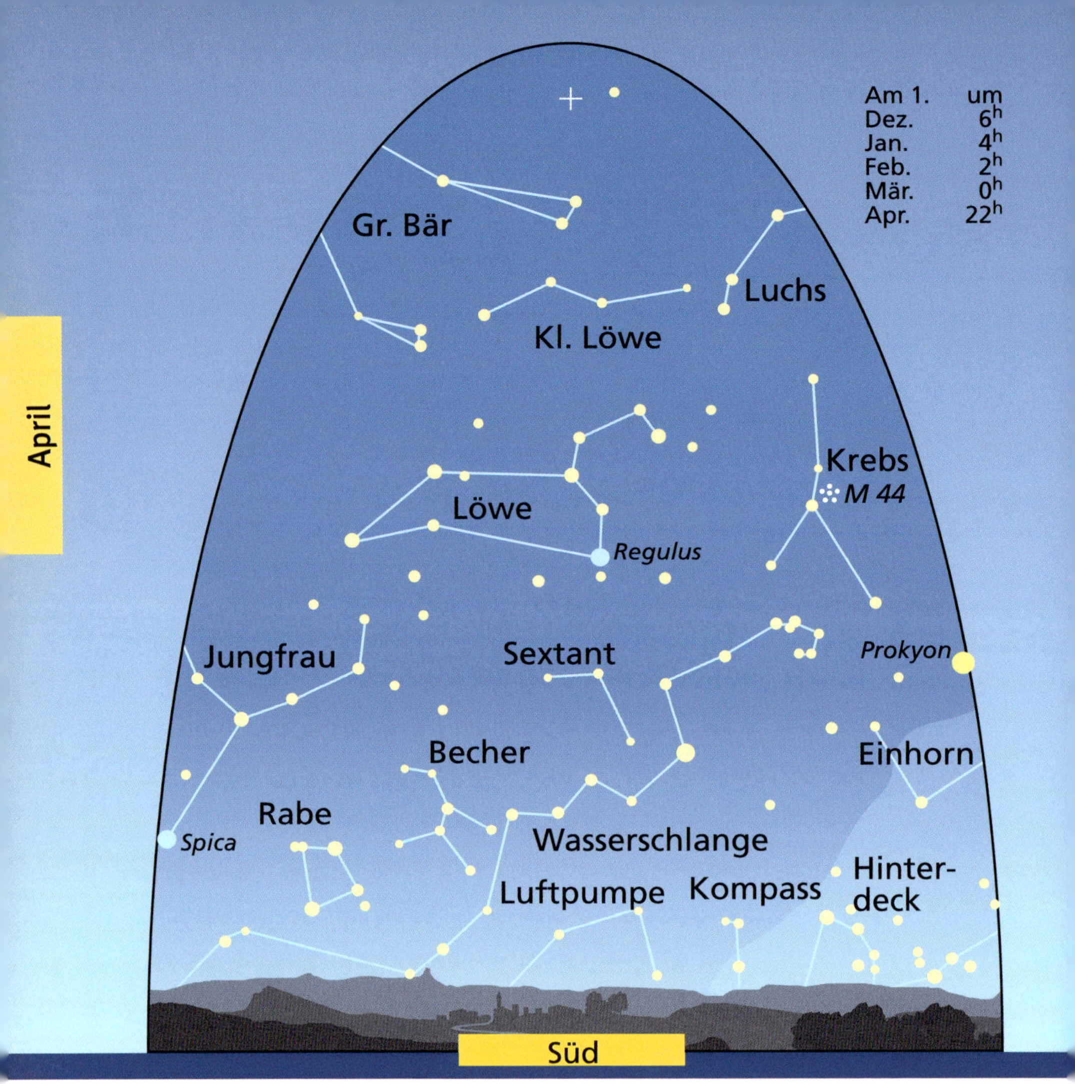

■ **Hoch am Himmel** finden wir die Pranken des *Großen Bären*, die ebenso wie der *Kleine Löwe* und der *Luchs* nur von weniger hellen Sternen markiert werden.

■ **Halbhoch** ist der majestätische *Löwe* mit Regulus unübersehbar. Die Umrisse des *Löwen* sind sehr einprägsam, zeigen sie doch eine gewisse Ähnlichkeit mit der Seitenansicht eines (liegenden) Löwen; sie erinnern aber auch an die Silhouette eines alten Bügeleisens. Rechts davon erkennt man noch das unscheinbare Sternbild *Krebs* und – darunter – den kleinen Kopf der *Wasserschlange*.

■ **Horizontnah** reicht die W*asserschlange* bis weit nach SO. Auf ihrem hinteren Teil ruhen der *Rabe* und der *Becher*. Am Horizont erkennt man noch Teile der *Luftpumpe*, des Schiffes (*Hinterdeck*), vom *Kompass* und vom *Großen Hund* (ganz rechts). Darüber schließt sich das unscheinbare und an hellen Sternen arme *Einhorn* an.

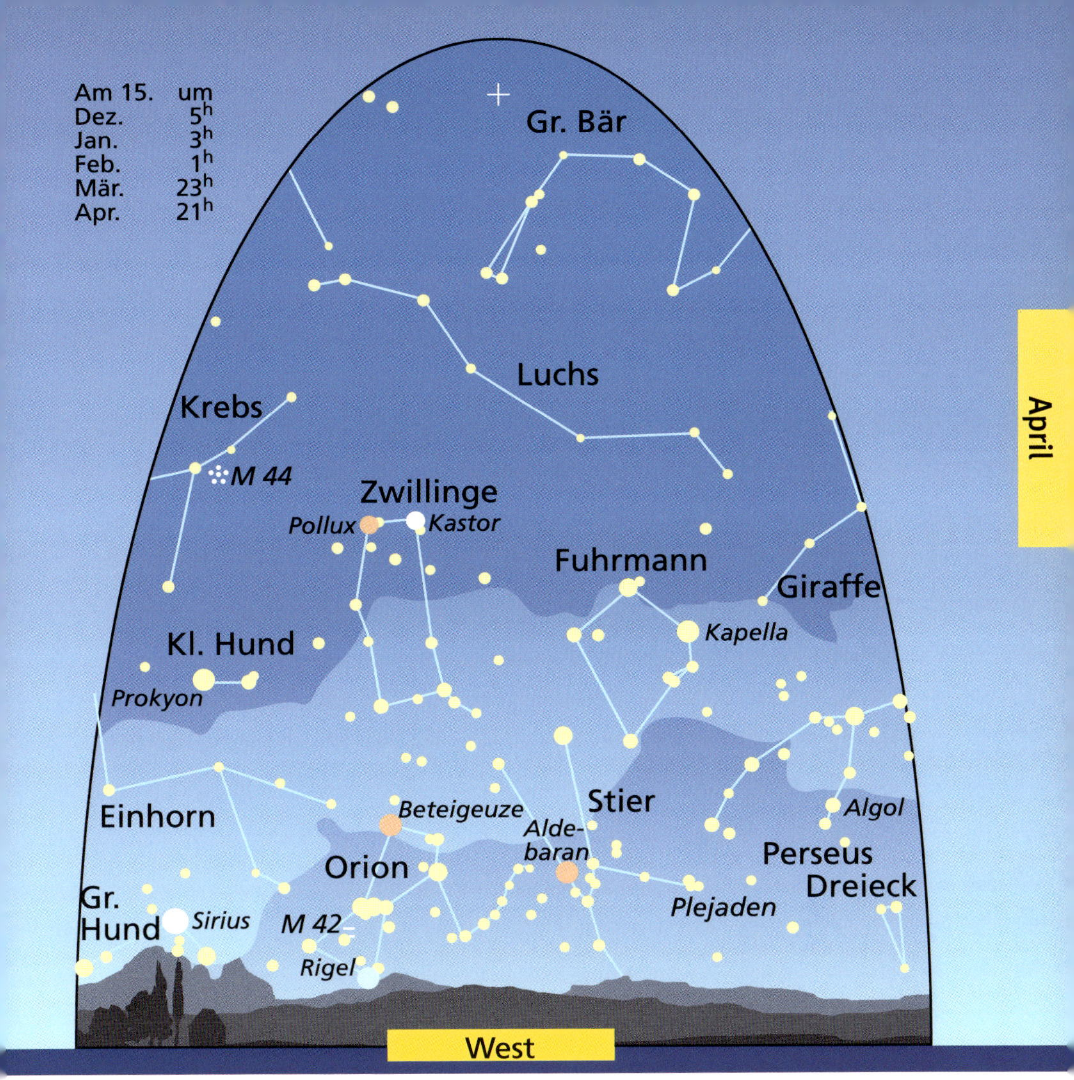

■ **Hoch am Himmel** gibt es keine helleren Sterne, nur der *Luchs* sowie die Pranken des *Großen Bären* sind hier zu finden.

■ **Halbhoch** haben sich die Figuren des Winterhimmels versammelt, deren Hauptsterne das große Wintersechseck bilden; es ist jetzt zum letzten Mal vollständig zu erkennen. Noch am höchsten stehen die *Zwillinge* mit Kastor und Pollux. Nach rechts folgt der *Fuhrmann* mit Kapella, links der *Kleine Hund* mit Prokyon, darunter das *Einhorn*.

■ **Horizontnah** schickt sich der *Orion* zum Untergang an. Rigel steht schon dicht am Horizont. Rechts daneben versinkt der *Stier* mit dem rötlichen Aldebaran und den Plejaden, das Siebengestirn, weiter links sind Teile des *Großen Hundes* bereits verschwunden. Ganz im NW sind noch das *Dreieck* und der *Perseus* zu finden.

■ **Die Milchstraße** spannt sich flach über den Westhorizont über Einhorn, Orion, Stier und Fuhrmann.

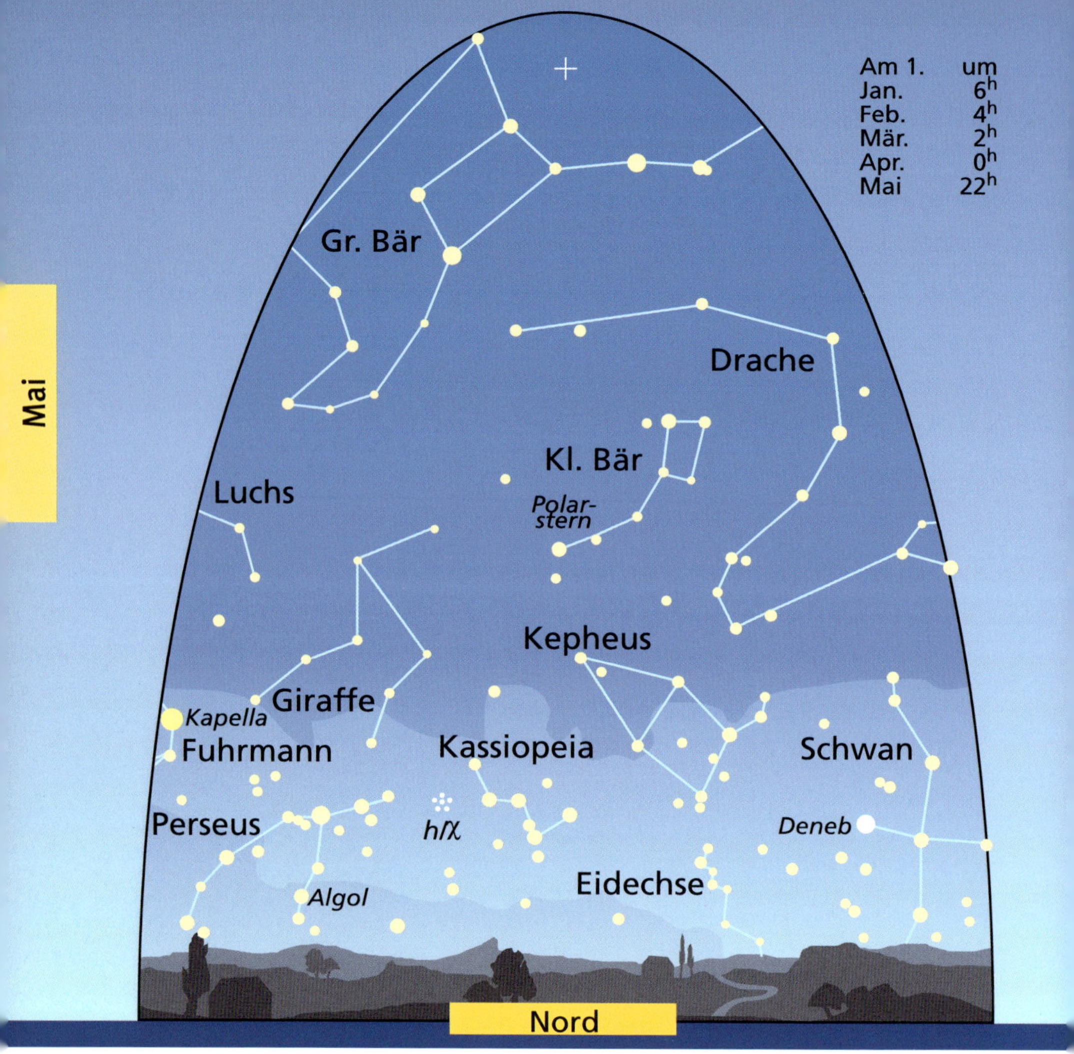

■ **Hoch am Himmel** dominiert noch immer der *Große Bär/Große Wagen*. Während aber der Bärenkopf im NW bereits wieder herabsteigt, hat der Schwanz im NO die Kulmination noch nicht erreicht. Darunter erkennt man den *Drachen*.

■ **Halbhoch** sinkt im NW die *Giraffe* langsam nach unten. Sie grenzt links an den *Fuhrmann*, nach rechts an den *Kleinen Bären/Kleinen Wagen*, der sich jetzt vom Polarstern aus nach rechts oben reckt.

■ **Horizontnah** steht die *Kassiopeia* fast in unterer Kulmination. Ihr folgt im NW der *Perseus*, der nun wie eine Wünschelrute aussieht. Nach rechts schließen sich der *Kepheus* und Teile der kleinen *Eidechse* an. Ganz im NO schließlich gewinnt Deneb im *Schwan* zunehmend an Höhe; im Augenblick ähnelt die Figur einem auf der Seite liegenden Kreuz.

■ **Die Milchstraße** verläuft wenig auffällig horizontnah von W nach O.

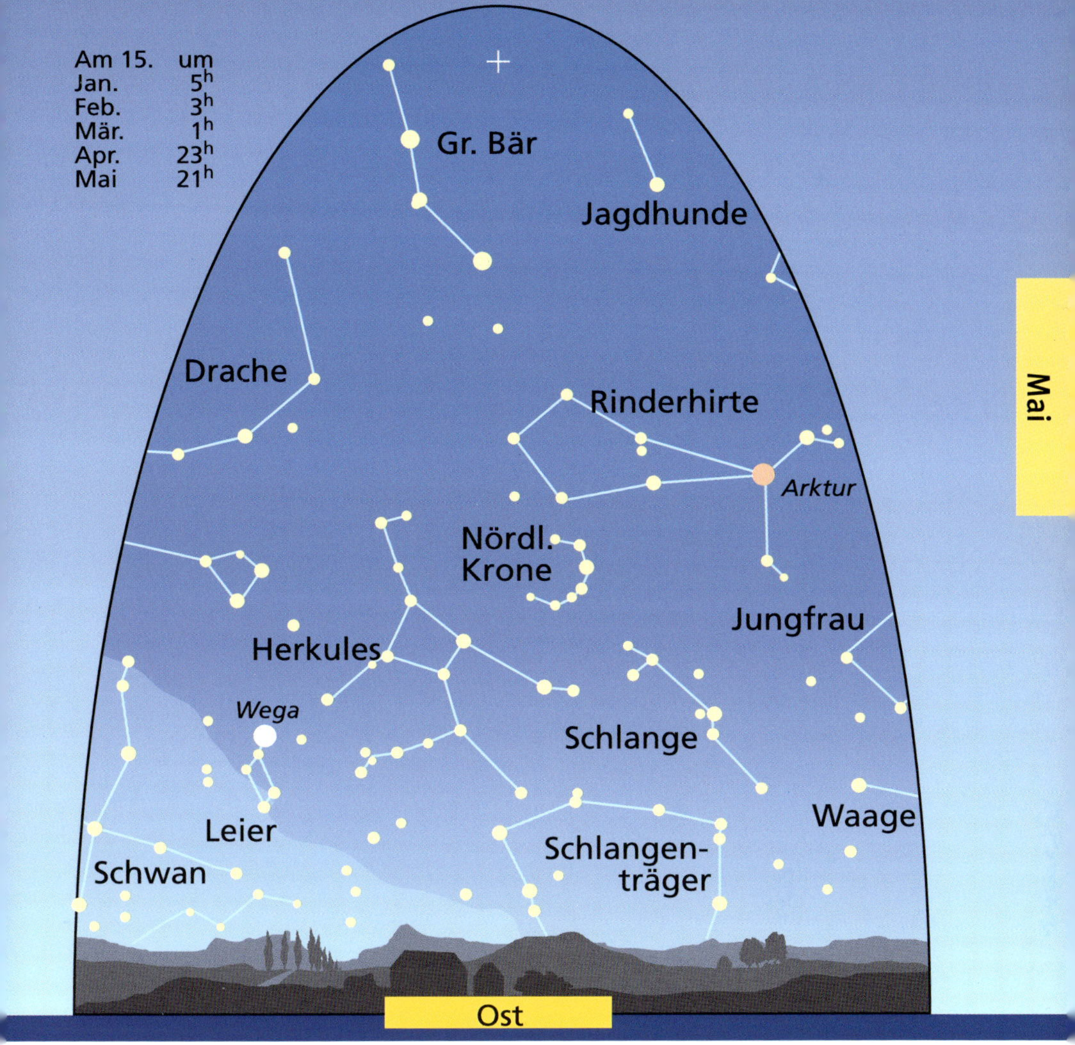

Mai

■ **Hoch am Himmel** finden wir die Deichsel des *Großen Wagens* und die *Jagdhunde*, ein kleines, unscheinbares Sternbild.

■ **Halbhoch** schwingt sich der *Rinderhirte* (Bootes) mit seinem orangefarbenen Hauptstern Arktur zum Beherrscher des Südhimmels auf, dicht gefolgt vom Halbrund der *Nördlichen Krone* und der großen, weit verzweigten Figur des *Herkules*. Auch der Kopf der *Schlange* ragt schon in diesen Bereich des Himmels hinein.

■ **Horizontnah** erkennen wir einen Großteil des ausgedehnten Sternbilds *Schlangenträger*. Rechts davon sind Sterne der *Waage* zu sehen. Links vom *Schlangenträger* findet man den *Schwan*, der mitunter auch „Kreuz des Nordens“ genannt wird. Es ist jetzt auf die linke Seite gekippt. Darüber leuchtet die weißblaue Wega im Sternbild *Leier*.

■ **Die Milchstraße** verläuft unauffällig über den O-Horizont, wo sie im *Schwan* erste Verdichtungen zeigt.

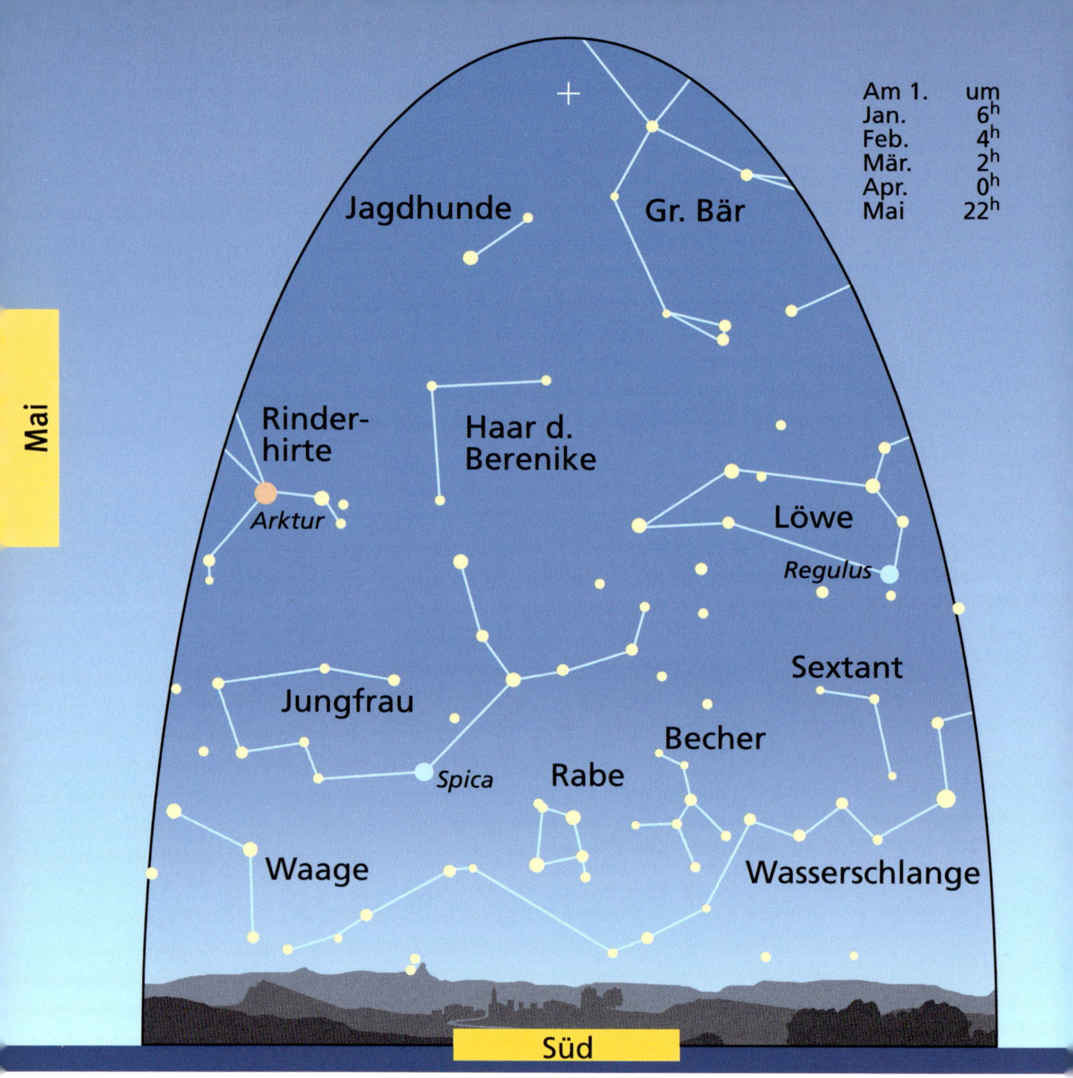

Hoch am Himmel stehen die *Jagdhunde*. Ferner schimmert das *Haar der Berenike* in einer an hellen Sternen armen Region. In dieser Gegend liegt der Pol der Galaxis, hier blicken wir also senkrecht aus der Milchstraßenebene hinaus.

Halbhoch sind jetzt die drei Eckpunkte des Frühlingsdreiecks versammelt: Regulus im *Löwen* schon weit im SW, Spica in der *Jungfrau* noch im SSO und Arktur im *Rinderhirten* (Bootes) hoch im SO. Die dazugehörigen Sternbilder bedecken 14 % des sichtbaren Himmels. Arktur, Regulus und Spica bilden das so genannte Frühlingsdreieck.

Horizontnah verläuft nun der lang gestreckte Körper der *Wasserschlange*, auf dem der *Rabe* und – weiter nach SW – der *Becher* und der *Sextant* ruhen. Darunter ragen im SO Teile des *Zentaur* über den Horizont; sein Hauptstern, α Centauri oder Toliman, geht aber erst für einen Beobachter jenseits von 29° nördlicher Breite auf.

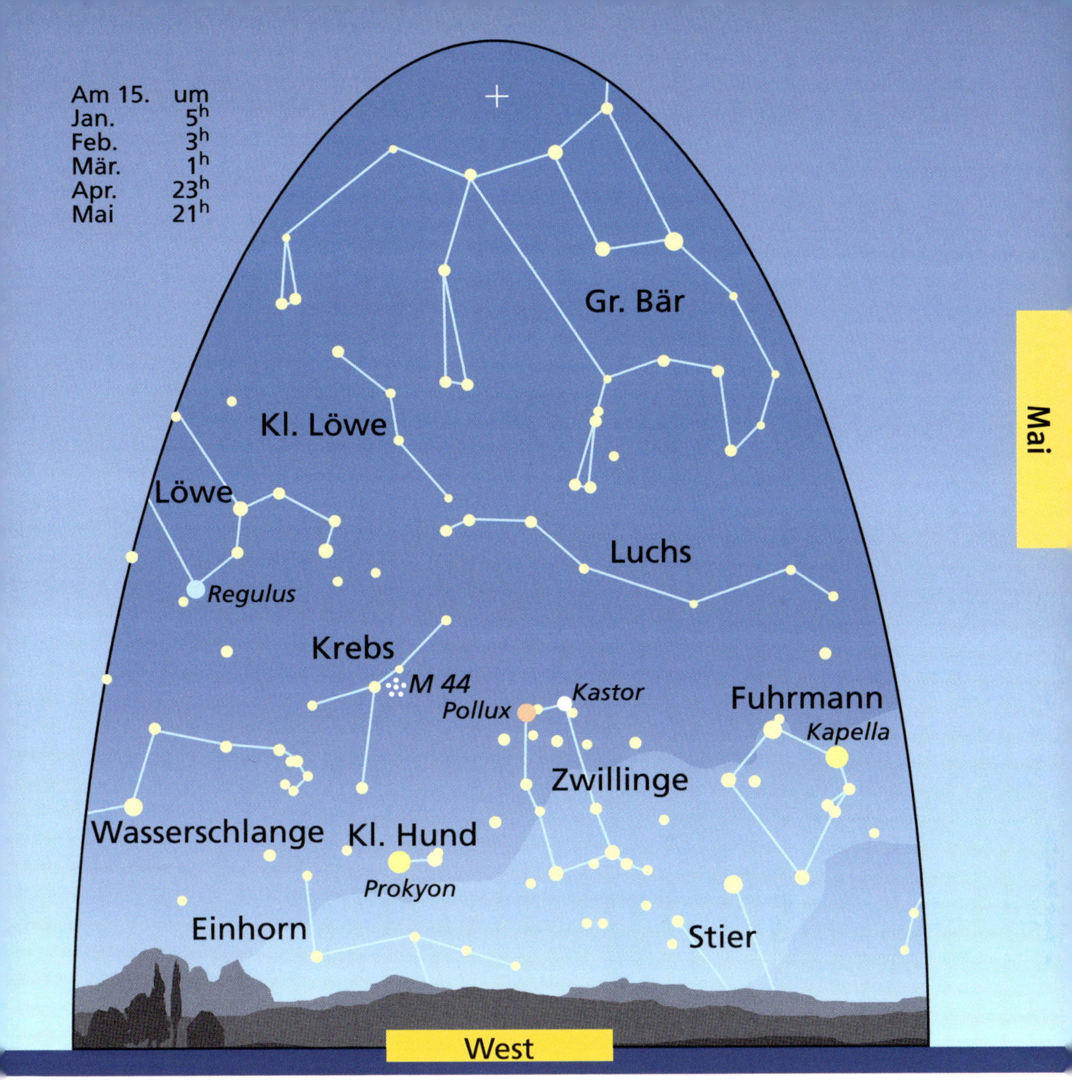

Mai

■ **Hoch am Himmel** treffen wir auf Kopf, Beine und den Rumpf des *Großen Bären*, in dem sich auch der Kasten des *Großen Wagens* befindet. Darunter streckt sich der *Luchs* fast parallel zum Horizont.

■ **Halbhoch** stehen noch der *Krebs* und die *Zwillinge* mit Kastor und Pollux, die jetzt fast nebeneinander erscheinen. Auch der Kopf des *Löwen* und der Vorderleib mit Regulus sind schon in diesen Teil des Himmels vorgerückt.

■ **Horizontnah** erkennt man noch den *Kleinen Hund* mit Prokyon und links daneben den Kopf der *Wasserschlange* mit Alphard, dem hellsten Stern dieser Figur. Das *Einhorn* unterhalb von Prokyon ist schon teilweise verschwunden. Nach NW hin schließen sich die Hörner des *Stiers* und darüber der *Fuhrmann* an.

■ **Die Milchstraße** verläuft nur flach über dem NW-Horizont und bietet zurzeit keinen eindrucksvollen Anblick.

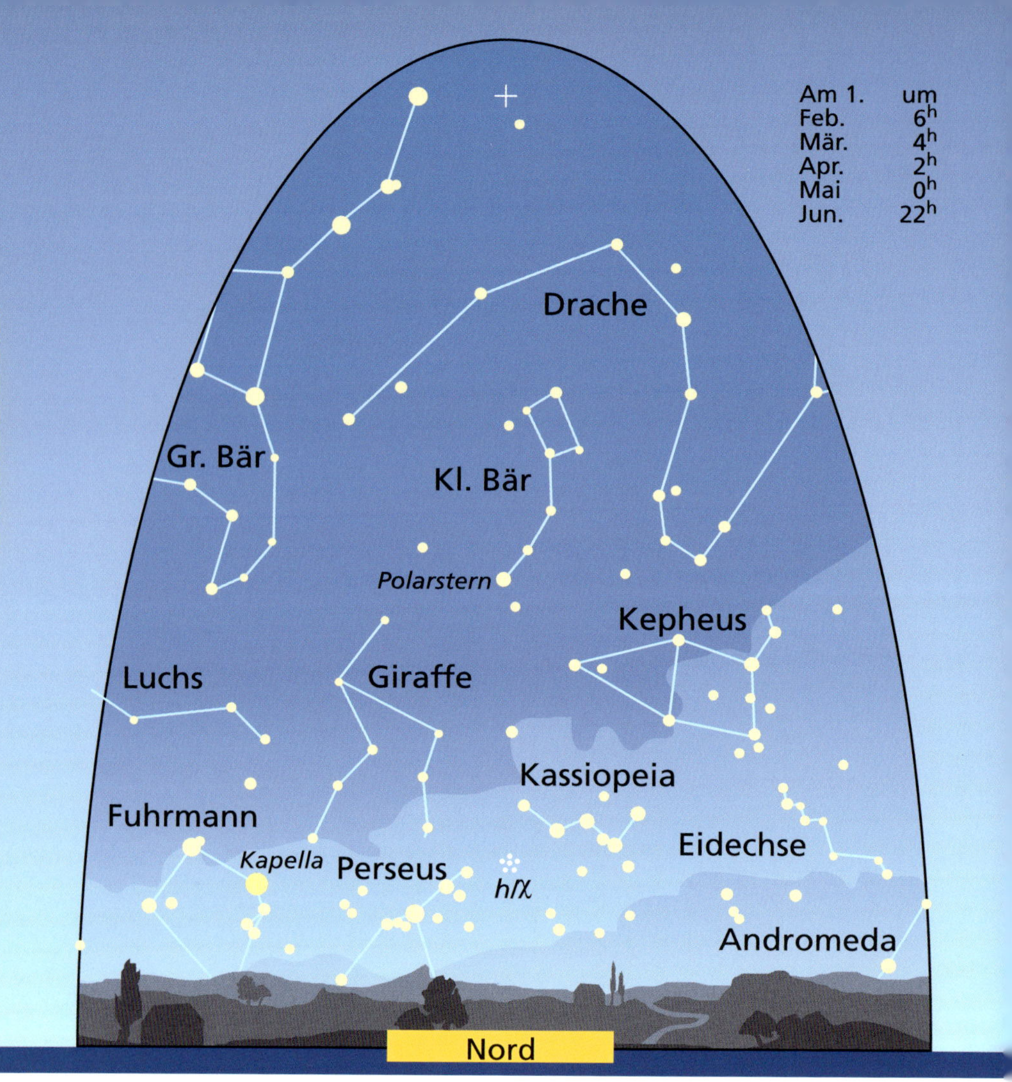

■ **Hoch am Himmel** reckt sich der *Kleine Bär/Kleine Wagen* dem Zenit entgegen. In der Zeit der „hellen Nächte“ wird man vielleicht nur den Polarstern und die hinteren Kastensterne finden. Rechts, oben und links lagert der *Drache*, der ihn gegen den *Großen Bären/Großen Wagen* abgrenzt.

■ **Halbhoch** sehen wir im NO den *Kepheus* emporsteigen. Seine Spitze zeigt nach links auf die *Giraffe* und weiter im NW auf den *Luchs*.

■ **Horizontnah** hat die *Kassiopeia* ihre Tiefststellung durchschritten, in der sie ganz klar als Himmels-W erscheint. Links darunter schleifen *Perseus* und *Fuhrmann*, die bei uns nur teilweise zirkumpolar sind, über den Horizont. Von der *Andromeda* schauen nur noch die nördlichsten Sterne hervor. Darüber lagert die kleine *Eidechse*.

■ **Die Milchstraße** verläuft vom NW-Horizont ziemlich flach und leicht ansteigend in Richtung NO.

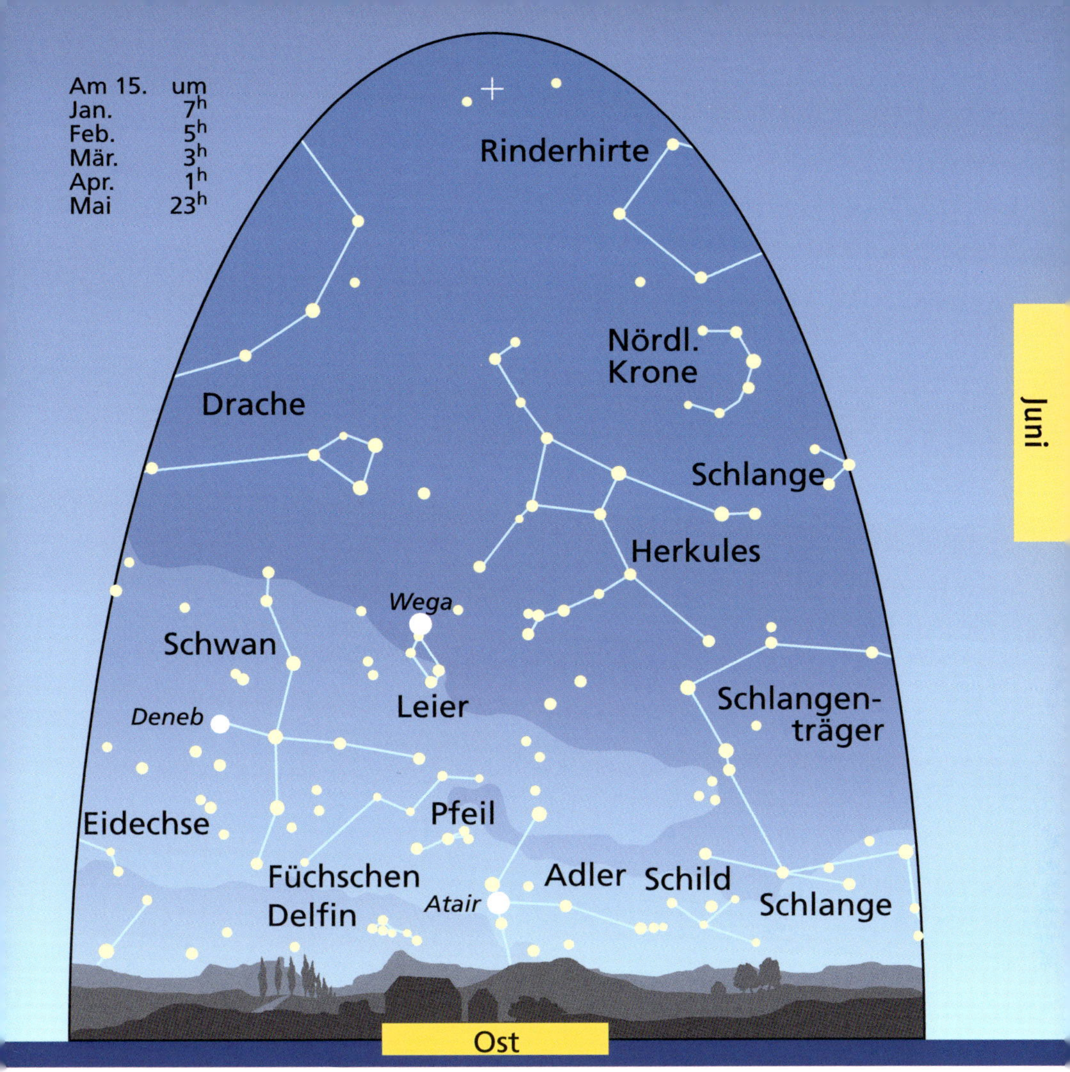

Juni

■ **Hoch am Himmel** finden wir die Spitze des *Rinderhirten* (Bootes), das Halbrund der *Nördlichen Krone* und ein Bein des mächtigen *Herkules*, der kopfüber am Himmel entlangzieht.

■ **Halbhoch** setzt sich die aus mehreren Vierecken zusammengefügte Figur des *Herkules* nach SO fort und stößt dort an den *Schlangenträger*. Im O und NO leuchten bereits zwei Eckpunkte des Sommerdreiecks: Wega in der *Leier* und Deneb im *Schwan*; dieses große „Kreuz des Nordens" liegt jetzt quer am Osthimmel.

■ **Horizontnah** steigt der dritte Stern des Sommerdreiecks empor, Atair im *Adler*. Links daneben erkennt man einige kleinere Figuren, den *Pfeil*, das *Füchschen* und den *Delfin*, während sich nach rechts der *Schild* und der Schwanz der *Schlange* anschließen.

■ **Die Milchstraße** erstreckt sich vom *Schwan* nach rechts unten zum Horizont in Richtung SO.

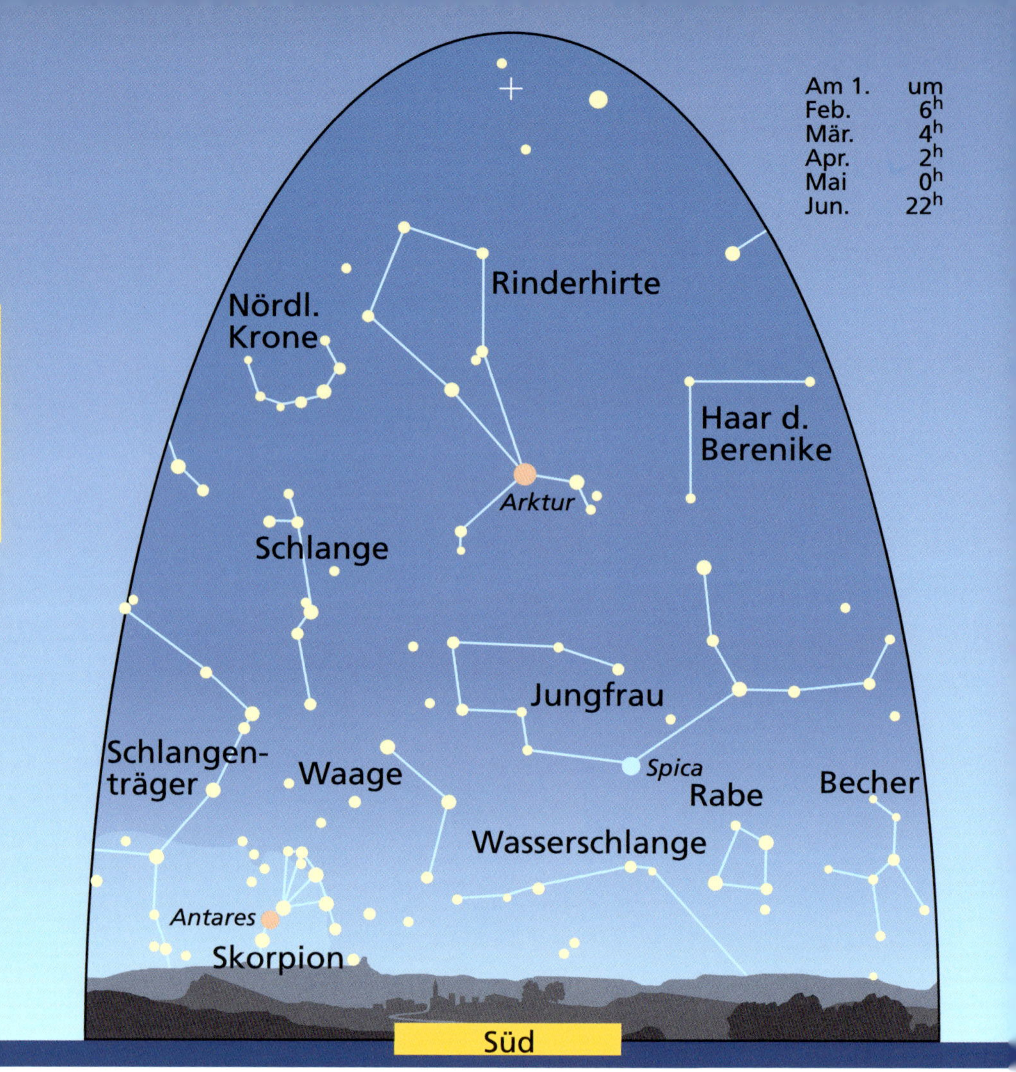

■ **Hoch am Himmel** dominiert jetzt der *Rinderhirte* (Bootes) mit seinem orangefarbenen Hauptstern Arktur. Rechts schließt sich die sternarme Gegend im *Haar der Berenike* an und links die *Nördliche Krone* mit ihrem hellsten Stern Gemma.

■ **Halbhoch** beherrscht das weitläufige Sternbild der *Jungfrau* die Szene; ihr Hauptstern Spica leuchtet bläulich. Weiter im SO treffen wir auf den Kopf der *Schlange* und Teile des *Schlangenträgers*.

■ **Horizontnah** darunter ist Antares, der rötliche Hauptstern im einprägsamen Sternbild *Skorpion* aufgegangen. Das Tier streckt seine Fühler nach rechts oben gegen die *Waage* aus; die Sterne der *Waage* gehörten früher als Scheren noch zum Sternbild *Skorpion*. Weiter rechts endet die lange *Wasserschlange*, auf deren Rücken die kleinen Sternbilder *Rabe* und *Becher* ruhen.

■ **Die Milchstraße** taucht im SO im Bereich des Sternbilds *Skorpion* auf.

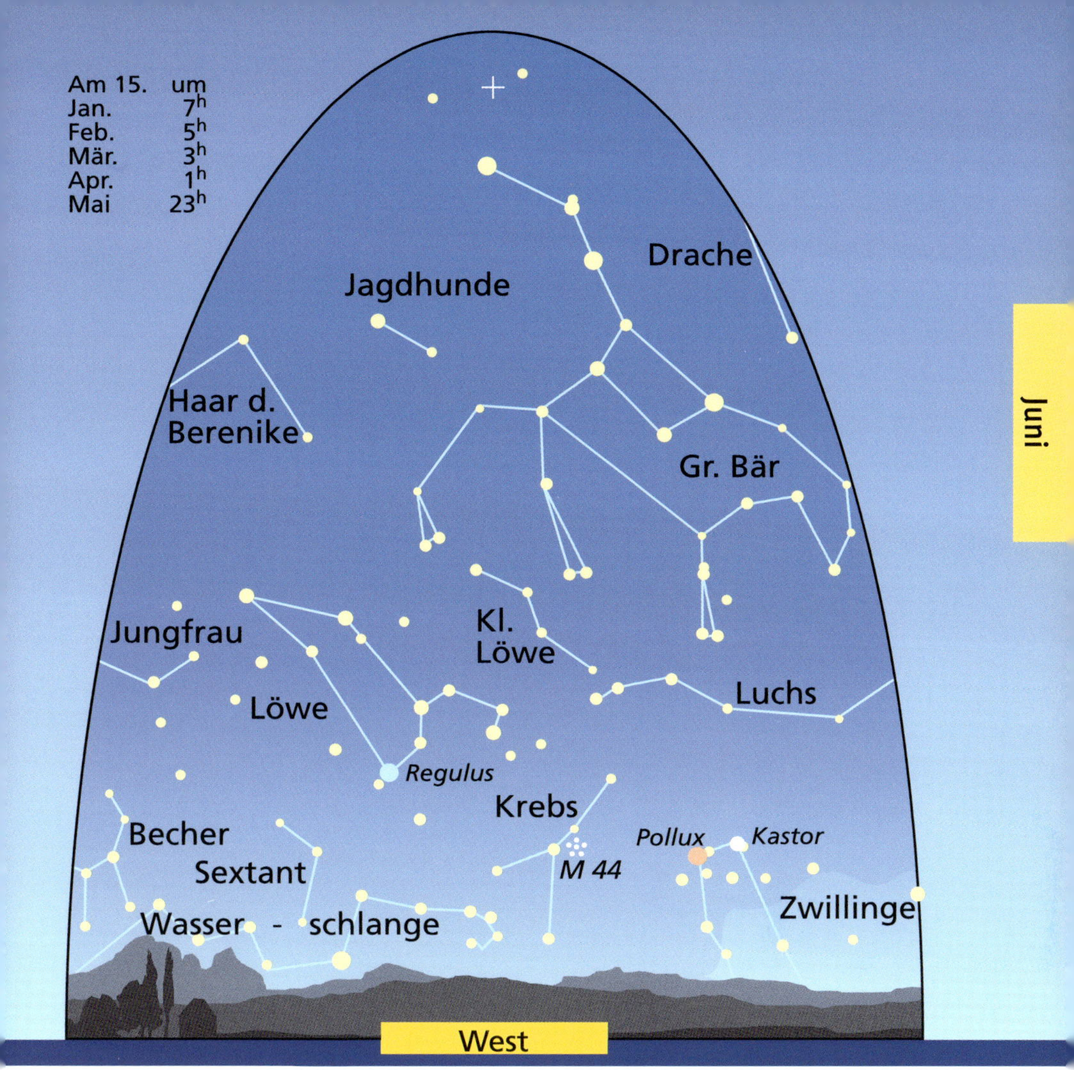

Hoch am Himmel sinkt der *Große Bär/ Große Wagen* langsam nach unten: Während die Deichselspitze fast noch an den Zenit heranragt, stehen die hinteren Kastensterne nur noch rund 60° hoch; der „Wegweiser" nach rechts zum Polarstern verläuft jetzt nur leicht nach unten geneigt. Links neben der Wagendeichsel lauern die *Jagdhunde*.

Halbhoch finden wir den Kopf und die Pranken des *Großen Bären*. Sie ruhen gleichsam auf dem Rücken des *Löwen*, der sich im SW auf seine Beute zu stürzen scheint, den *Kleinen Löwen* auf dem Rücken. Im NW schleicht sich der *Luchs* davon.

Horizontnah leuchten im NW Kastor und Pollux, die Hauptsterne in den *Zwillingen*, deren „Füße" schon untergegangen sind. Ihnen folgen der *Krebs* und weiter links die *Wasserschlange*, deren vorderer Rumpf jetzt fast parallel zum Horizont verläuft. Daneben ist auch das kleine Sternbild *Sextant* und links davon der *Becher* sichtbar.

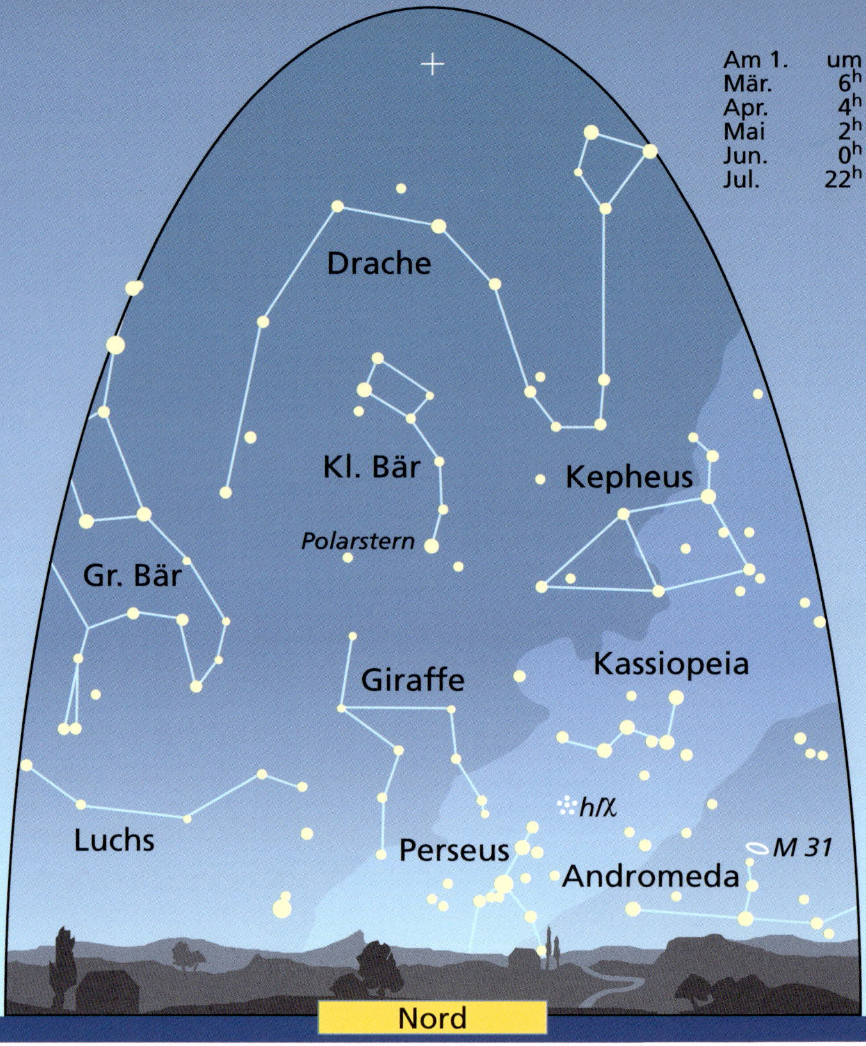

Hoch am Himmel ragt der *Kleine Bär/ Kleine Wagen* vom Polarstern aus steil aufwärts und kommt dem Zenit recht nahe. Noch etwas näher an den Scheitelpunkt stoßen aber einige Sterne des *Drachens*, der den *Kleinen Bären* rechts, oben und links umschließt. Auf der rechten Seite des Polarsterns finden wir auch den windschiefen Hausgiebel des *Kepheus*.

Halbhoch lagert rechts das „W“ der *Kassiopeia*; links daneben füllt die *Giraffe* eine an hellen Sternen arme Gegend aus, und ganz links ragt noch der Vorderleib des *Großen Bären* in unser nördliches Kartenfeld hinein. Darunter lauert der lichtschwache *Luchs*.

Horizontnah sehen wir den nördlichen Teil des *Perseus* und im NO taucht allmählich die Sternenkette der *Andromeda* auf.

Die Milchstraße steigt im N empor und zieht sich nach NO durch *Perseus*, *Kassiopeia* und *Kepheus* .

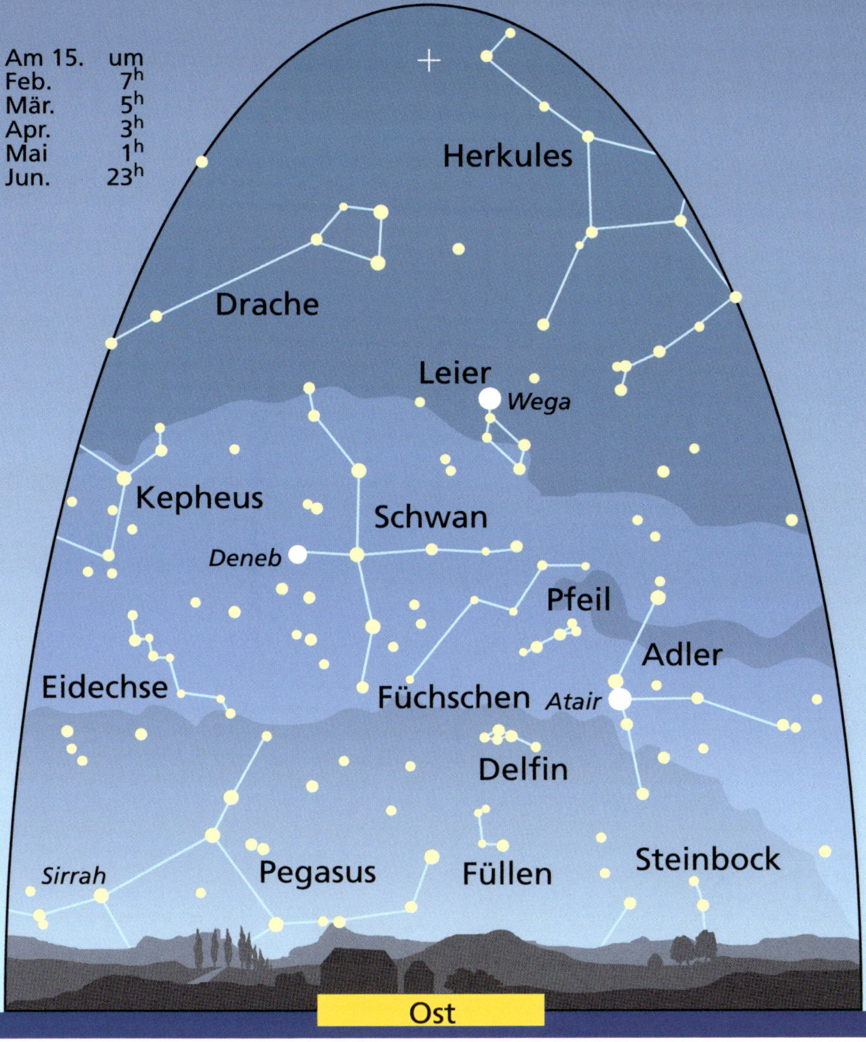

■ **Hoch am Himmel** finden wir die helle Wega in der *Leier* als oberen Eckpunkt des Sommerdreiecks. Näher an den Zenit ragen von links der Kopf des *Drachens* und von rechts die Füße des *Herkules* in unseren Kartenausschnitt hinein.

■ **Halbhoch** segelt der *Schwan* über den Himmel, der manchmal auch „Kreuz des Nordens" genannt wird; sein Hauptstern Deneb bildet den östlichen Eckpunkt des Sommerdreiecks. Rechts darunter steigt der *Adler* mit Atair, dem südlichen Eckpunkt des Sommerdreiecks, empor. Zwischen beiden findet man den *Pfeil*, das *Füchschen* und den *Delfin*.

■ **Horizontnah** im NO steht das noch nicht ganz vollständige Viereck des *Pegasus* und darüber das kleine Sternbild *Eidechse*. Weiter rechts beginnt der *Steinbock* seinen Aufstieg.

■ **Die Milchstraße** verläuft halbhoch über den O-Himmel.

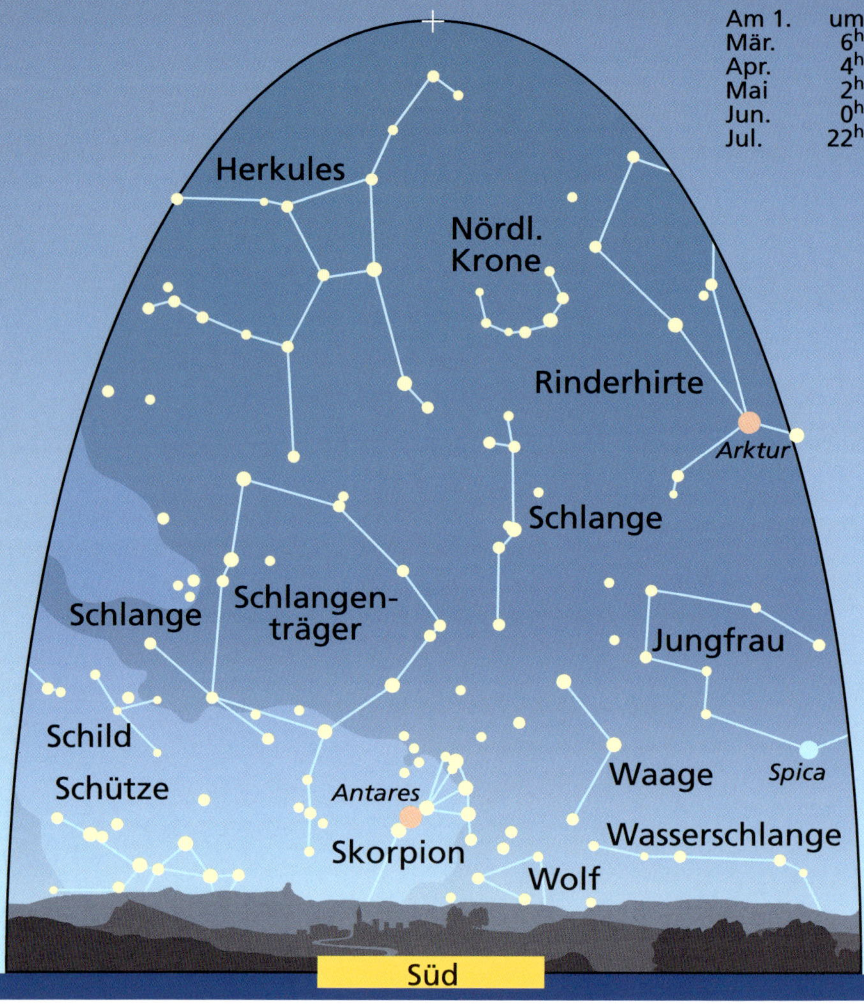

■ **Hoch am Himmel** beherrscht der *Herkules* die Szene im SO; das Sternbild erscheint aus mehreren Vierecken zusammengesetzt. Westlich davon erkennen wir die *Nördliche Krone*, an die sich nach rechts die lang gestreckte Figur des *Rinderhirten* (Bootes) mit dem orangefarbenen Arktur halbhoch im SW anschließt.

■ **Halbhoch** grenzt im SO der *Schlangenträger* von unten an den *Herkules*. Er trägt die *Schlange* in seinen Händen: Der Schlangenkopf ragt bis zur *Krone* auf, der Schwanz stößt im SO an den *Adler* (ganz links).

■ **Horizontnah** leuchtet im S der rötliche Antares, Hauptstern im *Skorpion*. Links davon taucht der *Schütze* auf, der an eine Teekanne erinnert. Nach SW hin erkennt man noch die *Waage*, einen Teil der *Jungfrau* mit Spica und den Schwanz der *Wasserschlange*.

■ **Die Milchstraße** mit ihren hellsten Teilen steigt im SO empor.

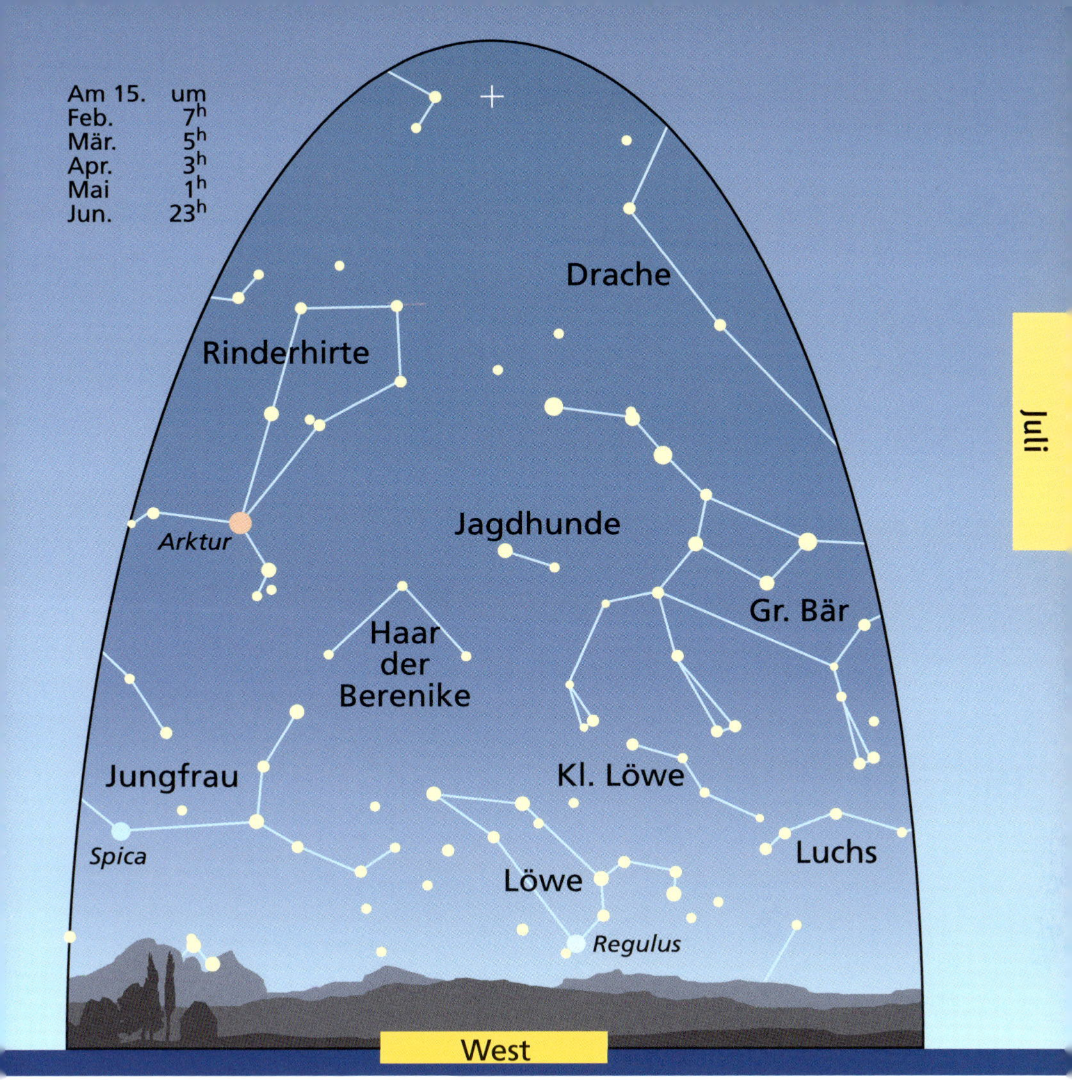

■ **Hoch am Himmel** finden wir nur wenige helle Sterne. Noch am nächsten an den Zenit reichen die Spitze des *Rinderhirten* (Bootes) und die Deichsel des *Großen Wagens*, die gleichzeitig den Schwanz des *Großen Bären* darstellt. Darunter stehen die *Jagdhunde* auf gleicher Höhe mit dem Hauptstern Arktur im *Rinderhirten*.

■ **Halbhoch** setzt sich die Sternleere des zenitnahen Raumes fort. Im Sternbild *Haar der Berenike* liegt der galaktische Nordpol: Hier blicken wir senkrecht aus der Ebene unseres Milchstraßensystems hinaus und unser Blick trifft nur auf wenige Sterne. Im *Haar der Berenike* befinden sich viele ferne Galaxien im so genannten Coma-Haufen.

■ **Horizontnah** bereitet sich der *Löwe* auf seinen Untergang vor, den *Kleinen Löwen* auf dem Rücken. Ihm folgt im SW die *Jungfrau* mit ihrem bläulichen Hauptstern Spica. Im NW lauert der *Luchs*, der von den Vorderpranken des *Großen Bären* „bedroht" wird.

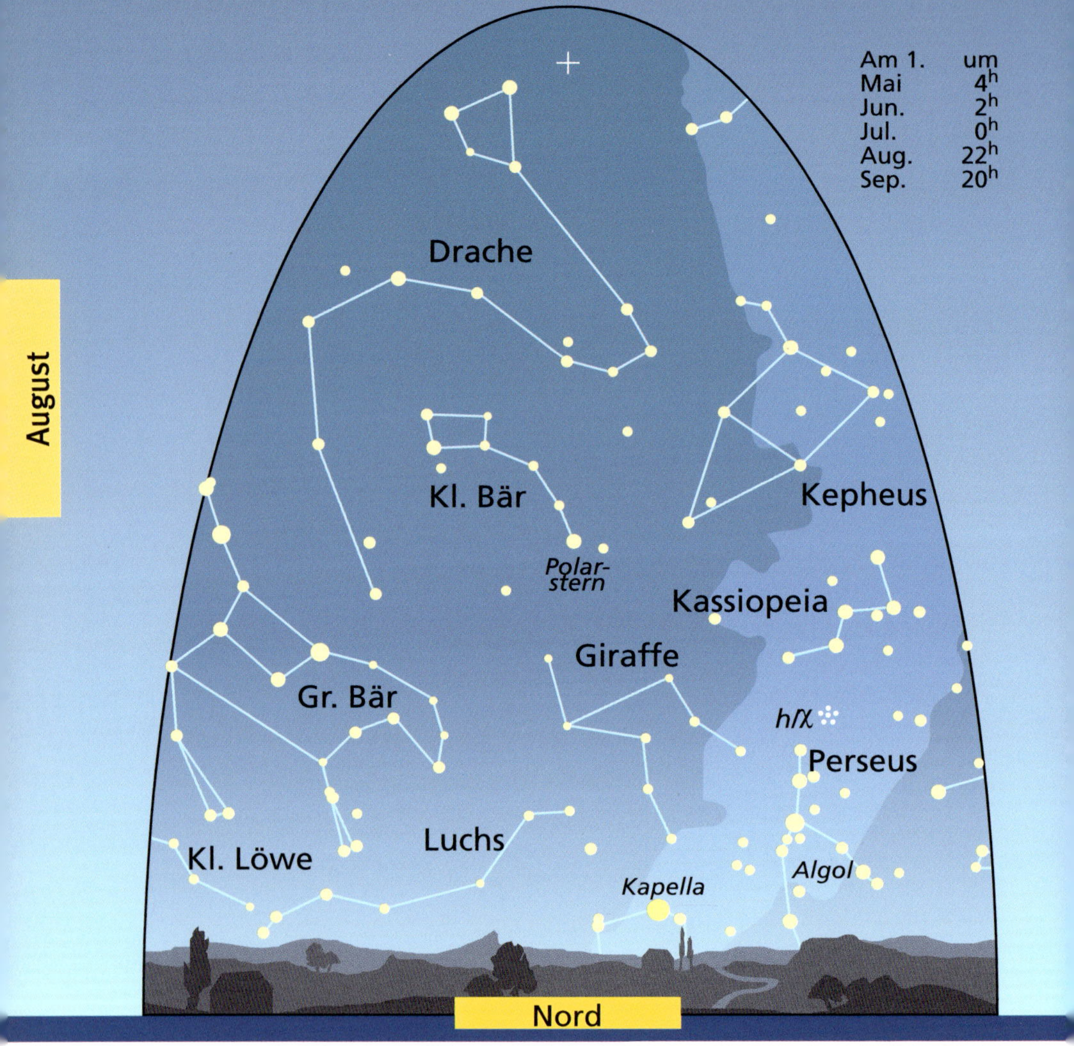

■ **Hoch am Himmel** schlängelt sich der weitläufige *Drache* entlang; sein durch ein kleines Sternviereck markierter Kopf steht noch ziemlich nahe am Zenit. Der hintere Drachenteil umschließt den *Kleinen Bären/Kleinen Wagen*, der sich vom Polarstern aus nach links oben erstreckt.

■ **Halbhoch** treffen wir im NO auf die *Kassiopeia* und – noch darüber – auf *Kepheus*, ihren Gemahl; seine Umrisse ähneln dem Giebel eines windschiefen Hauses. Zur Mitte hin folgt die *Giraffe*, die im NW fast bis an den *Großen Bären* heranreicht.

■ **Horizontnah** leuchtet Kapella im *Fuhrmann*, der allmählich wieder im NO aufsteigt. Ihm folgt im NW der *Luchs*. Schon wieder nahezu vollständig zu sehen ist im NO der *Perseus* mit Algol; er erinnert an ein auf dem Kopf stehendes „Y".

■ **Die Milchstraße** steigt vom Nordpunkt steil nach rechts oben auf und erreicht fast den Zenit.

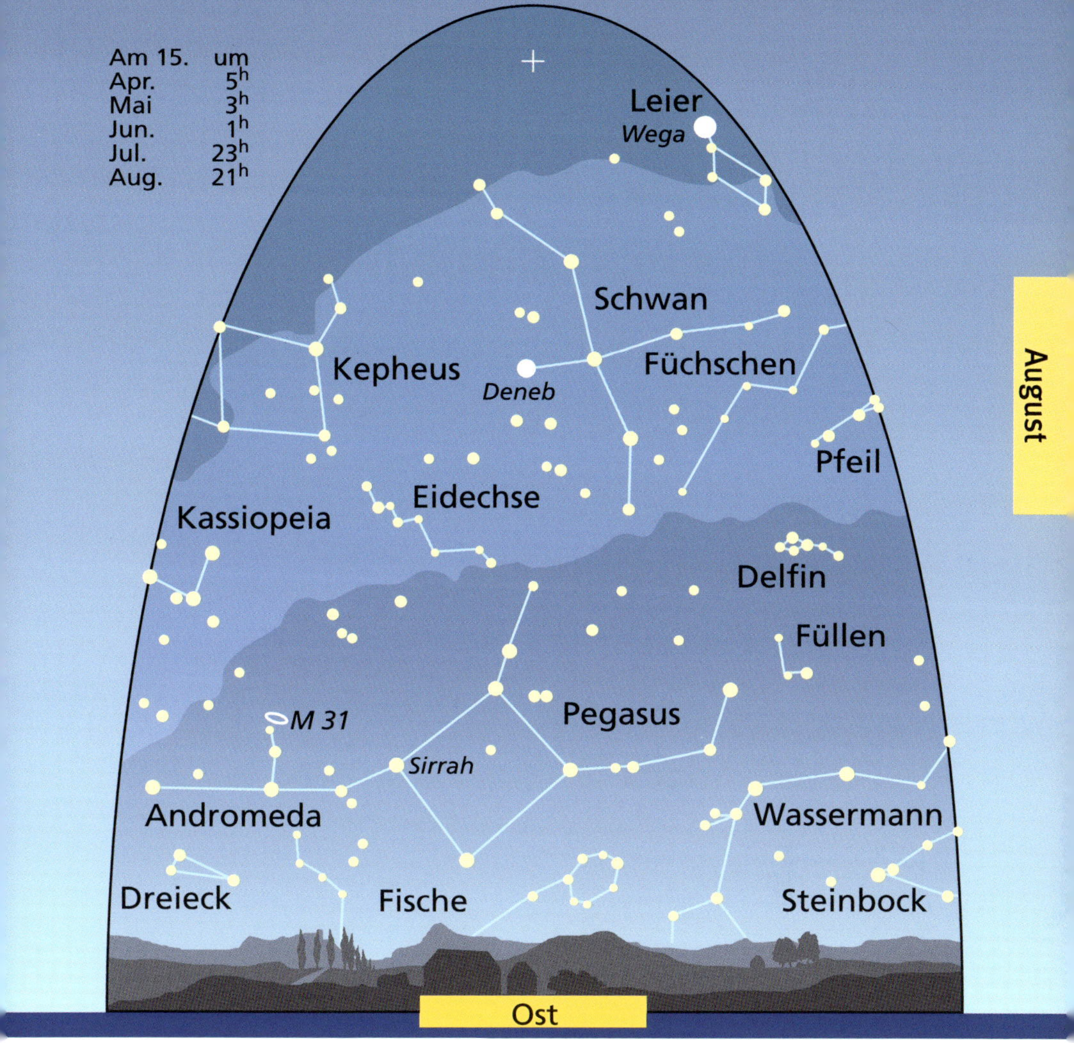

■ **Hoch am Himmel** hat der *Schwan* seine Schwingen ausgebreitet und segelt nach S davon. Deneb, der Schwanzstern, markiert eine Ecke im Sommerdreieck mit den Sternen Wega und Atair.

■ **Halbhoch** folgt mit dem *Pegasus* bereits das erste Herbststernbild in dieser Region. Das geflügelte Ross, das kopfüber am Himmel dahingleitet, streckt seine Vorderläufe weit in Richtung *Schwan*, während der Kopf im SO bis an den *Delfin* und das *Füllen* heranreicht. Zu erwähnen ist auch noch die *Eidechse*, die zwischen *Schwan*, *Kepheus* und *Pegasus* hindurchschlüpft.

■ **Horizontnah** rücken weitere Herbstfiguren nach: *Steinbock* und *Wassermann* im SO, die *Fische* im O sowie *Andromeda* und *Dreieck* im NO.

■ **Die Milchstraße** spannt sich von NO hoch über den Himmel durch den *Schwan*, wo sie durch Dunkelwolken zweigeteilt erscheint, bis nach S.

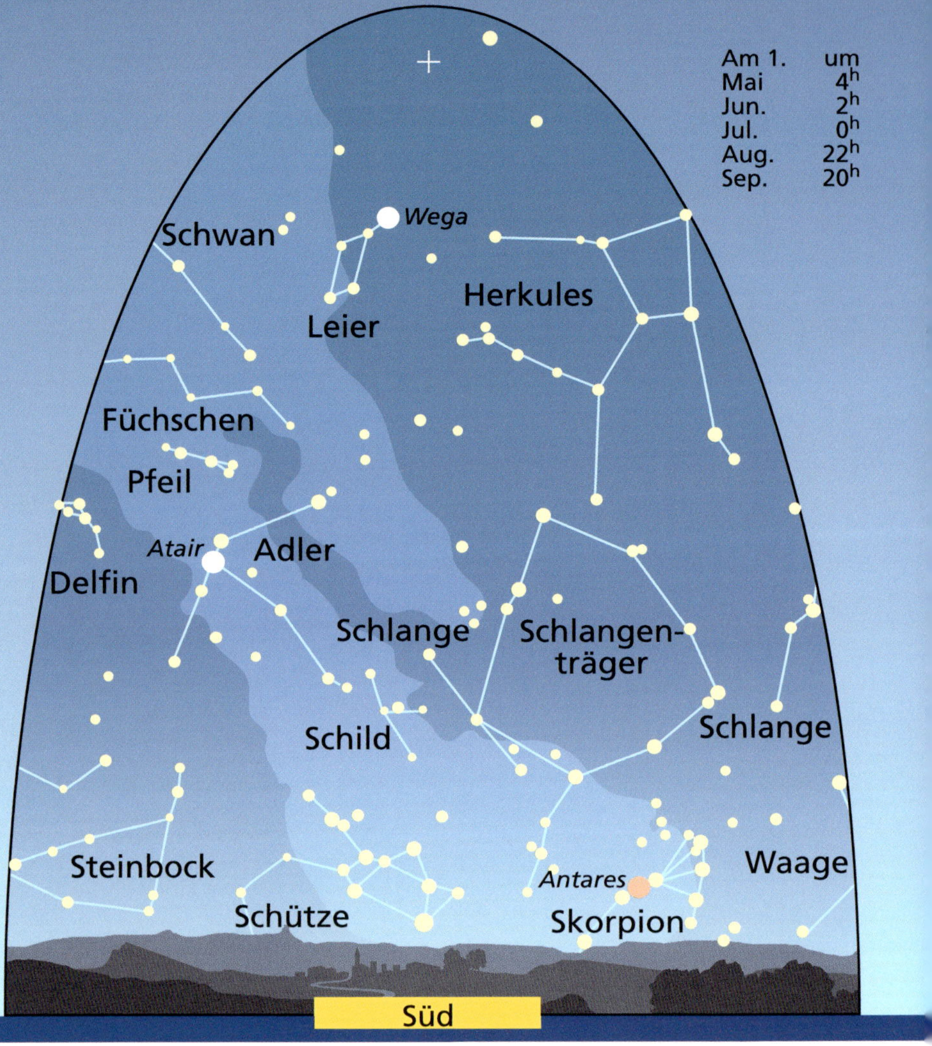

■ **Hoch am Himmel** leuchtet die helle Wega, Hauptstern in der *Leier* und nördlichster Eckpunkt des Sommerdreiecks. Das kleine Sternbild in Form eines Parallelogramms schließt sich nach links unten an. Rechts daneben beginnt der mächtige *Herkules* nun mit dem Abstieg.

■ **Halbhoch** dominiert im SW der *Schlangenträger*, eine große, aus wenig hellen Sternen umgrenzte Region relativer Sternleere. Die *Schlange* erscheint zweigeteilt: der Kopf rechts, der Schwanz links vom *Schlangenträger*. Noch weiter im SO steht der *Adler* mit Atair.

■ **Horizontnah** finden wir im SW noch den *Skorpion* mit Antares, im S den *Schützen* und im SO den *Steinbock*. Über dem *Schützen* leuchtet im *Schild* eine hellere Milchstraßenwolke.

■ **Die Milchstraße** zeigt uns jetzt ihre für nördliche Regionen eindrucksvollsten Zonen im *Schützen* (Zentrum) und im *Schild*.

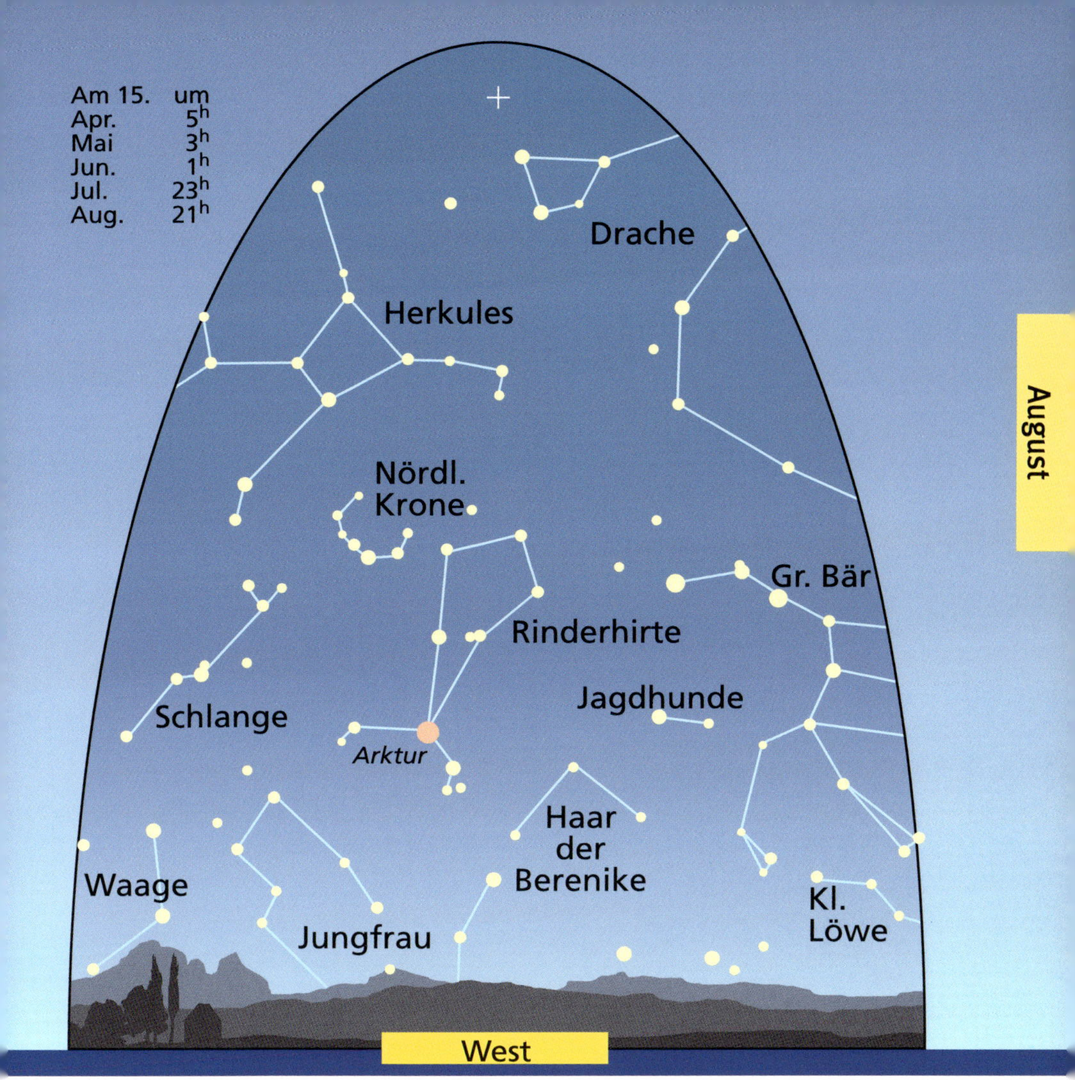

Hoch am Himmel wechselt der *Herkules* an den Westhimmel. Noch reicht ein Bein des kopfüber stehenden Helden bis nahe an den Zenit, seine nach unten ausgestreckten Arme sind jedoch nur noch etwa 50° hoch. Rechts davon erkennen wir den Kopf des *Drachens*.

Halbhoch sinkt der *Rinderhirte* (Bootes) allmählich nach unten; seine Umrisse erinnern jetzt an einen Papierdrachen, mit dem orangefarbenen Arktur am Schwanzansatz. Etwas höher noch leuchtet das einprägsame Halbrund der *Nördlichen Krone*, und links darunter ragt der Kopf der *Schlange* von S herüber. Weiter rechts erkennen wir ganz im NW Teile des *Großen Bären/Großen Wagens*. Etwas unterhalb der Deichsel des *Großen Wagens* befindet sich das kleine Sternbild *Jagdhunde*.

Horizontnah taucht die *Jungfrau* langsam weg, gefolgt im SW vom Sternbild *Waage*. Darüber schimmert das *Haar der Berenike*.

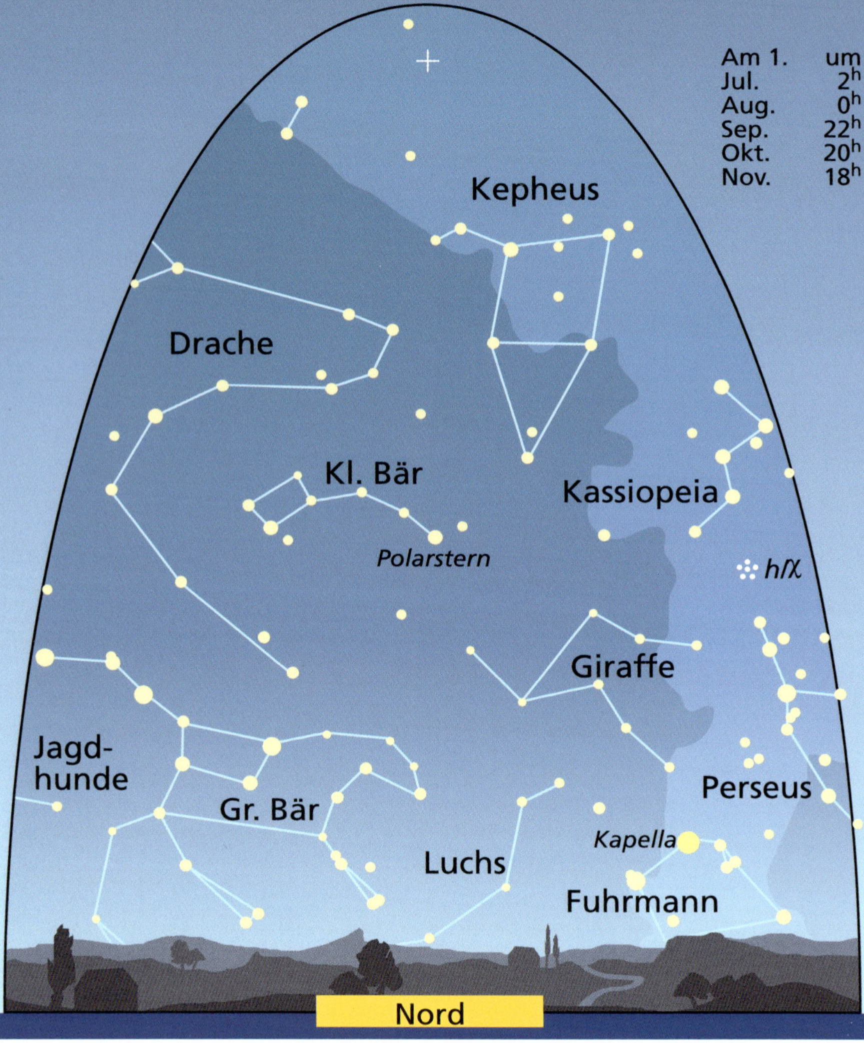

■ **Hoch am Himmel** regiert nun der *Kepheus*, er steht jetzt etwa auf der Spitze des Dachs. Nach links grenzt er an den *Drachen*, der den Kopf noch weit nach W reckt.

■ **Halbhoch** steht im O die *Kassiopeia*, die Gemahlin des *Kepheus*, die oft auch als Himmels-W bezeichnet wird. Ihre mittlere Spitze zeigt in Richtung zum Polarstern, von dem aus sich der *Kleine Bär/Kleine Wagen* westwärts wölbt. Rechts unterhalb des Polarsterns steht das Sternbild *Giraffe*.

■ **Horizontnah** ist im NO der *Fuhrmann* mit Kapella jetzt fast wieder vollständig zu erkennen. Rechts darüber steigt der *Perseus* immer höher, während im NW der *Große Bär/Große Wagen* seiner Tiefststellung entgegenstrebt: Er scheint bereits mit Vorder- und Hinterbeinen auf dem Horizont zu stehen. Genau im N ragen noch ein paar Sterne vom *Luchs* empor.

■ **Die Milchstraße** geht im NO mit dem *Fuhrmann* auf und zieht sich bis zum Zenit.

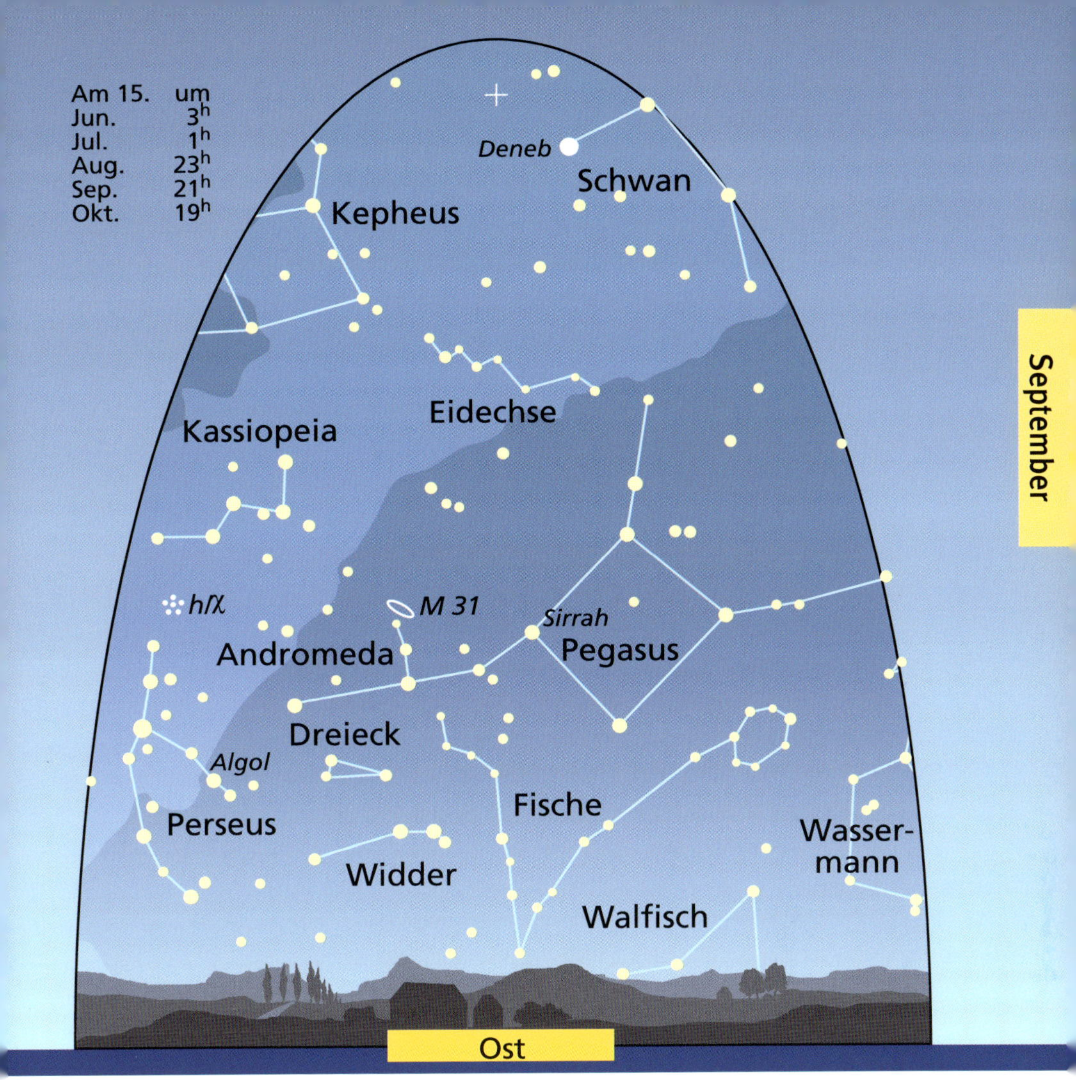

September

■ **Hoch am Himmel** suchen wir vergeblich nach hellen Sternen; nur die *Eidechse* und der *Kepheus* sind hier zu finden.

■ **Halbhoch** füllt der *Pegasus* einen Großteil des Osthimmels aus. Der linke obere Eckstern des *Pegasus*-Vierecks, gehört aber schon zur *Andromeda*, die sich nach links anschließt. Darüber erkennt man die markante Figur der *Kassiopeia*.

■ **Horizontnah** sind die beiden *Fische* jetzt vollständig zu sehen. Die nicht sehr hellen Sterne sind zu einem riesigen, aufgestellten „V" gruppiert. Im NO stehen das *Dreieck* und der *Widder* und links daneben der *Perseus* mit Algol; die Umrisse dieser Figur erinnern an eine leicht verbogene Wünschelrute. Unterhalb der *Fische* kündigt sich der *Walfisch* an, das Meeresungeheuer, dem die Königstochter *Andromeda* geopfert werden sollte.

■ **Die Milchstraße** steigt im NO durch *Perseus* und *Kassiopeia* steil empor.

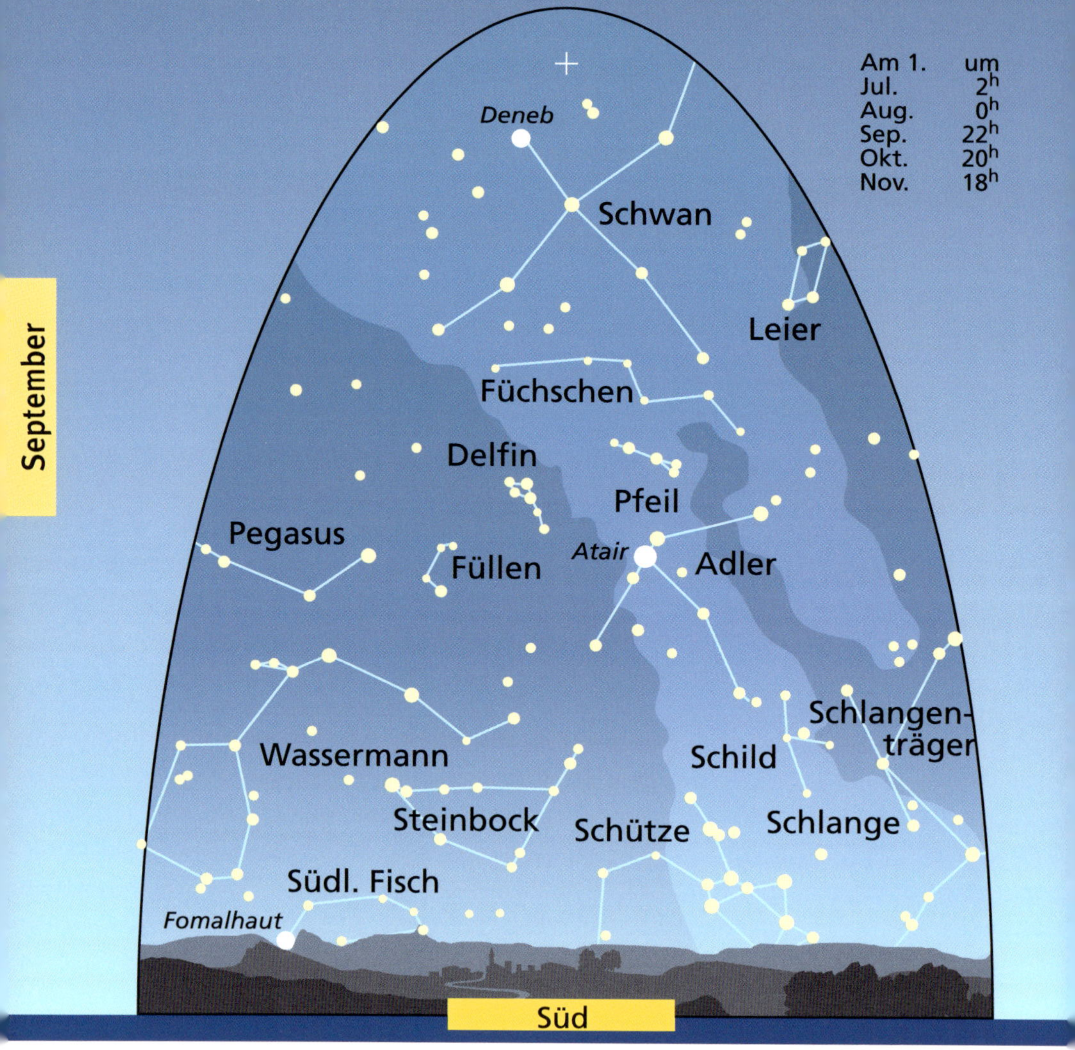

■ **Hoch am Himmel** segelt der *Schwan* langsam nach SW. Rechts oberhalb des Schwanenkopfs erkennt man noch das kleine Sternparallelogramm der *Leier*.

■ **Halbhoch** hat der *Adler* mit Atair den Meridian überschritten, nun steht das Sommerdreieck aus Atair, Wega und Deneb in der günstigsten Beobachtungsposition. Links und oben grenzt der *Adler* an die „Füllbilder" *Delfin* und *Pfeil* ; auch *Füchschen* und *Füllen* findet man hier.

■ **Horizontnah** wartet der *Steinbock* auf seine Kulmination, wie der *Wassermann* im SO kein sehr einprägsames Sternbild, das nur wenige helle Sterne enthält. Während im SW *Schütze* und *Schlangenträger* ihrem Untergang zustreben, ist tief im SO der *Südliche Fisch* mit dem weißlichen Fomalhaut aufgetaucht.

■ **Die Milchstraße** steigt vom Zenit nach SW herab und zeigt im *Schwan, Schild* und *Schützen* viele Strukturen.

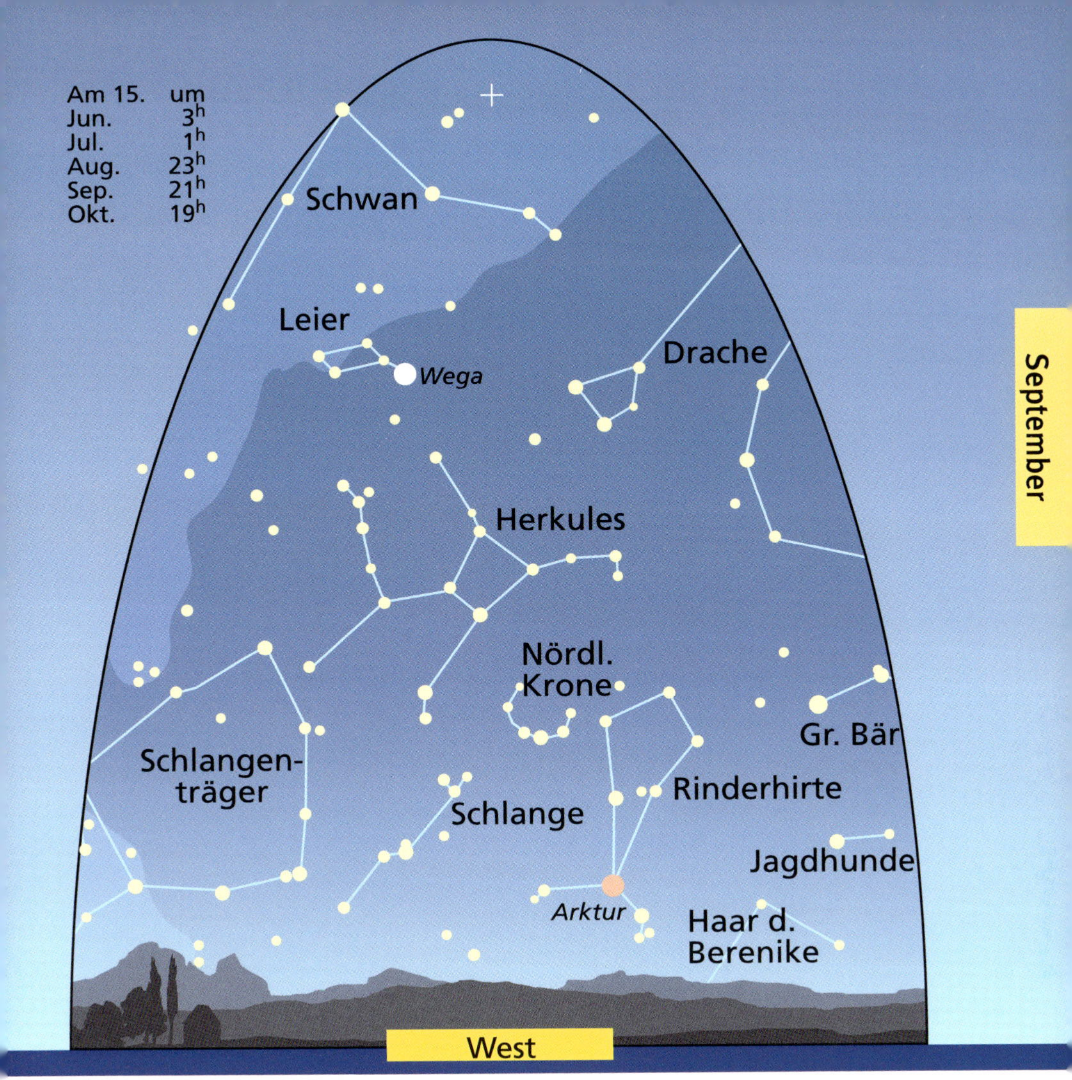

Hoch am Himmel strahlt im SW die helle Wega, der fünfthellste Stern am irdischen Firmament. Im NW reckt sich ihr auf gleicher Höhe der Kopf des *Drachens* entgegen; der Drachenleib schlängelt sich nach einem Bogen in nördlicher Richtung nach NW herunter.

Halbhoch beherrschen *Herkules* und *Schlangenträger* die Szene im SW, wobei Letzterer schon fast bis zum Horizont hinabreicht. In dieser Stellung wird deutlich, warum die Silhouette des *Herkules* gelegentlich auch mit den Umrissen eines Schmetterlings verglichen wird. Genau im W schwebt die *Nördliche Krone* neben der Spitze des *Rinderhirten*.

Horizontnah findet man im NW noch letzte Reste des Sternbilds *Haar der Berenike*. Darüber stehen die *Jagdhunde* und links davon der orangefarbene Arktur im *Rinderhirten* (Bootes). Weiter links schließt sich der Kopf der *Schlange* an.

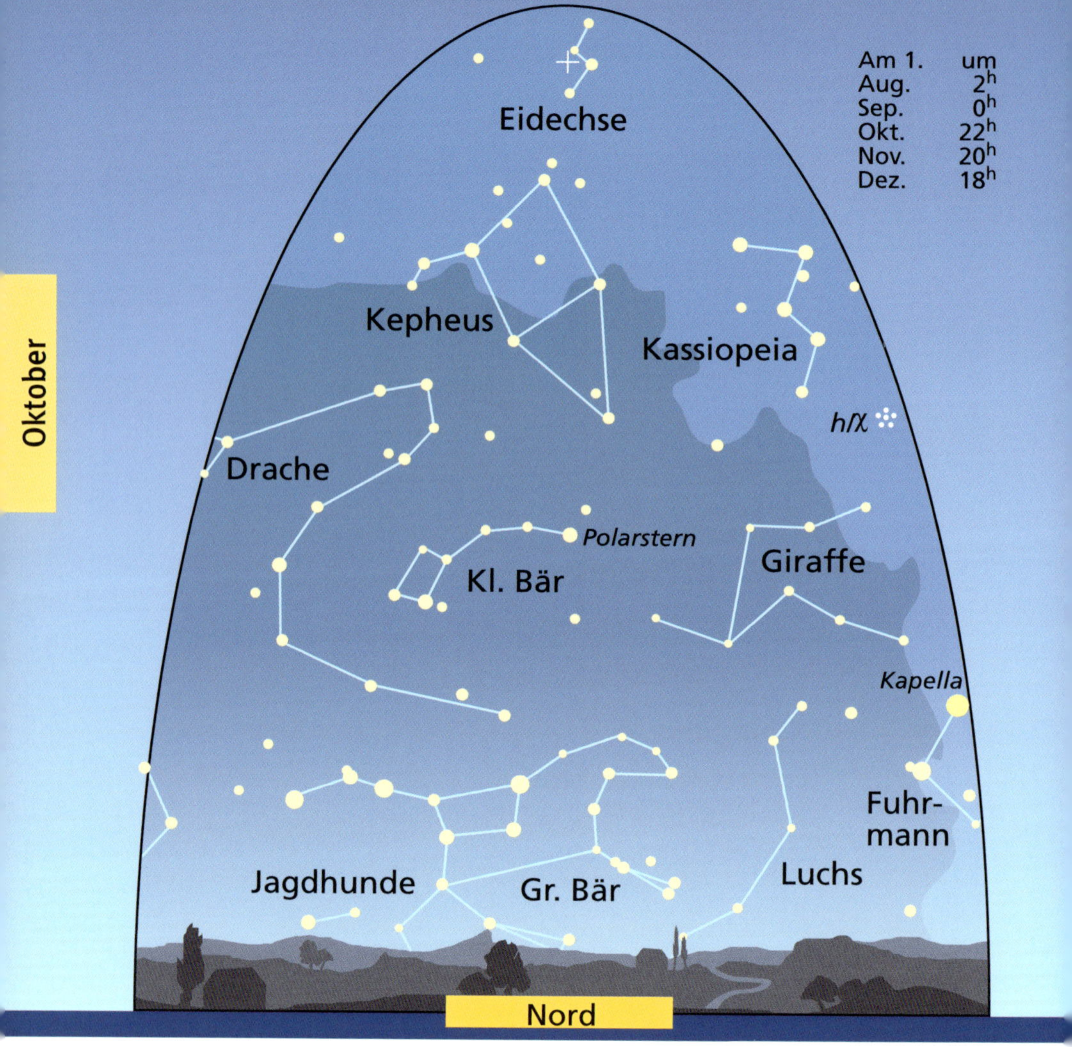

■ **Hoch am Himmel** finden wir den *Kepheus*, dessen hellere Sterne einen windschiefen Hausgiebel darzustellen scheinen. Nach rechts schließt sich die *Kassiopeia* an, die jetzt fast wie eine unbeholfen gekritzelte „3“ aussieht.

■ **Halbhoch** schwebt der *Kleine Bär/Kleine Wagen* links vom Polarstern. Nach NW grenzt er an den *Drachen*, der ihn von drei Seiten umgibt, nach NO an die *Giraffe*, die sich unterhalb der *Kassiopeia* befindet.

■ **Horizontnah** wandert der *Große Bär/Große Wagen* nach rechts – der Bär vorwärts, der Wagen, der sich aus dem hinteren Körper und dem (biologisch nicht korrekten) Schwanz zusammensetzt, dagegen rückwärts. Unter dem Bärenschwanz kauern die *Jagdhunde*, während rechts der *Luchs* unter dem Bärenkopf die Lücke bis zum *Fuhrmann* füllt.

■ **Die Milchstraße** verläuft vom Zenit steil nach unten zum NO-Horizont.

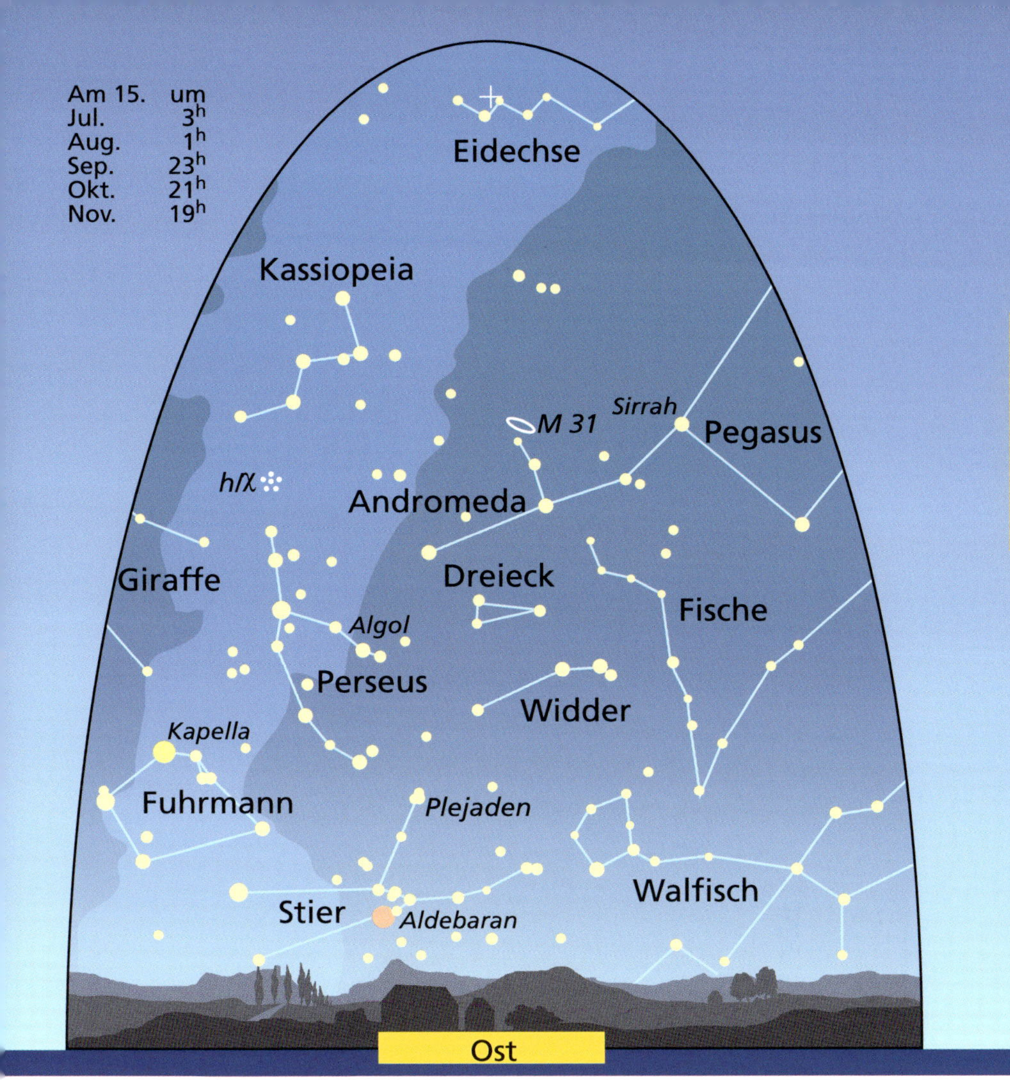

■ **Hoch am Himmel** strebt die *Kassiopeia* ihrer oberen Kulmination entgegen. Ansonsten ist dieser Bereich ziemlich arm an helleren Sternen.

■ **Halbhoch** steigt im NO der *Perseus* aufwärts; die Umrisse dieses Sternbilds erinnern an ein auf dem Kopf stehendes, etwas verbogenes „Y“. Nach rechts finden wir die Lichterkette der *Andromeda*, die an der linken oberen Ecke des Pegasus-Vierecks endet; darunter folgen mit *Dreieck* und *Widder* zwei kleine, unscheinbare Sternbilder. Wenig auffällig sind auch die *Fische*: Der östliche Fisch liegt zwischen *Dreieck* und *Pegasus* im SO, während der westliche schon weit nach S vorgerückt ist.

■ **Horizontnah** ist der *Walfisch* jetzt nahezu vollständig zu sehen. Nach NO kündigt der *Stier* mit den beiden Haufen der Plejaden und Hyaden um den Hauptstern Aldebaran herum den Winter an.

■ **Die Milchstraße** ragt im NO steil auf.

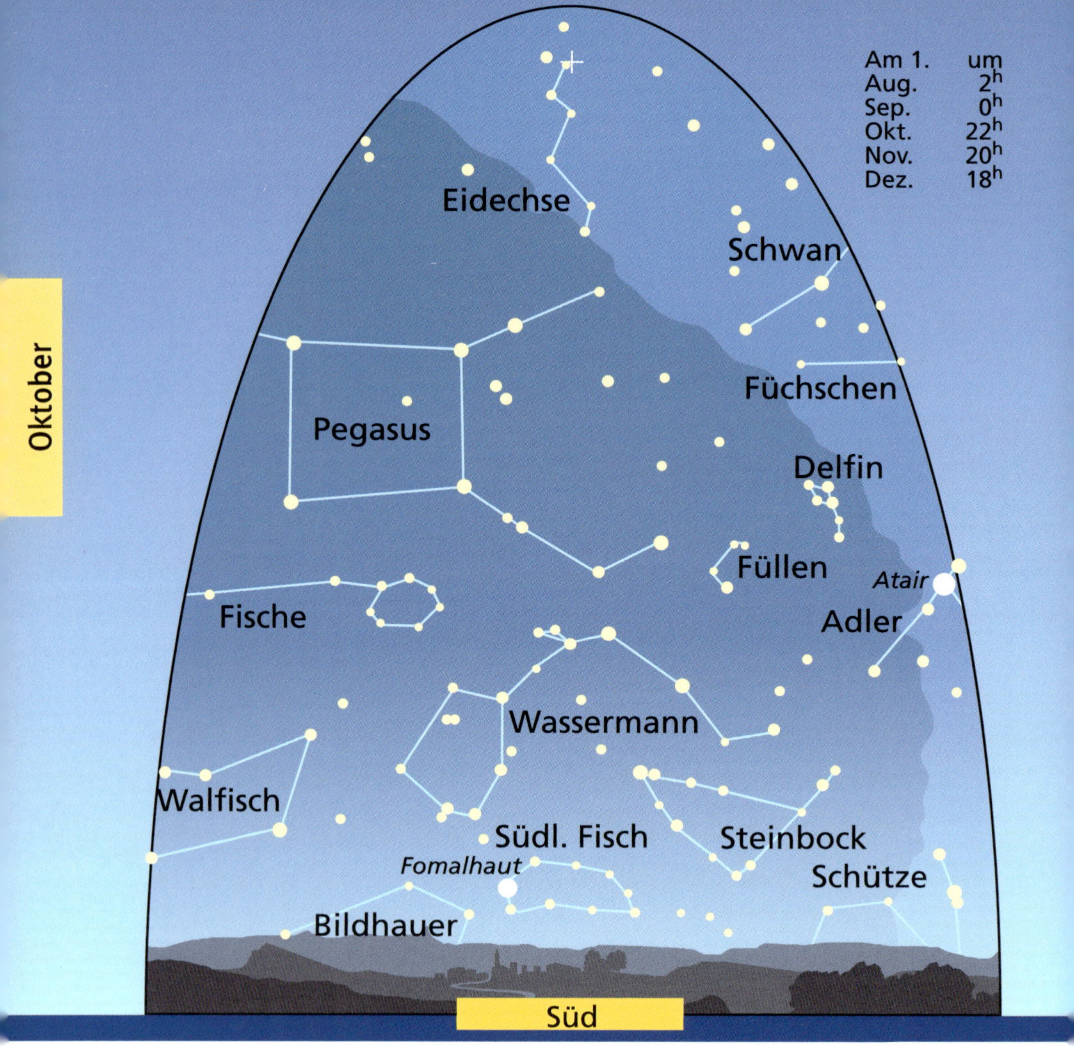

Oktober

■ **Hoch am Himmel** füllen die nicht besonders hellen Sterne der *Eidechse* den Bereich zwischen einer Schwinge des *Schwans*, dem *Pegasus* und dem *Kepheus*. Darunter übernimmt der *Pegasus* die Hauptrolle am Südhimmel.

■ **Halbhoch** finden wir im SW, gleichsam vor den Nüstern des geflügelten Pferdes, die kleinen Sternbilder *Füllen* und *Delfin*, die nach rechts an den *Adler* grenzen. Unter dem Pegasus-Viereck wird der westliche *Fisch* durch einen kleinen Sternring angedeutet, und rechts darunter erhebt sich der *Wassermann* in einer an helleren Sternen armen Gegend.

■ **Horizontnah** leuchtet ziemlich einsam Fomalhaut, der Hauptstern im *Südlichen Fisch*. Das Sternbild erstreckt sich nach rechts bis unter den *Steinbock*. Im SW erkennt man noch Teile des *Schützen*, während im SO das Sternbild *Walfisch* ins Blickfeld wandert.

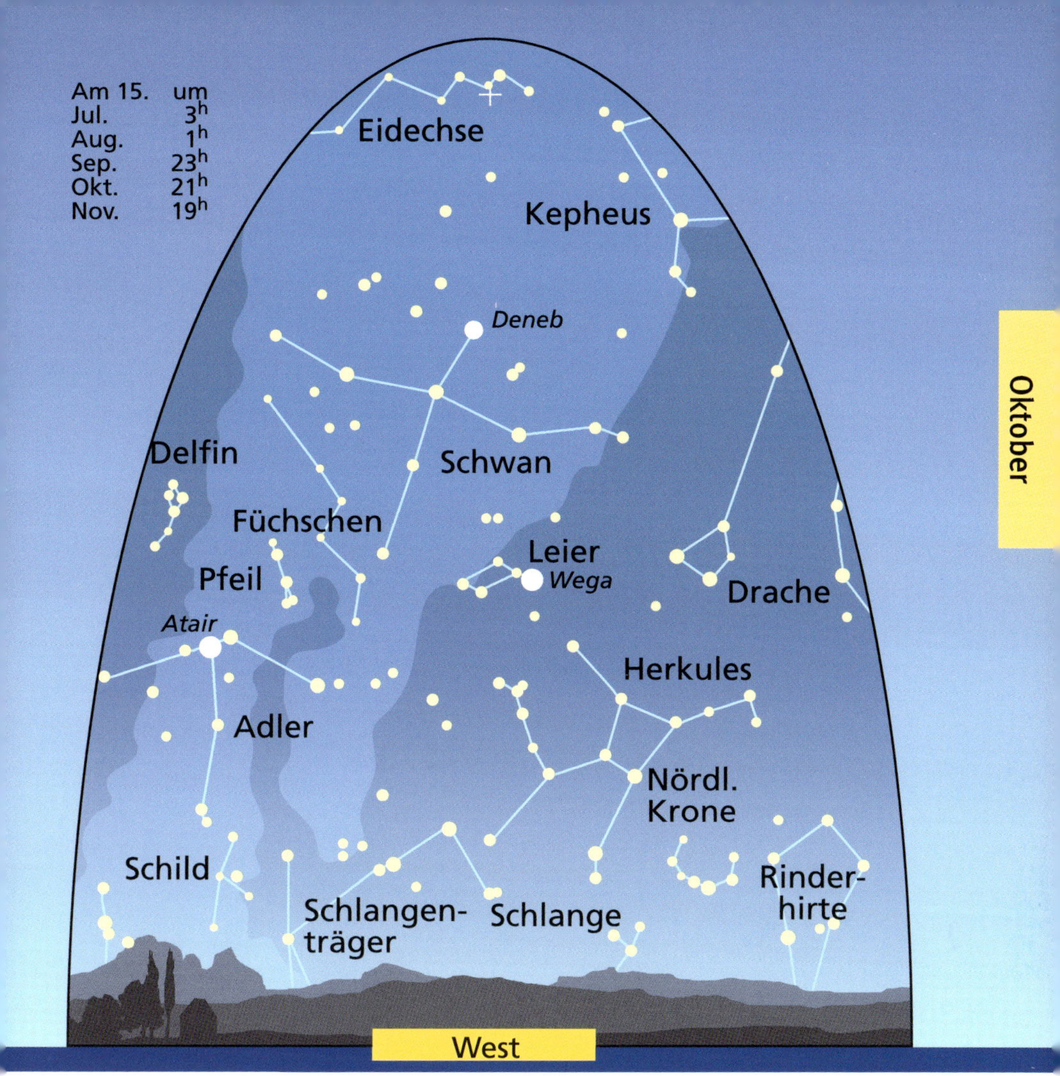

Oktober

■ **Hoch am Himmel** beherrscht der *Schwan* die Szene; sein lang gestreckter Hals weist jetzt nach unten zum Horizont, und in dieser Stellung wird klar, warum das Sternbild mitunter auch „Kreuz des Nordens“ genannt wird.

■ **Halbhoch** leuchten im W die Wega, Hauptstern der kleinen *Leier*, und im SW Atair im *Adler*. Zusammen mit Deneb bilden sie das Sommerdreieck, das sich jetzt ganz auf den Westhimmel zurückgezogen hat. Der kopfüber dahinziehende *Herkules* streckt im NW eines seiner Beine dem Kopf des *Drachen* entgegen.

■ **Horizontnah** strebt die *Nördliche Krone* unterhalb von *Herkules* ihrem Untergang zu, während der *Rinderhirte* (Bootes) sowie *Schlangenträger* und *Schlange* bereits teilweise verschwunden sind.

■ **Die Milchstraße** verläuft vom Zenit steil nach SW und zeigt im *Schwan* und *Schild* reiche Struktur.

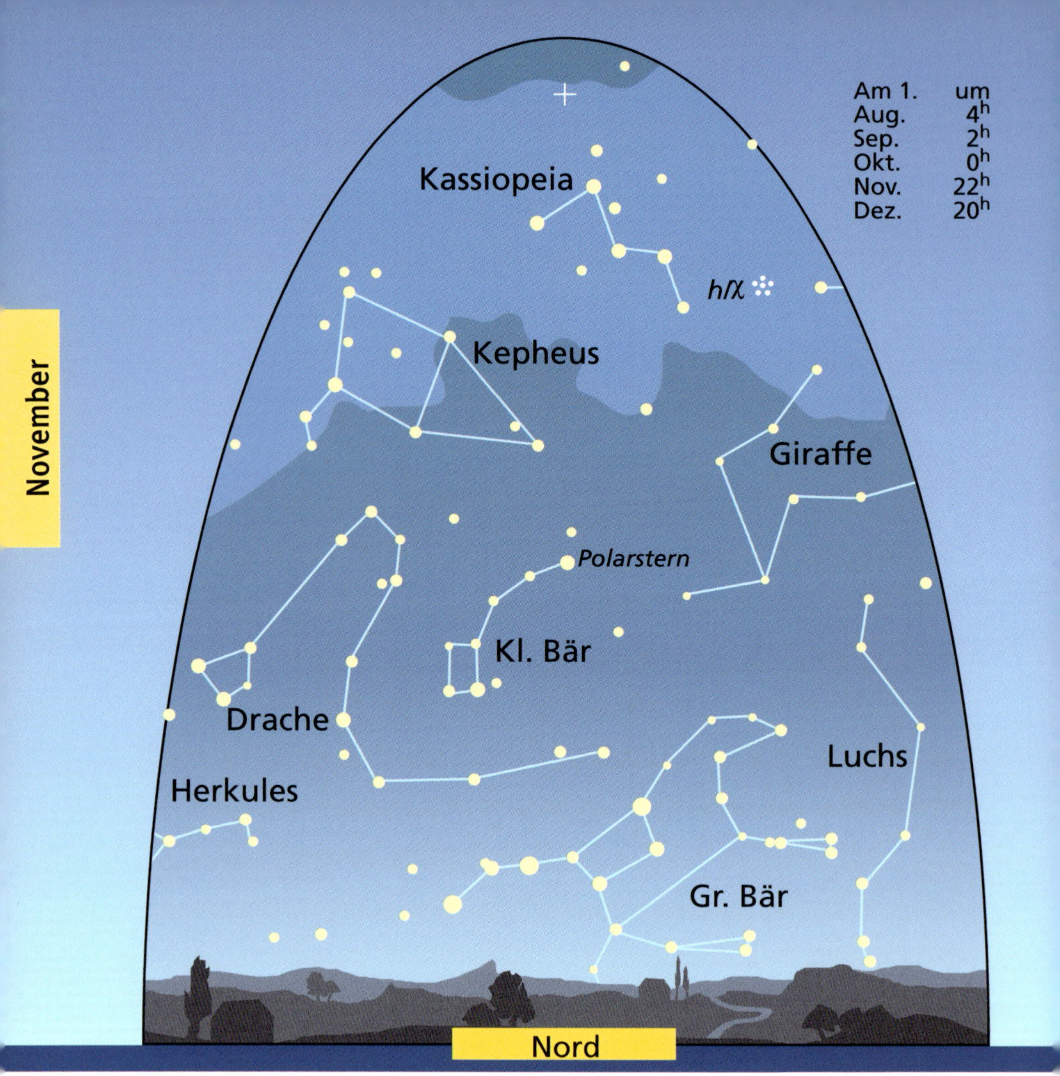

■ **Hoch am Himmel** ragt das Himmels-W *Kassiopeia* jetzt fast an den Zenit heran; in dieser Stellung gleicht das Sternen-Zickzack jedoch eher dem Buchstaben „M“. Nach links schließt sich der *Kepheus* an.

■ **Halbhoch** windet sich der *Drache* von NW zunächst in Richtung *Kepheus*, um dann nach unten abzuknicken und den *Kleinen Bären/Kleinen Wagen* einzuschließen. Die beiden hinteren Kastensterne des *Kleinen Wagens* liegen jetzt fast parallel zum Horizont. Rechts vom Polarstern, dem Hauptstern des *Kleinen Bären*, beginnt das sternarme Bild der *Giraffe*, die bis weit nach NO reicht.

■ **Horizontnah** beginnt der *Große Bär/Große Wagen* wieder mit dem Aufstieg. Ihm voran eilt der *Luchs*, während die *Jagdhunde* unter der Wagendeichsel nun verschwunden sind.

■ **Die Milchstraße** verläuft zenitnah durch *Kassiopeia* und *Kepheus*.

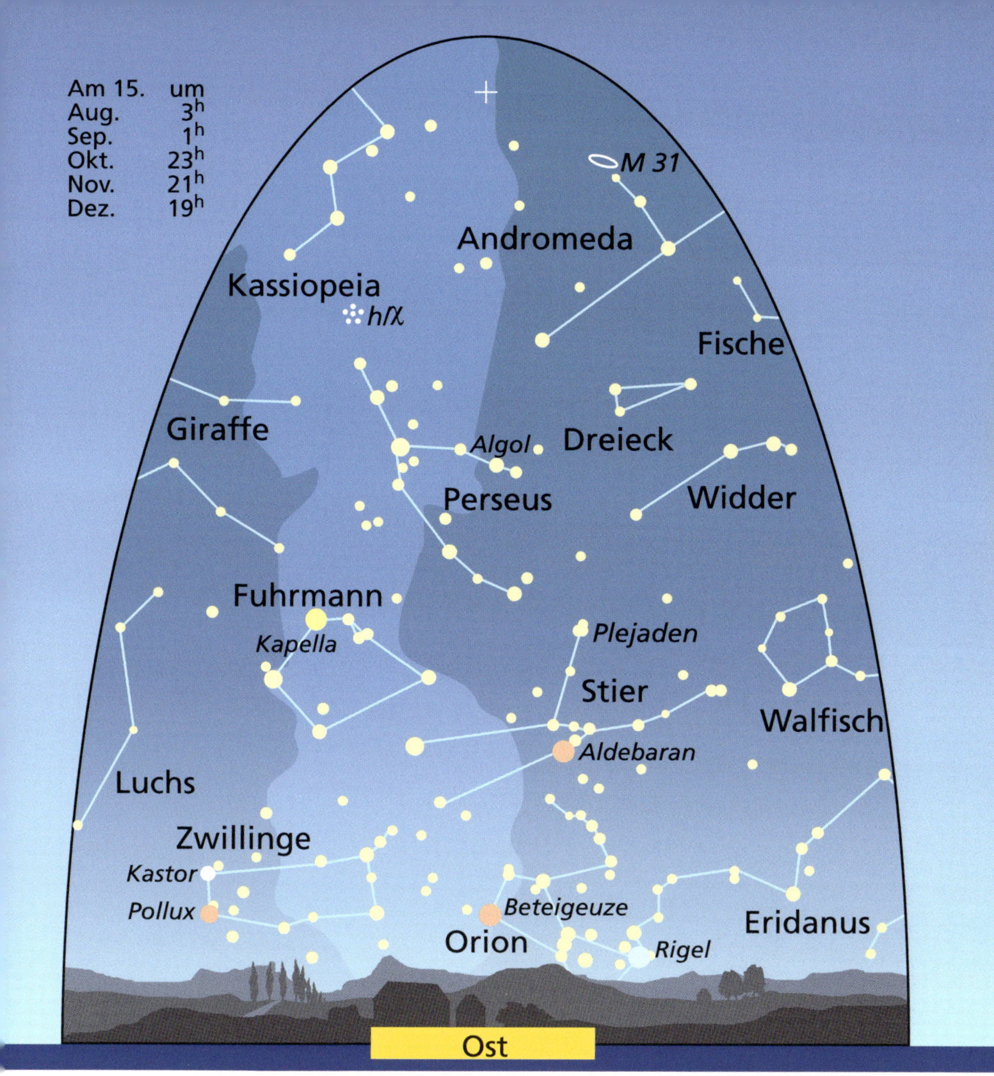

■ **Hoch am Himmel** ragen noch Teile der *Andromeda* in den Kartenausschnitt. In ihrer Nähe stehen das *Dreieck* und der *Widder*. Auch der *Perseus* hat diesen Bereich des Himmels fast erklommen.

■ **Halbhoch** folgt der *Fuhrmann* mit Kapella und *Perseus*, angetrieben scheinbar von den Hörnerspitzen des *Stiers*. Das rötliche Stierauge Aldebaran fällt mit dem linken Ende der V-förmigen Gruppe der Hyaden zusammen, gehört aber räumlich nicht dazu. Zwischen *Perseus* und *Fuhrmann* erkennt man noch die Beine der *Giraffe*, während weit im SO der Kopf des *Walfischs* zu sehen ist.

■ **Horizontnah** schicken sich die *Zwillinge* an, die Himmelsleiter zu besteigen. Der benachbarte *Orion* im O ist noch nicht ganz vollständig zu sehen, während vom Fluss *Eridanus* bei uns ohnehin stets einige Sterne verborgen bleiben.

■ **Die Milchstraße** steigt im NO empor und erstreckt sich bis zum Zenit.

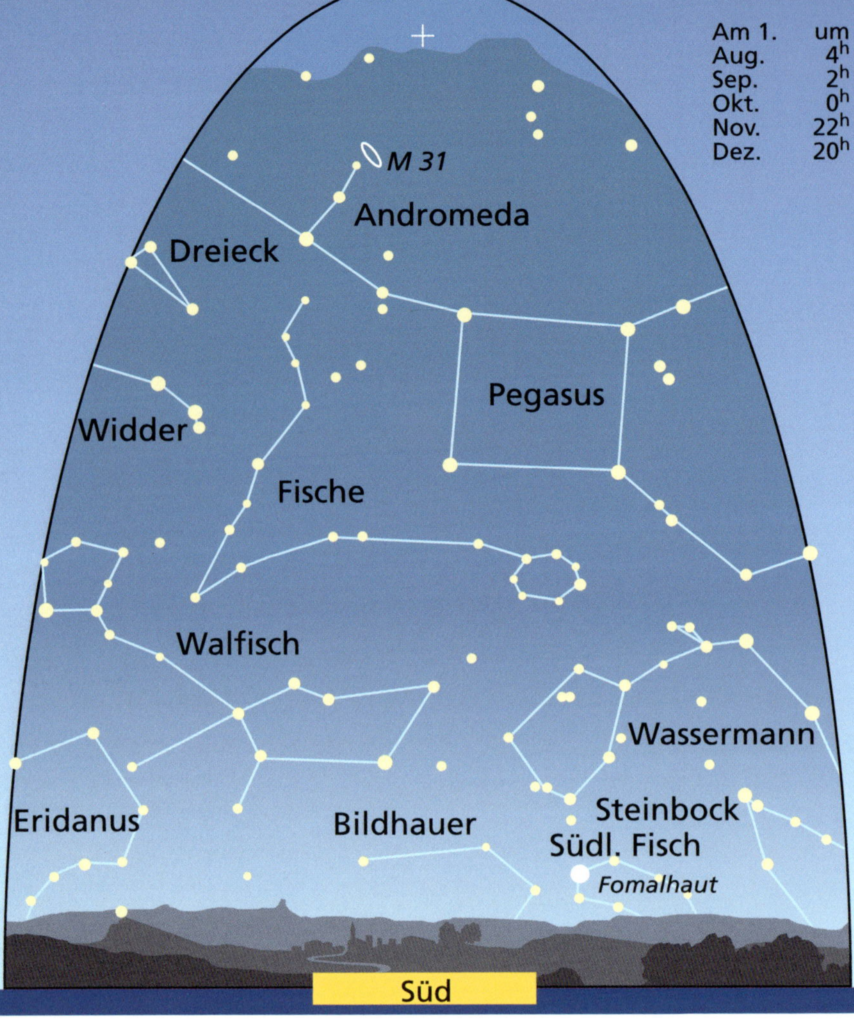

Hoch am Himmel treffen wir auf den weitläufigen *Pegasus* und Teile der *Andromeda*, die sich nach SO fortsetzt. Die Zeit ist günstig, den Andromeda-Nebel zu suchen.

Halbhoch wird das Pegasus-Viereck im SO und S von den *Fischen* begrenzt, die untereinander durch eine V-förmige Sternenkette verbunden erscheinen. Insgesamt ist diese Gegend arm an hellen Sternen, weil wir hier seitlich zwischen zwei Armen der Milchstraße hindurch nach „draußen" blicken.

Horizontnah leuchtet im SW noch Fomalhaut, der Hauptstern im unauffälligen Sternbild *Südlicher Fisch*. Rechts daneben versinkt der *Steinbock,* während darüber der *Wassermann* den Abstieg begonnen hat. Nach links schließt sich das riesige Sternbild *Walfisch* an, unter dem noch einige Sterne des *Bildhauers* über den Horizont lugen. Er zählt zu den südlichen Sternbildern, ebenso wie der lange Fluss *Eridanus*, der erst weit im Süden endet.

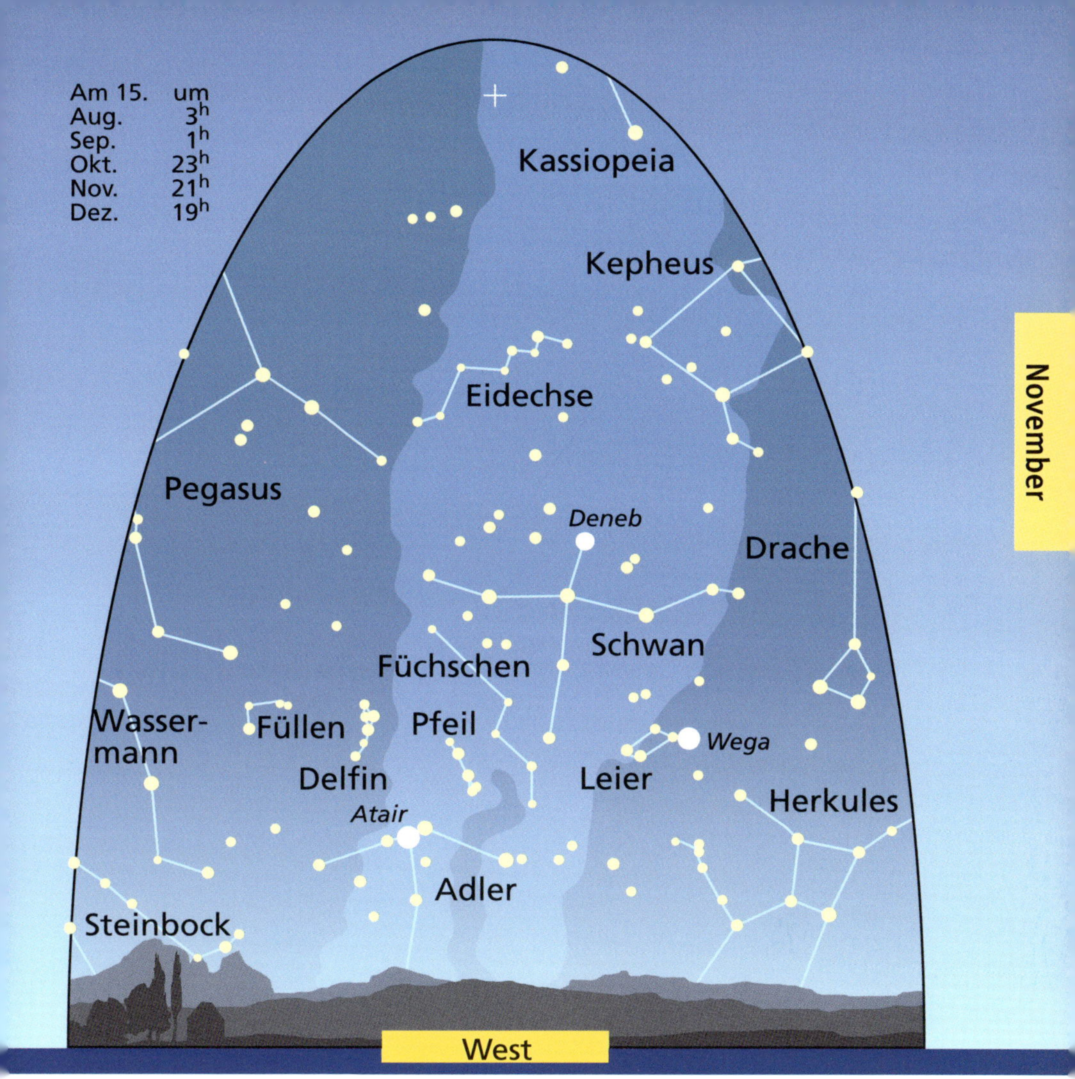

Hoch am Himmel verlieren sich die wenigen lichtschwachen Sterne der *Eidechse* fast, nur noch der Vorderlauf des *Pegasus* ragt von SW herüber, ein Teil des *Kepheus* von NW.

Halbhoch steuert der majestätisch dahinsegelnde *Schwan* allmählich dem Untergang entgegen. Nach rechts unten schließt sich das kleine Sternparallelogramm der *Leier* mit der hellen Wega an, nach links der *Delfin*, der *Pfeil*, das *Füchschen* und das *Füllen*, die den Bereich bis zum Sternbild Pegasus füllen.

Horizontnah scheint der *Adler* über dem Horst zu schweben, auf dem er sich bald niederlassen wird. Für den *Herkules* im NW hat der Untergang schon begonnen, und auch der *Steinbock* im SW ist schon teilweise verschwunden.

Die Milchstraße sinkt im W steil herunter und hüllt dabei den *Schwan* nahezu vollständig ein.

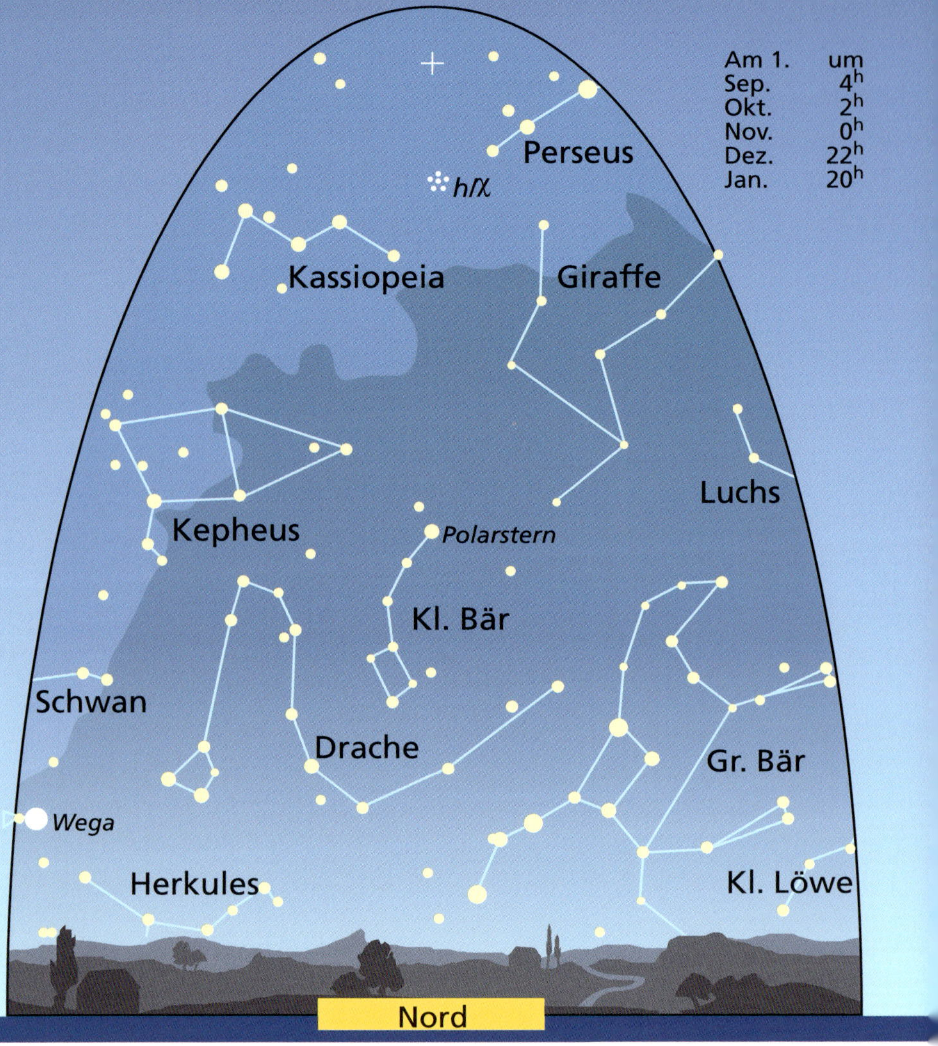

■ **Hoch am Himmel** hat die *Kassiopeia* ihre Kulmination überschritten und beginnt mit dem Abstieg. Ihr folgt der *Perseus*, dessen Spitze im NO herüberragt.

■ **Halbhoch** scheint der *Kleine Bär/Kleine Wagen* vom Polarstern herunterzuhängen. Etwas links darüber steigt der *Kepheus* herunter, während auf gleicher Höhe im NO die *Giraffe* ihren Hals dem Polarstern entgegenstreckt. Der verschlungene *Drache* grenzt diese Gruppe nach unten hin ab.

■ **Horizontnah** zeigt der geschwungene Bogen der Wagendeichsel des *Großen Wagens* jetzt etwa auf den Nordpunkt am Horizont; der umfassendere *Große Bär* erreicht im NO schon mittlere Höhen. Von Westen ragt eine Schwinge des *Schwans* herüber, während vom *Herkules* nur noch letzte Reste zu erkennen sind.

■ **Die Milchstraße** verläuft vom Zenit durch *Kepheus* und *Schwan* im NW bis herunter zum W-Horizont.

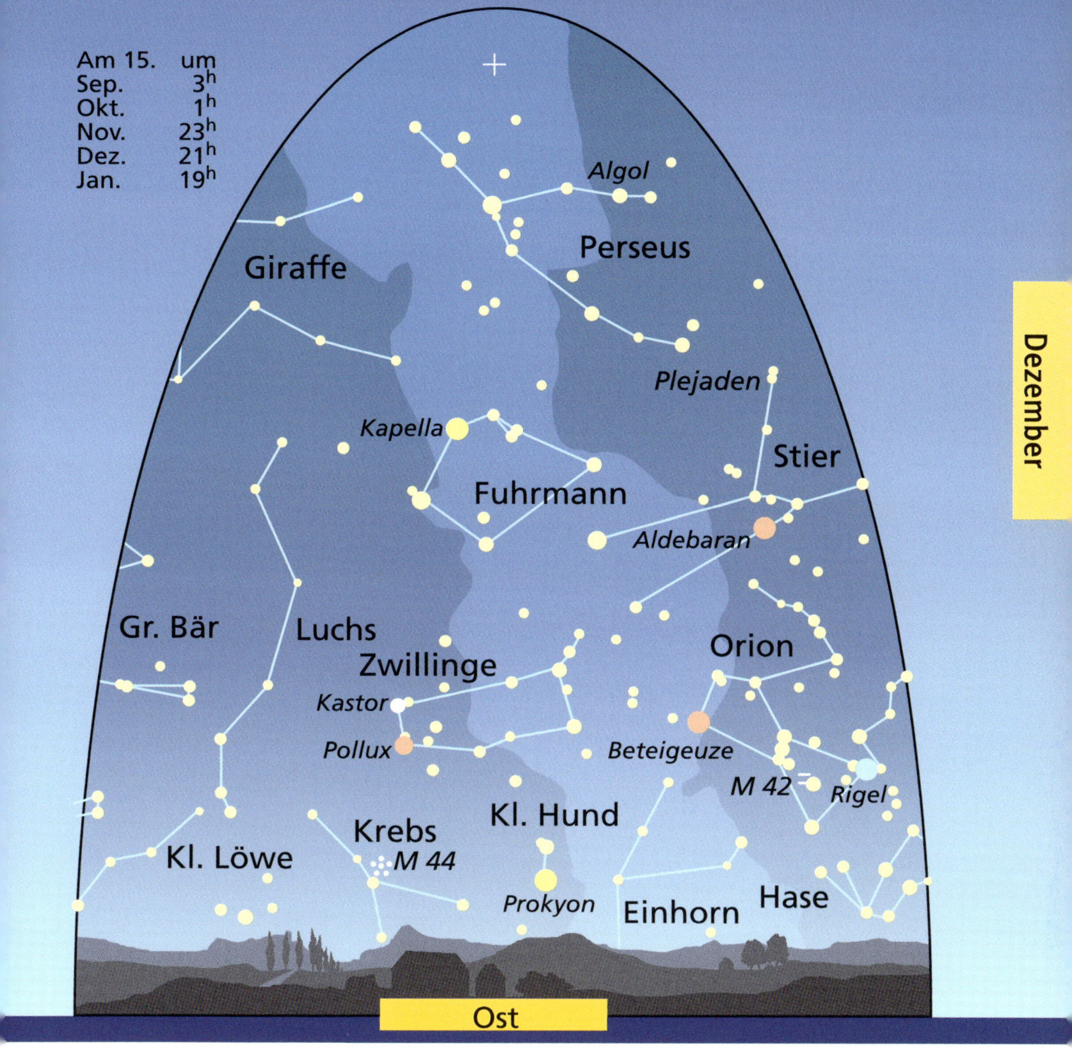

Dezember

■ **Hoch am Himmel** steht der *Perseus*, dessen Umrisse an eine Wünschelrute erinnern. Ihm auf den Fersen folgt der *Fuhrmann* mit Kapella.

■ **Halbhoch** sind weitere Wintersternbilder aufgezogen: der *Stier* mit den Plejaden und Hyaden, die *Zwillinge* mit Kastor und Pollux sowie der *Orion* mit der rötlichen Beteigeuze und dem bläulichen Rigel. Links von den *Zwillingen* scheint der *Luchs* der *Giraffe* nachzustellen.

■ **Horizontnah** findet man Prokyon im *Kleinen Hund*, nur Sirius im *Großen Hund* fehlt noch zur Vervollständigung des großen Wintersechsecks, zu dem außerdem Rigel, Aldebaran, Kapella und Pollux gehören. Im SW steigt der *Hase* empor, daneben grast das *Einhorn* und nach NO schließt sich der *Krebs* sowie der *Kleine Löwe* an.

■ **Die Milchstraße** verläuft vom Zenit herunter nach SO und überquert *Fuhrmann*, *Zwillinge* und den *Kleinen Hund*.

Dezember

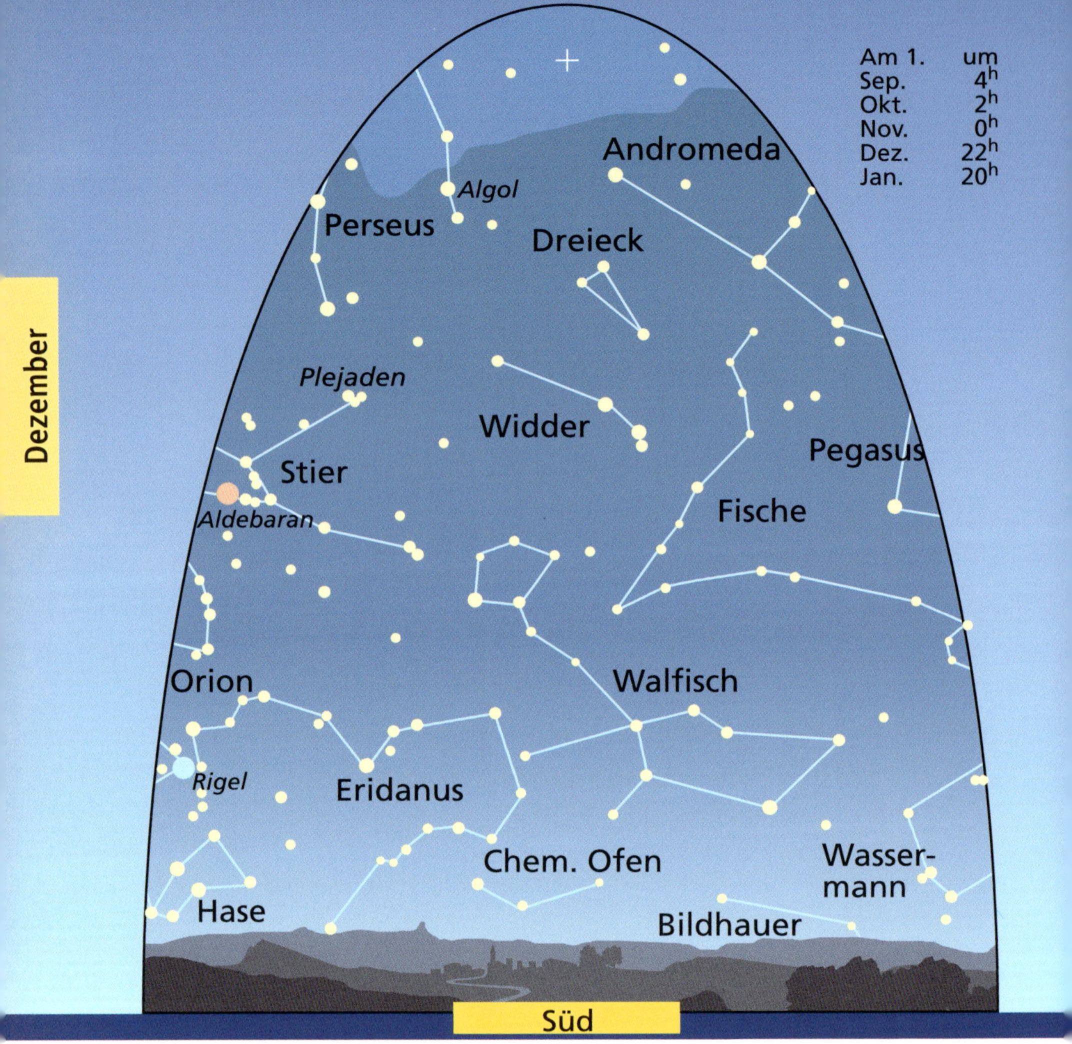

■ **Hoch am Himmel** findet man *Perseus* im SO und Teile der *Andromeda* im SW, darunter stehen die kleinen, unscheinbaren Figuren *Dreieck* und *Widder*.

■ **Halbhoch** finden wir im S den Kopf des *Walfischs*; der lang gestreckte Körper dieses Meeresungeheuers reicht bis weit nach SW. Darüber erstrecken sich die *Fische*, deren Verbindung durch eine V-förmige Kette aus lichtschwachen Sternen angedeutet wird. Von SO ragt der *Stier* mit Aldebaran, den Hyaden und Plejaden, dem Siebengestirn herüber.

■ **Horizontnah** strömt der Fluss *Eridanus* in weitem Bogen gen Süden. Seine „Quelle" liegt unweit von Rigel im *Orion*, das Ende des Flusses dagegen bleibt bei uns immer unter dem Horizont. In einer Flussbiegung steht der *Chemische Ofen*, während der *Hase* nahe der Quelle sitzt.

■ **Die Milchstraße** streift diesen Himmelsausschnitt nahe dem Zenit.

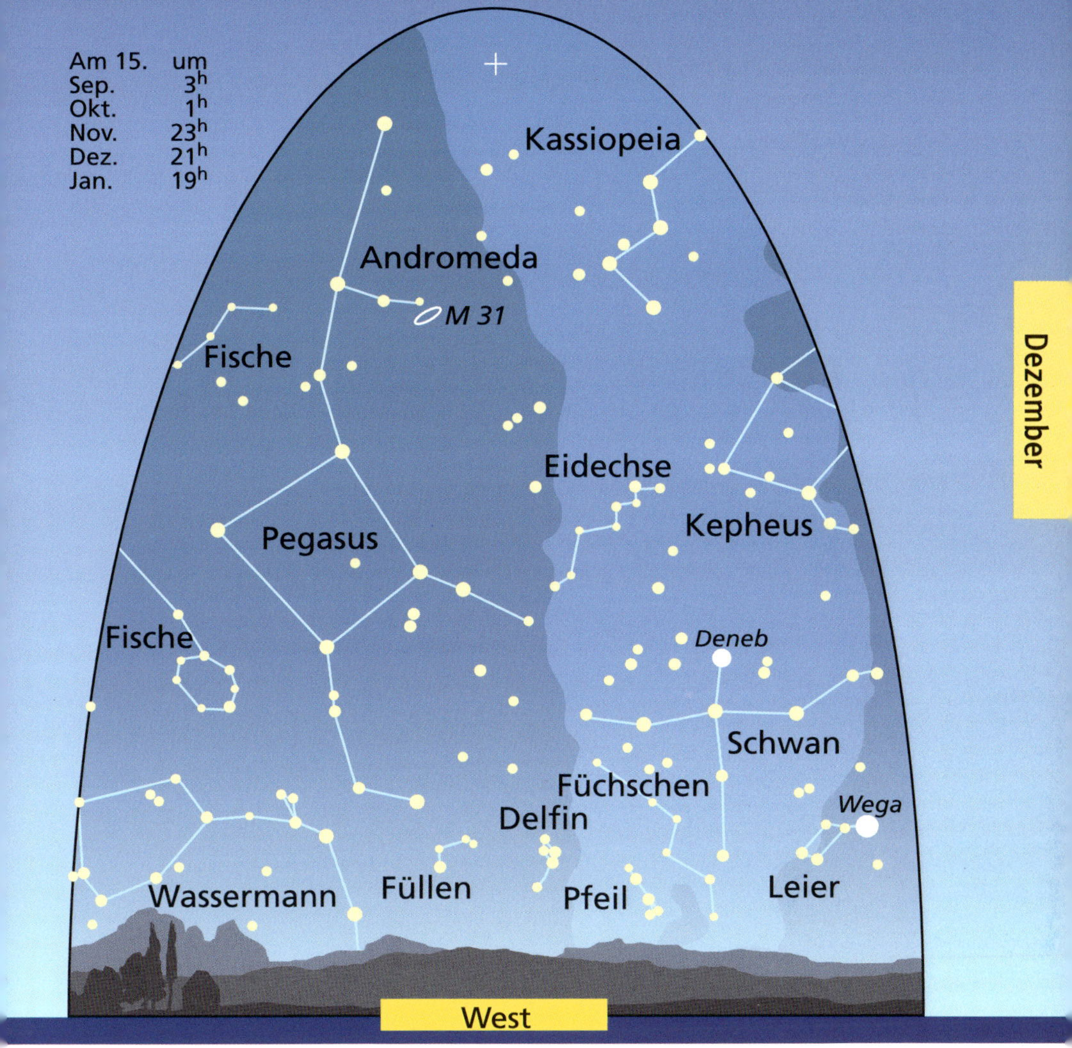

Hoch am Himmel reicht die *Andromeda* weit an den Zenit heran. *Kassiopeia*, ihre Mutter, ragt von rechts in diesen Himmelsausschnitt.

Halbhoch steht das *Pegasus*-Viereck jetzt scheinbar auf der rechten unteren Spitze, dort, wo der Hals des kopfüber am Himmel schwebenden geflügelten Rosses ansetzt. Nach rechts schließt sich die kleine *Eidechse* an, die den sternarmen Bereich bis zum *Schwan* im NW füllt.

Horizontnah streben die letzten Sommerbilder ihrem Untergang zu: der *Wassermann* im SW und rechts daneben die kleinen Figuren *Füllen*, *Pfeil*, *Füchschen* und das einprägsame Sternbild *Delfin*. Im NW stehen die Reste des Sommerdreiecks, Wega in der *Leier* und Deneb im *Schwan*.

Die Milchstraße steigt steil im NW auf und zeigt im *Schwan* noch einige Strukturen, wird nach oben Richtung *Kepheus* und *Kassiopeia* aber blasser.

Der südliche Sternhimmel

Zur Benutzung der Karten des Südhimmels

Wie auf Seite 82/83 beschrieben, eignen sich die Karten für den nördlichen Sternhimmel (S. 84–131) auch für Beobachtungen bis in den Mittelmeerraum, ja sogar bis zur geografischen Breite der Kanarischen Inseln. Anders ist es natürlich bei Beobachtungen auf der Südhalbkugel der Erde. Da aber sicher viel mehr Leserinnen und Leser die Karten für die nördliche Himmelssphäre verwenden werden, möchten wir uns bei den Südkarten auf das Wichtigste beschränken. Die Veränderungen von einem Monat zum nächsten, gleiche Uhrzeit vorausgesetzt, sind nicht riesig groß, daher folgen die Karten in Zwei-Monatsabständen und sind außerdem auf zwei Ansichten zusammengefasst. Die erste Karte zeigt jeweils die nördliche Himmelsrichtung und reicht etwa von Westen über Norden nach Osten. Die zweite Karte umfasst die südliche Himmelsrichtung und erstreckt sich von Osten über Süden nach Westen. Zur besseren Übersichtlichkeit sind einige kleinere Sternbilder (Grabstichel, Paradiesvogel, Tafelberg, Winkelmaß), die nur schwache Sterne enthalten, nicht eingezeichnet. Man findet sie aber im Sternbilder-Lexikon ab S. 150.

Die Karten sind so gezeichnet, dass sie in unterschiedlichen südlichen Breiten verwendet werden können: In Blickrichtung Süd gilt der Horizont der Karten für 35° südliche Breite, am Rand der Karten ist aber auch die

Die Südhimmel-Sternkarte für März und April mit Blickrichtung Süden

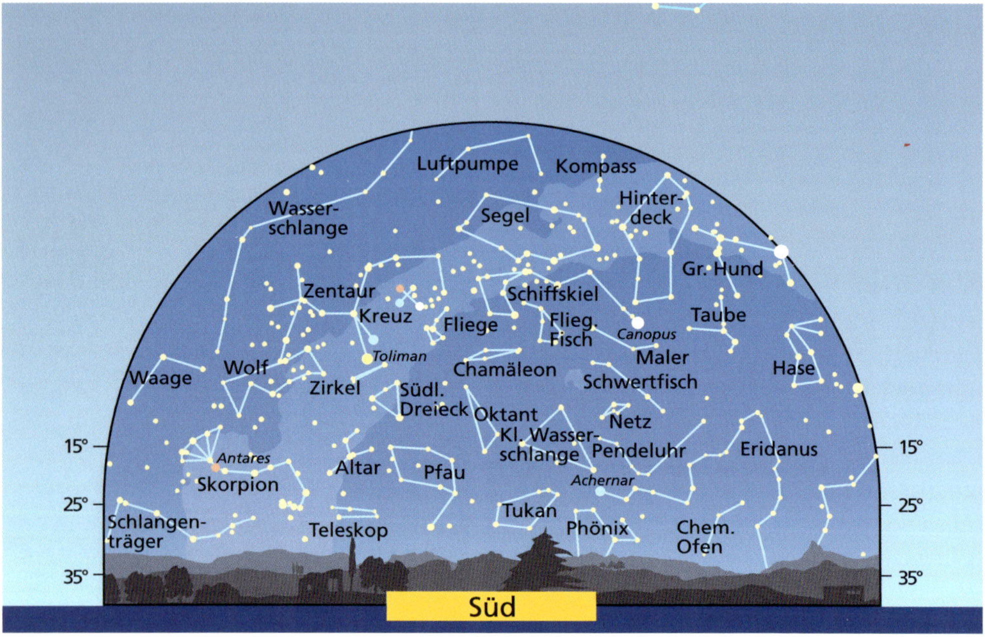

Welche Sternkarte brauche ich auf der Südhalbkugel der Erde?

Mittl. Ortszeit	18.30	19.30	20.30	21.30	22.30	23.30	0.30	1.30	2.30	3.30	4.30	5.30
1. Januar		Nov/Dez				Jan/Feb				Mär/Apr		
15. Januar	Nov/Dez				Jan/Feb				Mär/Apr			
1. Februar				Jan/Feb				Mär/Apr				Mai/Jun
15. Februar			Jan/Feb				Mär/Apr				Mai/Jun	
1. März		Jan/Feb				Mär/Apr				Mai/Jun		
15. März	Jan/Feb				Mär/Apr				Mai/Jun			
1. April				Mär/Apr				Mai/Jun				Jul/Aug
15. April			Mär/Apr				Mai/Jun				Jul/Aug	
1. Mai		Mär/Apr				Mai/Jun				Jul/Aug		
15. Mai	Mär/Apr				Mai/Jun				Jul/Aug			
1. Juni				Mai/Jun				Jul/Aug				Sep/Okt
15. Juni			Mai/Jun				Jul/Aug				Sep/Okt	
1. Juli		Mai/Jun				Jul/Aug				Sep/Okt		
15. Juli	Mai/Jun				Jul/Aug				Sep/Okt			
1. August				Jul/Aug				Sep/Okt				Nov/Dez
15. August			Jul/Aug				Sep/Okt				Nov/Dez	
1. September		Jul/Aug				Sep/Okt				Nov/Dez		
15. September	Jul/Aug				Sep/Okt				Nov/Dez			
1. Oktober				Sep/Okt				Nov/Dez				Jan/Feb
15. Oktober			Sep/Okt				Nov/Dez				Jan/Feb	
1. November		Sep/Okt				Nov/Dez				Jan/Feb		
15. November	Sep/Okt				Nov/Dez				Jan/Feb			
1. Dezember				Nov/Dez				Jan/Feb				Mär/Apr
15. Dezember			Nov/Dez				Jan/Feb				Mär/Apr	

Lage des Horizonts für 25° und 15° südliche Breite eingezeichnet. Auf den Karten in Blickrichtung Nord ist es umgekehrt: Der untere Horizont gilt für 15° südliche Breite, am Rand sind die Horizonte für 25° und 35° markiert.

Natürlich kann man – wie bei den Hauptkarten für mittlere nördliche Breiten – für ganz verschiedene Uhrzeiten und Tage eine recht gut passende Karte finden, wenn auch die Abstände hier etwas größer sind. Die angegebenen Uhrzeiten sind mittlere Ortszeit. Man muss also prüfen, ob man sich etwas weiter östlich oder westlich von dem Punkt befindet, an dem die am Aufenthaltsort gültige Zonenzeit gleich der Ortszeit ist. Im ersten Fall gilt die Karte früher als zum angegebenen Zeitpunkt, im zweiten Fall später, und zwar um 4 Minuten pro Grad Längenunterschied. Auf Sommerzeit oder andere Abweichungen ist dabei natürlich außerdem noch zu achten!

Welche Sternbilder sieht man wo?

Viele Menschen glauben, man könne von der geografischen Breite Mitteleuropas aus den Südhimmel, d. h. die südliche Himmelshalbkugel, überhaupt nicht einsehen. Tatsäch-

Das Sternbild Skorpion steigt in unseren Breiten niemals ganz über den Horizont.

lich blickt man aber von 50° nördlicher Breite aus bis 40° südlich des Himmelsäquators, wenn wir bis zum mathematischen Horizont gehen. Sternbilder, die wir in Mitteleuropa nie sehen können, befinden sich also nur in der Kalotte zwischen 40° südlich des Himmelsäquators und dem Südpol des Himmels. Vom Äquator der Erde aus gesehen gehen nach und nach die Sternbilder beider Himmelshalbkugeln, also des gesamten Himmels, auf und unter. Von dort aus können sämtliche Sternbilder beobachtet werden – sieht man einmal von den kleinen Gebieten um den nördlichen und südlichen Himmelspol ab, die zu nahe am Nord- bzw. Südhorizont stehen. Wechseln wir auf die Südhalbkugel der Erde, werden nach und nach die Sterne um den nördlichen Himmelspol herum völlig unsichtbar. Auf 15° Südbreite (etwa Lima, La Paz, Brasilia, Süd-Angola, Süd-Mosambik und Nord-Australien) bleiben Sterne bis 15° Abstand um den Himmelsnordpol unter dem Horizont; man sieht also z. B. den Kleinen Bären praktisch nicht mehr. Auf 35° südlicher geografischer Breite (etwa Santiago de Chile, Buenos Aires, Montevideo, Kapstadt und Sydney) verschwindet die ganze Kalotte bis 35° Abstand vom Nordpol des Himmels. Oder umgekehrt: Man sieht nur noch den Himmel bis 55° nördlichem Abstand vom Himmelsäquator. Es fehlen z. B. zusätzlich der Große Wagen (nicht die Pranken des Großen Bären), Kassiopeia, Kepheus und Drache.

Die Sonne steht mittags im Norden

Auf der Südhalbkugel der Erde gehen die Gestirne zwar wie gewohnt im Osten auf und im Westen unter. Sie erreichen aber meist im Norden, nicht im Süden ihren Höchststand.

Das Kreuz des Südens ist bei uns niemals am Himmel zu sehen.

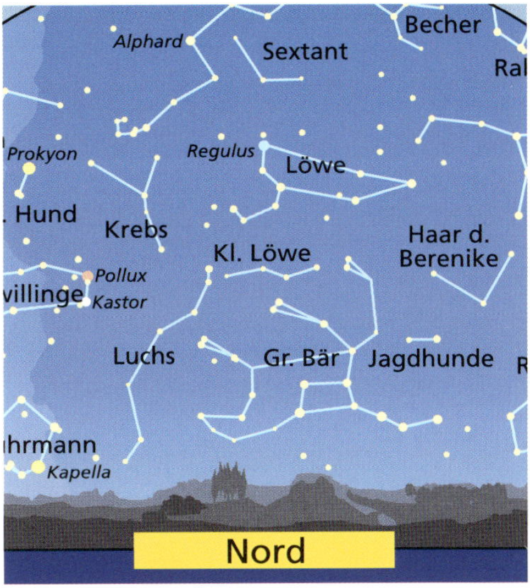

Auf der Südhalbkugel hängen die nördlichen Sternbilder auf dem Kopf.

Damit laufen sie nicht von links nach rechts, sondern von rechts nach links über den Himmel (wenn wir nach Norden blicken). Dies gilt auch für die Sonne. Und unser Erdtrabant ist als zunehmender Mond links, als abnehmender Mond rechts beleuchtet. Der Mond steht also verkehrt herum am Himmel! In der Äquatorzone gibt es allerdings eine Übergangsregion. Hier wandern z. B. Sonne, Mond und Planeten häufig über den Zenit hinweg und können sowohl im Süden als auch im Norden ihren Höchststand haben. In nördlichen Breiten bewegen sich alle Gestirne im Osten nach schräg rechts aufwärts und im Westen schräg rechts abwärts Richtung Horizont. Auf der Südhalbkugel hingegen laufen sie im Osten schräg nach links aufwärts und im Westen schräg nach links abwärts. Je näher man dem Äquator kommt, desto steiler verlaufen die Bahnen der Gestirne, am Äquator selber laufen sie senkrecht zum Horizont.

Auf der Südhalbkugel der Erde wandern Sonne und Sterne von Osten über Norden nach Westen.

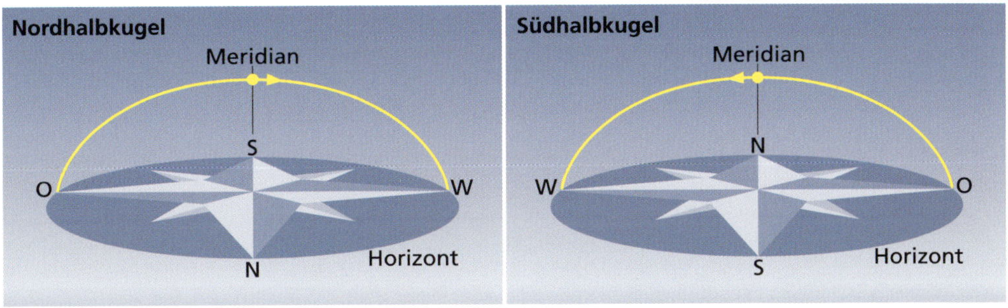

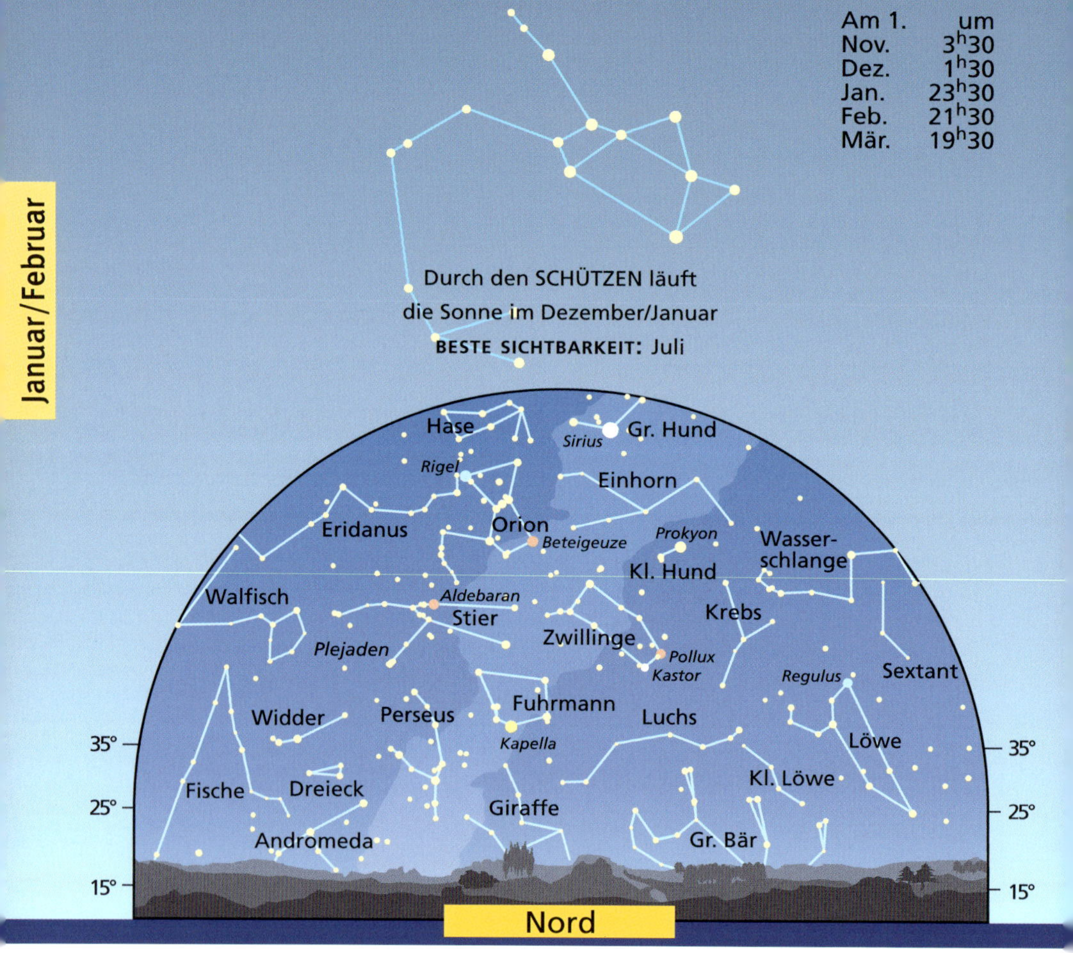

■ **Hoch am Himmel** steht kopfüber der Himmelsjäger *Orion*: Der Schulterstern Beteigeuze ist rechts unten, der Fußstern Rigel links oben. Die Verlängerung der Gürtellinie dazwischen zeigt nach rechts oben auf Sirius im *Großen Hund*, während sie nach links unten zu Aldebaran im *Stier* führt. An dessen linkem unteren Rand steht das Siebengestirn (Plejaden).

■ **Tiefer am Himmel** finden wir im N Kapella im *Fuhrmann*. Links darunter sehen wir – sofern wir nicht zu weit südlich des Äquators stehen – den *Perseus* und noch tiefer im NW auch die *Andromeda*. Nach NO hin folgen die *Zwillinge* und noch weiter rechts darüber Prokyon im *Kleinen Hund*. Der tiefe NO- bis O-Himmel wird vom *Löwen* eingenommen mit Regulus etwa an seinem oberen Ende.

■ **Die Milchstraße** steigt am Nordhimmel empor und zieht sich nach O bis zum *Großen Hund*.

Am 15.	um
Okt.	4^h30
Nov.	2^h30
Dez.	0^h30
Jan.	22^h30
Feb.	20^h30

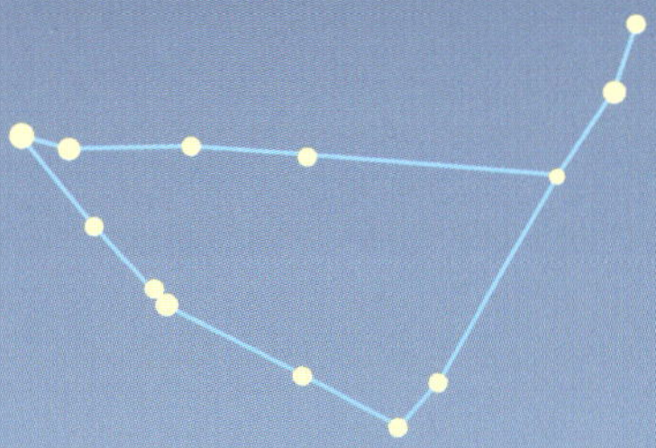

Durch den STEINBOCK läuft die Sonne im Januar/Februar
BESTE SICHTBARKEIT: August

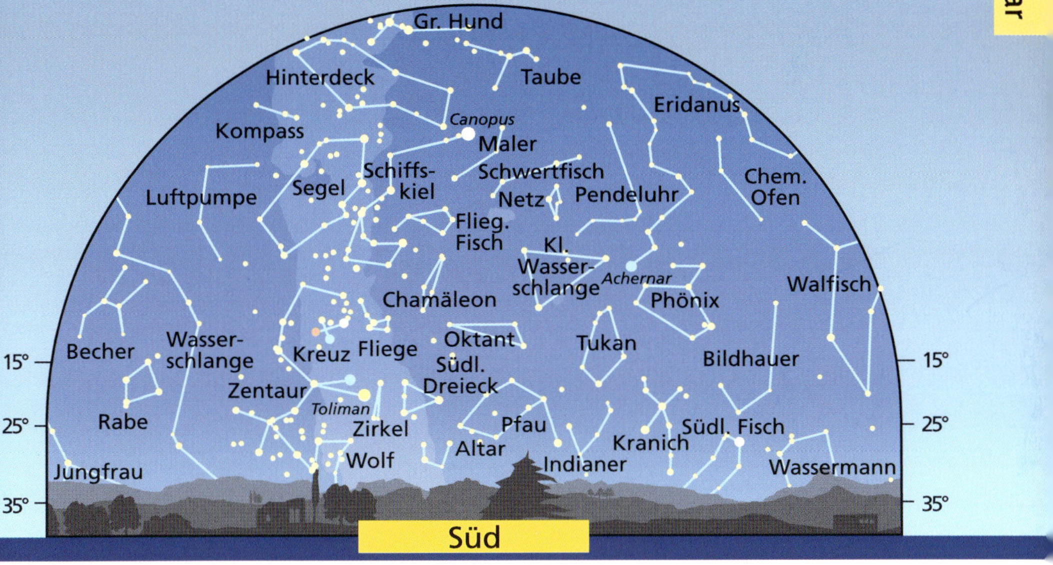

Hoch am Himmel leuchtet der helle Canopus im *Schiffskiel*, die anderen Teile des Schiffs Argo – das *Segel* und das *Hinterdeck* – liegen links und links unterhalb von Canopus. Auch der *Schiffskiel* zieht von Canopus aus links abwärts, wo wir auf das *Kreuz des Südens* treffen.

Tiefer am Himmel steht im SO der *Zentaur* mit Toliman, für Beobachter knapp südlich des Äquators ist er gerade erst aufgegangen. Weiter im O ragt die *Wasserschlange* mit *Becher* und *Rabe* auf. Im S bis SSW findet man das *Südliche Dreieck* und den *Pfau*. Im SW geht gerade der *Südliche Fisch* unter. Noch etwas höher entdecken wir Achernar, den Hauptstern des *Eridanus*, der von weit oben kommt und beim Orion „entspringt". Links oberhalb und unterhalb von Achernar stehen die beiden Magellanschen Wolken.

Die Milchstraße steigt im SO steil empor und verläuft über die Sternbilder *Zentaur*, *Kreuz des Südens*, *Segel* und *Hinterdeck*.

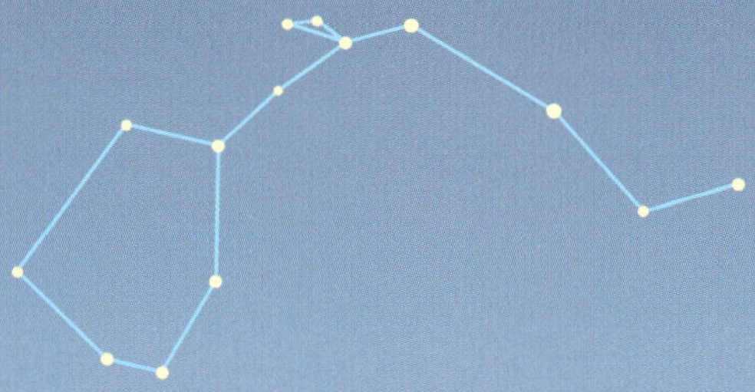

Am 1.	um
Jan.	3^h30
Feb.	1^h30
Mär.	23^h30
Apr.	21^h30
Mai	19^h30

Durch den WASSERMANN läuft
die Sonne im Februar/März
BESTE SICHTBARKEIT: September

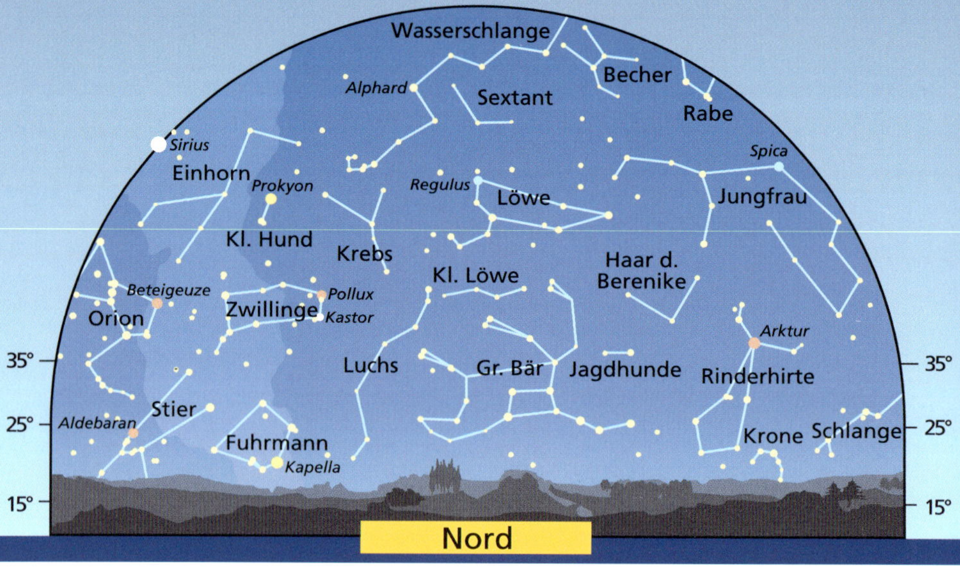

■ **Hoch am Himmel** schlängelt sich die *Wasserschlange* mit Alphard. Darunter erkennt man den *Löwen* mit Regulus und im NO die *Jungfrau* mit Spica. Im NW leuchten noch die Wintersternbilder der Nordhalbkugel: Der *Große Hund* mit Sirius (über dem *Einhorn*), der *Kleine Hund* mit Prokyon, die *Zwillinge* mit Kastor (unten) und Pollux (oben) sowie der *Orion*, dessen drei fast gleich helle Gürtelsterne fast senkrecht übereinander stehen.

■ **Tiefer am Himmel** kann man im N die Pranken des *Großen Bären* und daneben die *Jagdhunde* erkennen, nicht allzu weit südlich des Äquators auch den *Großen Wagen*. Im NO steigt Arktur im *Rinderhirten* (Bootes) empor, während im NW der *Fuhrmann* mit Kapella und der *Stier* mit Aldebaran versinken (für Beobachter weiter südlich bereits untergegangen).

■ **Die Milchstraße** ragt im NW auf und zieht westlich am Zenit vorbei.

Am 15.	um
Dez.	4^h30
Jan.	2^h30
Feb.	0^h30
Mär.	22^h30
Apr.	20^h30

Durch die FISCHE läuft
die Sonne im März/April
BESTE SICHTBARKEIT: Oktober

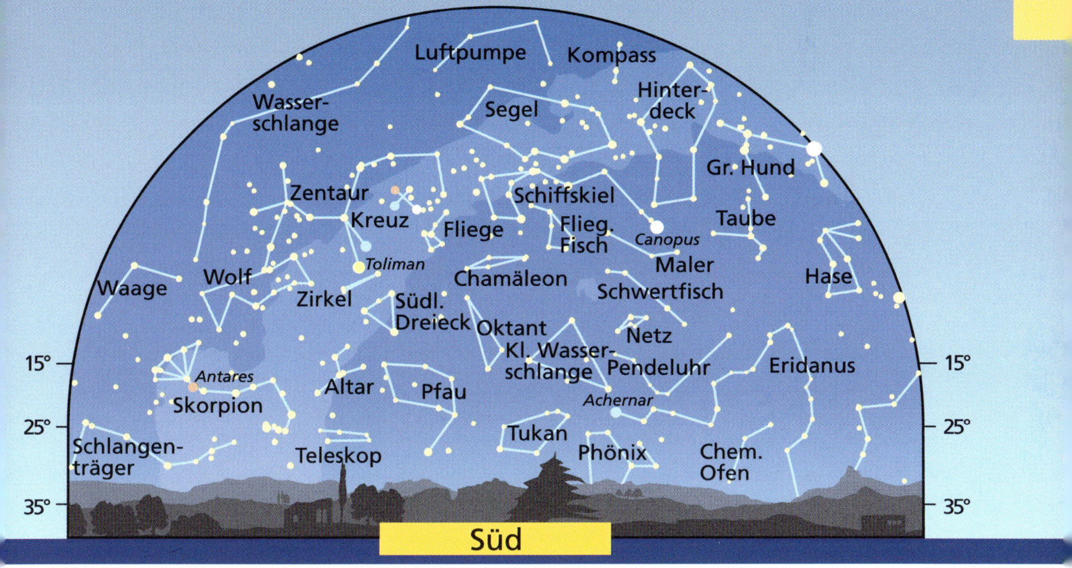

■ **Hoch am Himmel** finden wir kaum helle Sterne. Erst im Mittelfeld stehen die Teilfiguren des Schiffs (*Hinterdeck, Segel* und *Schiffskiel*) sowie das *Kreuz des Südens* und der *Zentaur*.

■ **Tiefer am Himmel** erkennt man das *Südliche Dreieck* und den *Altar*, der im Osten an den *Skorpion* grenzt. Darüber steigt die *Waage* aufwärts. Unterhalb vom *Kreuz des Südens* führt der Weg durch die *Fliege* zum Himmelssüdpol im Sternbild *Oktant*. Rechts davon „schnappt" die *Kleine Wasserschlange* nach dem *Fliegenden Fisch*, während links der *Pfau* über den Horizont steigt. Im W versinkt der *Hase*, während der *Große Hund* mit Sirius noch etwas länger über dem Horizont zu sehen sein wird.

■ **Die Milchstraße** spannt vom SO einen weiten, durch viele helle Sterne markierten Bogen bis zu Sirius im W. Etwas tiefer schimmert im SSW die Große Magellansche Wolke im *Schwertfisch*.

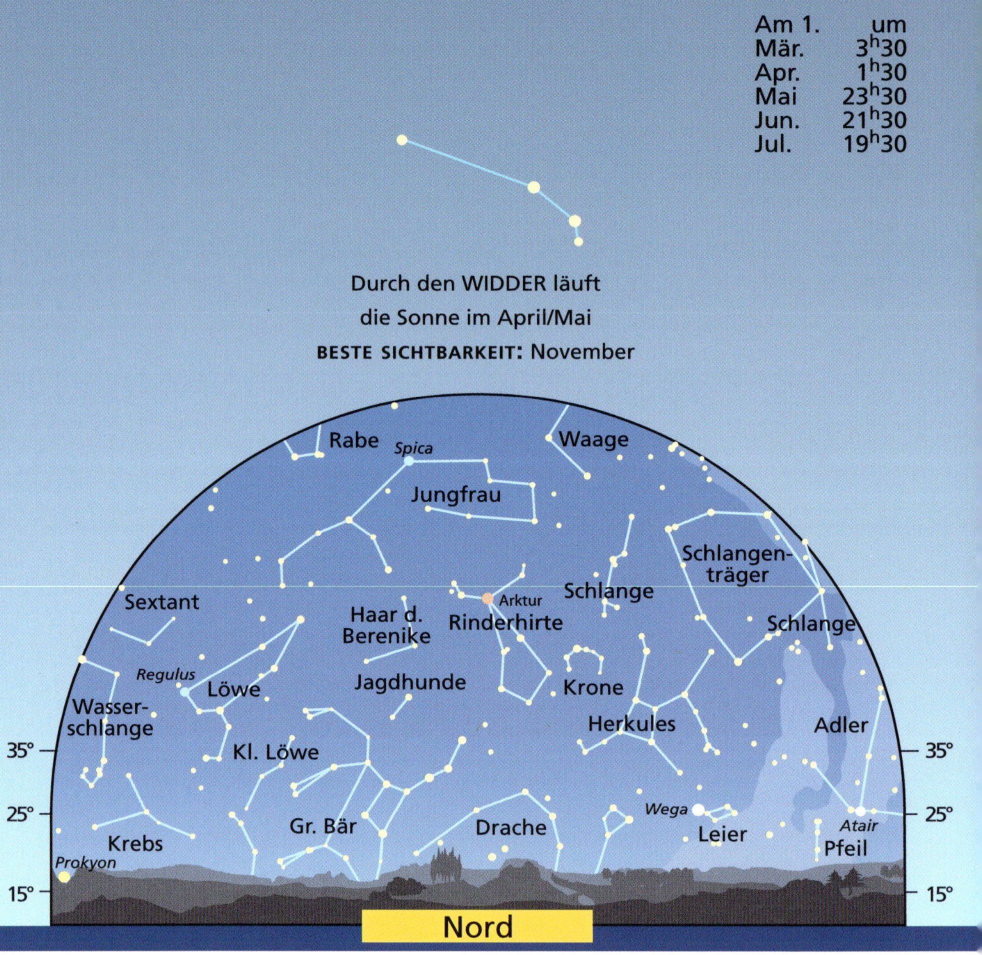

Hoch am Himmel beherrscht Spica in der *Jungfrau* die Szene. Links davon erkennen wir den *Raben*, während rechts darunter Arktur im *Rinderhirten* (Bootes) leuchtet; dieser hängt hier kopfüber am Himmel. Weit im O hat auch die *Waage* schon eine beachtliche Höhe erreicht.

Tiefer am Himmel erkennt man im O den *Schlangenträger* samt *Schlange* und daneben *Herkules*, der hier aufrecht über den Himmel zieht: Seine Beine sind gegen den *Drachen* gerichtet, den linken Arm hat er gegen die *Schlange* erhoben, und mit dem rechten Arm scheint er gegen den *Adler* im O zu kämpfen. Darunter steht die *Leier* mit Wega. Im N reckt der *Große Wagen* die Deichsel aufwärts, von einem äquatornahen Standort erkennt man auch noch die Hinterpranken des *Großen Bären* und den benachbarten *Krebs*. Im NW sinkt der *Löwe* kopfüber dem Untergang zu. Ganz tief im W kann gerade noch Prokyon im *Kleinen Hund* gesehen werden.

Am 15.	um
Feb.	4h30
Mär.	2h30
Apr.	0h30
Mai	22h30
Jun.	20h30

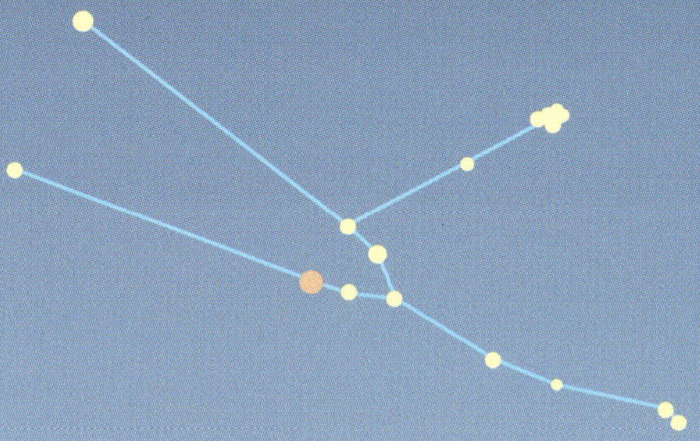

Durch den STIER läuft
die Sonne im Mai/Juni
BESTE SICHTBARKEIT: Dezember

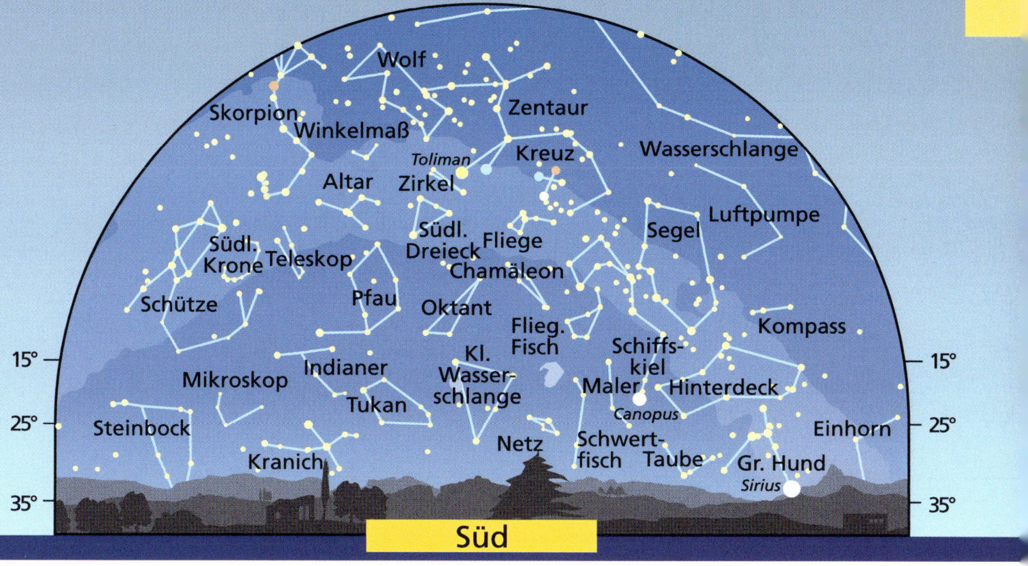

■ **Hoch am Himmel** überquert der *Zentaur* mit Toliman den Meridian; das Fabelwesen ist halb Mensch, halb Pferd und gut zu erkennen: Toliman markiert einen Vorderhuf, die Hinterhufe stehen westlich vom *Kreuz des Südens*, und der aufgereckte menschliche Oberkörper überragt im SO den nachfolgenden *Wolf*. Noch weiter im O steht der *Skorpion*.

■ **Tiefer am Himmel** erkennen wir im O den *Schützen* und rechts davon die unscheinbaren Sternbilder *Altar, Südliches Dreieck* und *Fliege*, darunter den *Pfau* und den *Oktant*, der den Himmelssüdpol einschließt. Im SW treibt das riesige Schiff Argo rückwärts dem Untergang entgegen: Das *Hinterdeck* ist schon fast verschwunden, während der *Schiffskiel* und das *Segel* noch steil im SW aufragen.

■ **Die Milchstraße** spannt sich halbhoch über den Südhimmel und präsentiert dort besonders sternreiche Wolken.

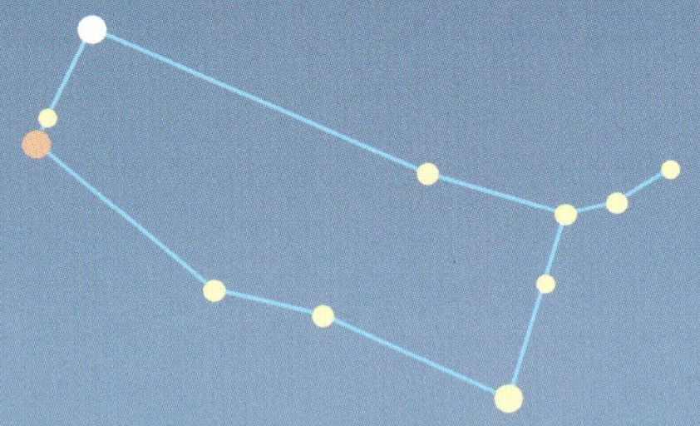

Am 1.	um
Mai	3h30
Jun.	1h30
Jul.	23h30
Aug.	21h30
Sep.	19h30

Durch die ZWILLINGE läuft
die Sonne im Juni/Juli
BESTE SICHTBARKEIT: Januar

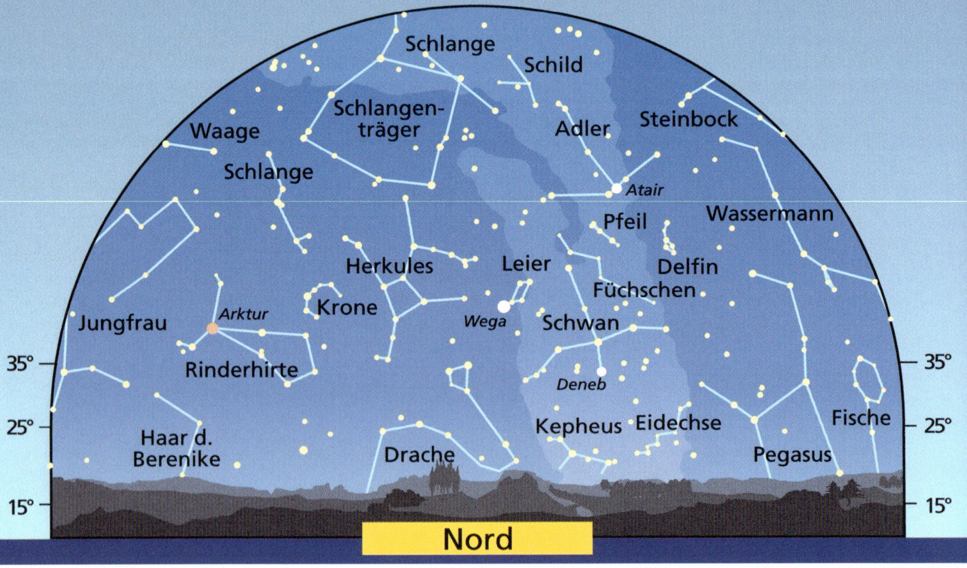

■ **Hoch am Himmel** steht der *Schlangenträger* mit der *Schlange*, rechts daneben der *Adler* mit Atair; er markiert von der Südhalbkugel aus den obersten Eckpunkt unseres Sommerdreiecks. Im O steigen *Steinbock* und *Wassermann* empor, während im W *Jungfrau* und *Waage* heruntersinken.

■ **Tiefer am Himmel** erkennt man von links nach rechts den fast liegenden *Rinderhirten* (Bootes), die *Nördliche Krone*, den hier aufrecht stehenden *Herkules*, die kleine *Leier* mit der hellen Wega und den *Schwan*, der hier himmelaufwärts fliegt. Darunter ragen im N der Vorderteil des *Drachens* und ein Teil des *Kepheus* über den Horizont; nach O schließen sich die *Eidechse* und der aufgehende *Pegasus* an.

■ **Die Milchstraße** ragt im NO steil auf und wird nach oben hin immer heller. Sie verläuft dann durch *Schwan* und *Adler*. Die Wolke im *Schild* und das Zentrum im *Schützen* sind besonders auffällig.

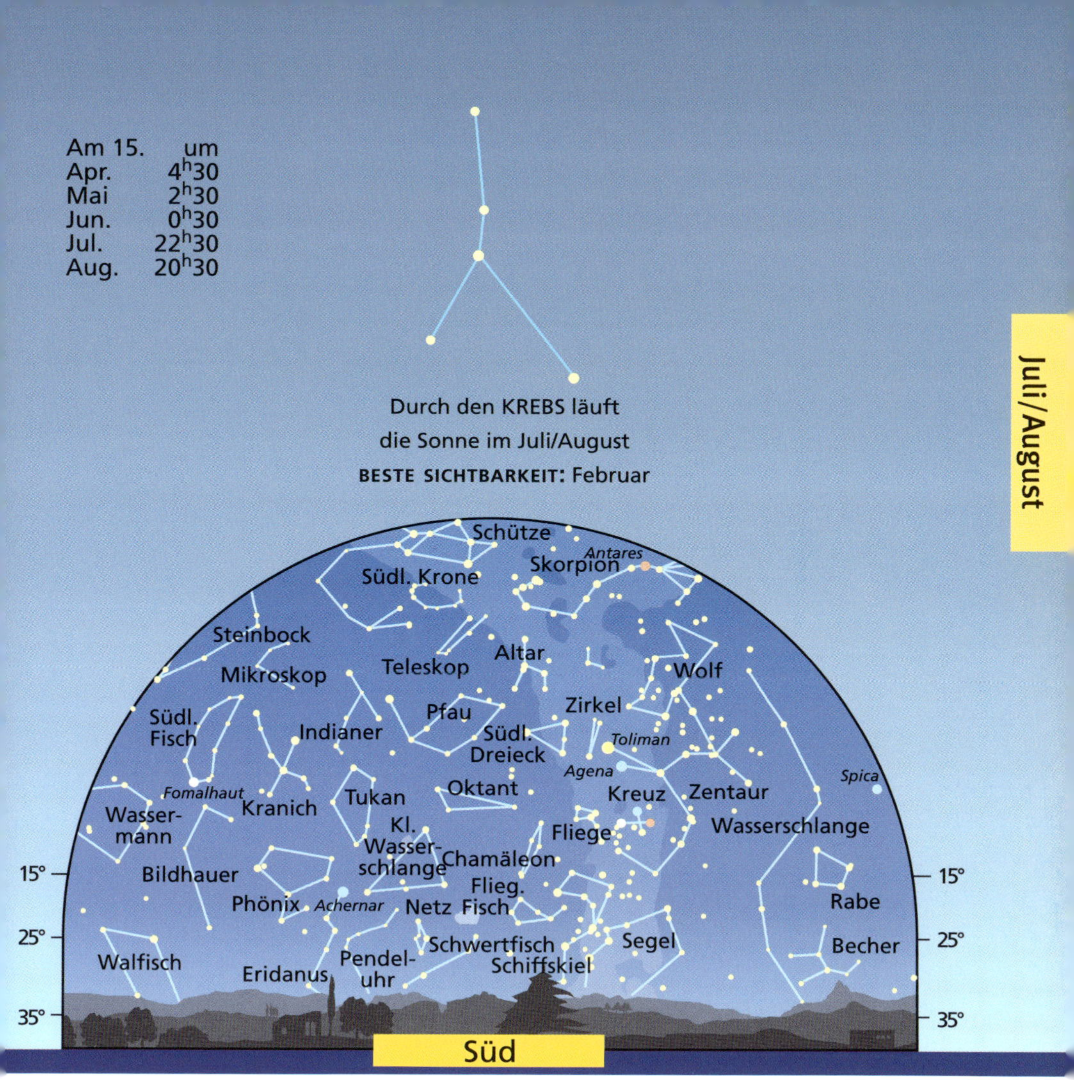

■ **Hoch am Himmel** finden wir den *Schützen*, die *Südliche Krone* und den eindrucksvollen *Skorpion* mit dem rötlichen Antares und dem aufgestellten Stachel. Auch der *Wolf* ist noch hoch im SW zu erkennen. Das unscheinbare Sternbild *Teleskop* steht unterhalb des *Schützen* fast im Meridian.

■ **Tiefer am Himmel** leuchten viele helle Sterne, von Fomalhaut im *Südlichen Fisch* links über Toliman und Agena im *Zentaur* und das *Kreuz des Südens* bis hin zu Spica in der *Jungfrau* ganz im W. Dazwischen finden wir die Vogelfiguren *Kranich, Phönix, Tukan, Pfau*, den *Indianer* und die *Fliege* sowie einige Navigationsinstrumente (*Oktant, Südliches Dreieck* und *Zirkel*). Im SO gewinnt Achernar im *Eridanus* an Höhe, während *Segel* und *Schiffskiel* im SW versinken.

■ **Die Milchstraße** ragt am SSW-Himmel steil empor und erstreckt sich durch das *Kreuz des Südens* und den *Zentaur*, den *Skorpion* und den *Schützen*.

Am 1.	um
Jul.	3^h30
Aug.	1^h30
Sep.	23^h30
Okt.	21^h30
Nov.	19^h30

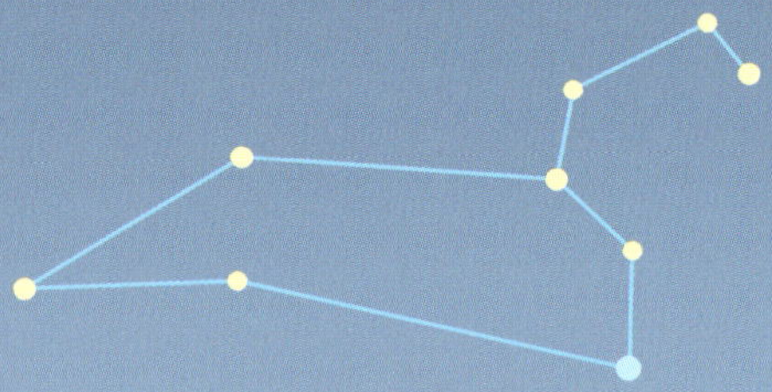

Durch den LÖWEN läuft
die Sonne im August/September
BESTE SICHTBARKEIT: März

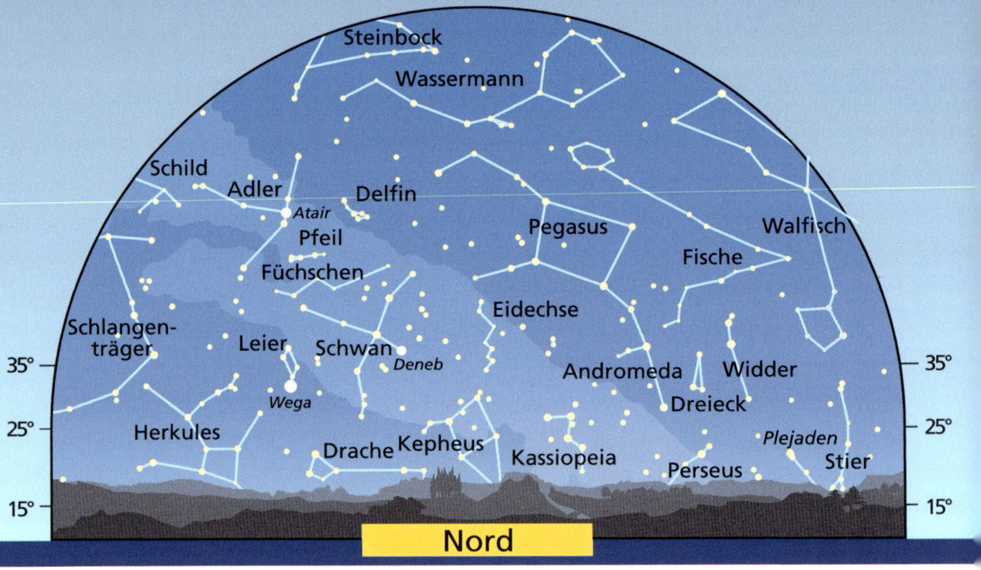

■ **Hoch am Himmel** finden wir die an hellen Sternen arme Region des nördlichen Herbsthimmels wieder: Jeder mit bloßem Auge sichtbare Planet setzt in den Tierkreissternbildern *Steinbock* und *Wassermann* einen auffälligen Glanzpunkt.

■ **Tiefer am Himmel** steigt im SO der *Pegasus* empor. Auf seinem Rücken „schwimmt" der westliche der beiden *Fische*, während der östliche Fisch zusammen mit *Widder*, *Dreieck* und der *Andromeda* noch tief im SO steht. Im O ragt auch der *Walfisch* schon weit nach oben. Im NW sinken *Leier*, *Schwan* und *Adler* langsam ihrem Untergang entgegen; Wega und Deneb sind weiter im Süden schon verschwunden. Beobachter näher am Äquator können über dem N-Horizont auch noch *Kassiopeia* und *Kepheus* sowie Teile des *Herkules* erkennen.

■ **Die Milchstraße** steigt vom Nordpunkt halbhoch nach W auf. Dort verläuft sie durch *Schwan* und *Adler*.

Am 15.	um
Jun.	4^h30
Jul.	2^h30
Aug.	0^h30
Sep.	22^h30
Okt.	20^h30

Durch die JUNGFRAU läuft
die Sonne im September/Oktober
BESTE SICHTBARKEIT: April

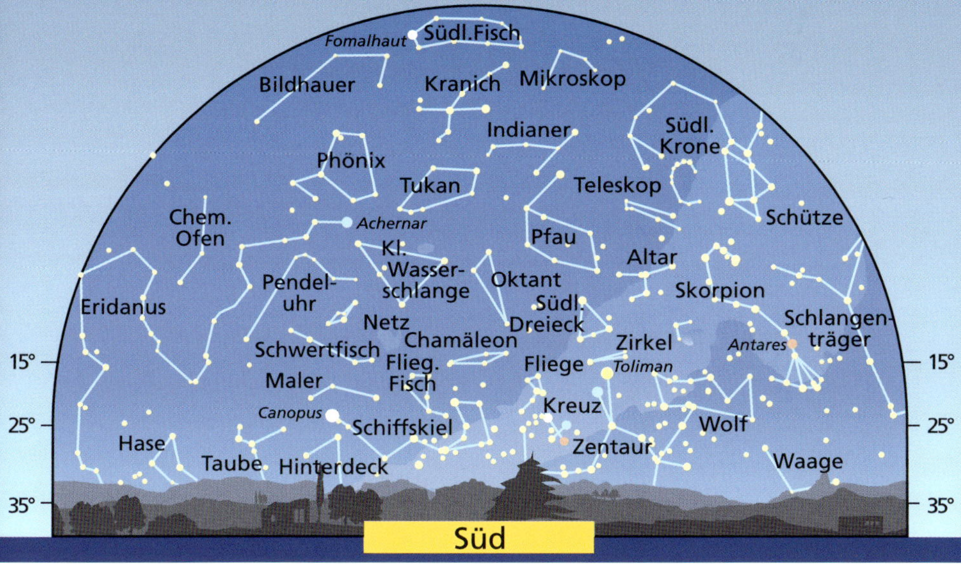

■ **Hoch am Himmel** leuchtet einsam der helle Stern Fomalhaut im Sternbild *Südlicher Fisch*. Fast im Meridian schwebt nun der *Kranich*, einer der fünf Vögel am südlichen Firmament.

■ **Tiefer am Himmel** erkennen wir unter dem *Kranich* die anderen Vogelfiguren: *Phönix, Tukan* und *Pfau*. Der *Paradiesvogel* enthält nur recht lichtschwache Sterne und ist daher auf der Karte nicht verzeichnet. Daneben stehen *Altar, Schütze* und *Skorpion*, während sich im SO die *Kleine Wasserschlange*, der *Schwertfisch* und der *Fliegende Fisch* tummeln; hier endet auch der Fluss *Eridanus* am hellen Achernar. Wer nicht zu dicht am Äquator beobachtet, sieht tief im SSO noch Canopus im *Schiffskiel*, tief im SSW das *Kreuz des Südens* und den *Zentaur*.

■ **Die Milchstraße** steigt im SW hoch und zeigt im *Altar, Skorpion* und *Schützen* auffällige Sternwolken, vor denen sich einige Dunkelgebiete abzeichnen.

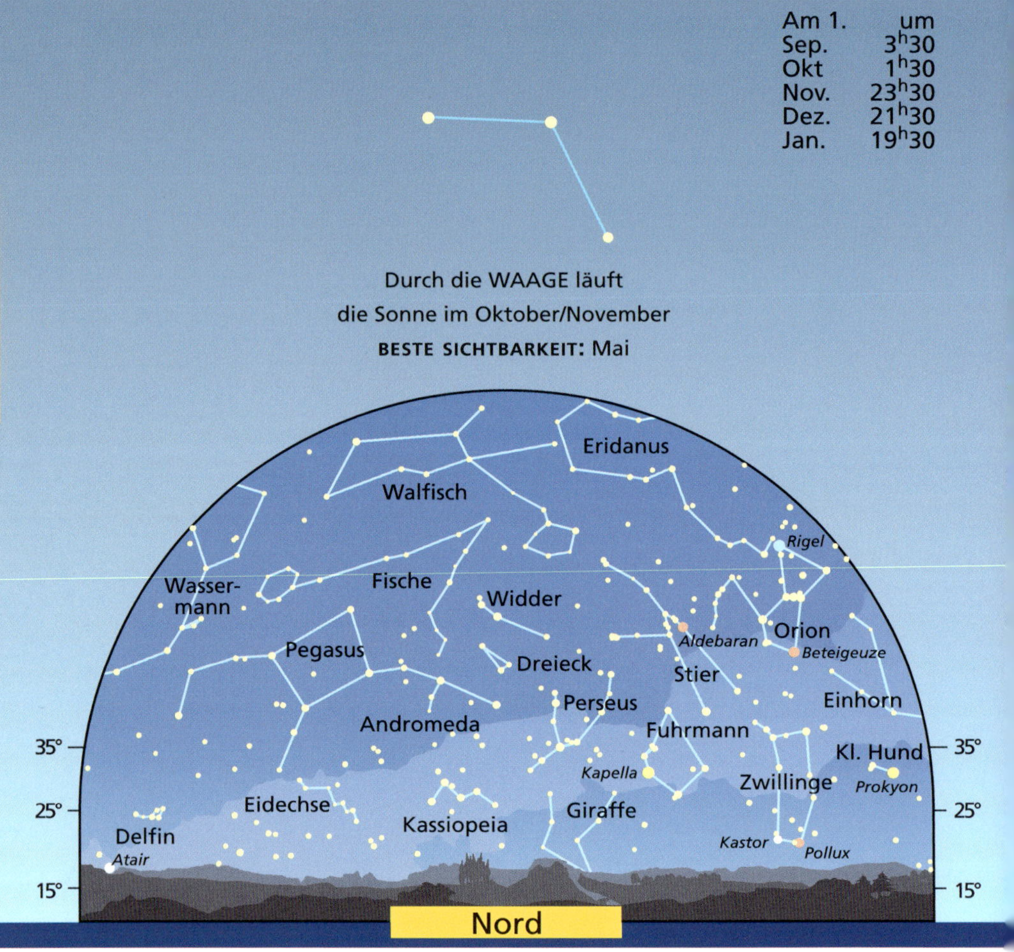

■ **Hoch am Himmel** blicken wir auf das sternarme „Feuchtbiotop“ unseres nördlichen Herbsthimmels: In dem Wasser, das der *Wassermann* im W ausschüttet, schwimmen der *Walfisch* und die beiden *Fische*, und der Fluss *Eridanus* leitet das Wasser nach Süden.

■ **Tiefer am Himmel** finden wir im NW das geflügelte Ross *Pegasus*, an das sich rechts unten die Lichterkette der *Andromeda* anschließt; sie zeigt auf *Perseus*, das etwas verzerrt erscheinende „Y“. Tief über dem N-Horizont leuchtet die *Kassiopeia* als Himmels-„M“. Im O ziehen die ersten Winterfiguren der Nordhalbkugel auf, die hier den Sommerhimmel bevölkern: Der *Stier* mit Aldebaran und der *Orion*, der kopfüber erscheint. Äquatornahe Beobachter können bereits den *Fuhrmann* und Teile der *Zwillinge* erkennen.

■ **Die Milchstraße** verläuft flach über dem N-Horizont.

Am 15.	um
Aug.	4^h30
Sep.	2^h30
Okt.	0^h30
Nov.	22^h30
Dez.	20^h30

Durch den SKORPION läuft die Sonne im November

BESTE SICHTBARKEIT: Juni

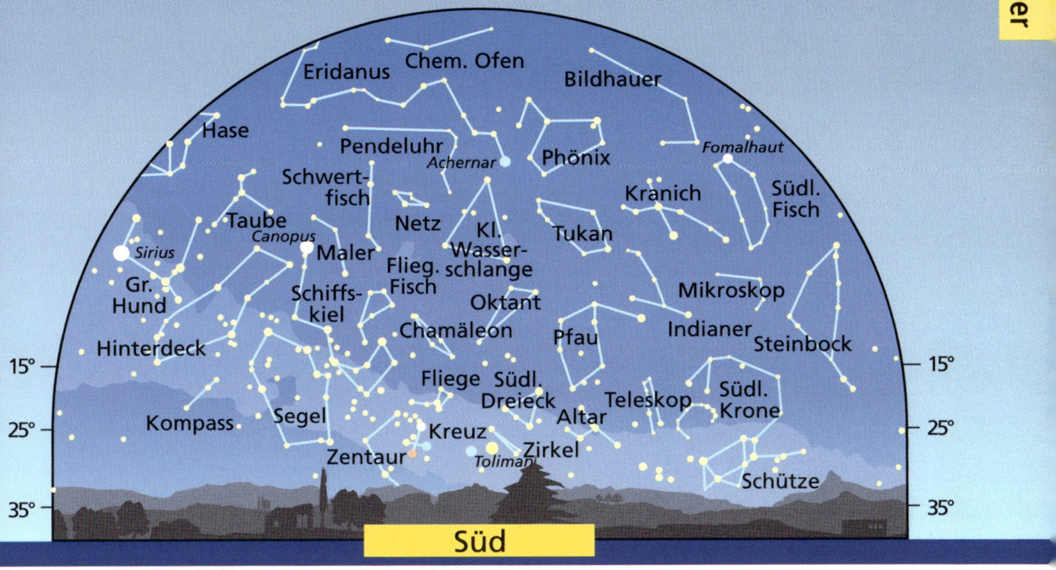

■ **Hoch am Himmel** schauen wir im Sternbild *Bildhauer* in Richtung zum galaktischen Südpol, also senkrecht aus der Milchstraßenebene heraus, wo wir auf keine hellen Sterne treffen.

■ **Tiefer am Himmel** überschreitet Achernar, Hauptstern im Fluss *Eridanus*, gerade den Meridian; rechts davon stehen *Phönix* und *Tukan*, weiter im W leuchtet Fomalhaut, der Hauptstern im *Südlichen Fisch*. Vor der Flussmündung tummeln sich die *Kleine Wasserschlange* und der *Schwertfisch*, während weiter zum Horizont der *Fliegende Fisch* das aufsteigende Schiff begleitet, das aus *Schiffskiel* (mit Canopus, dem zweithellsten Stern), dem *Hinterdeck* und dem *Segel* besteht. Ganz im O leuchtet Sirius im *Großen Hund*, der hellste Stern am irdischen Firmament. Darüber erkennt man noch die *Taube* und den *Hasen*. Unterhalb von Achernar finden wir die beiden Magellanschen Wolken, unsere Nachbargalaxien.

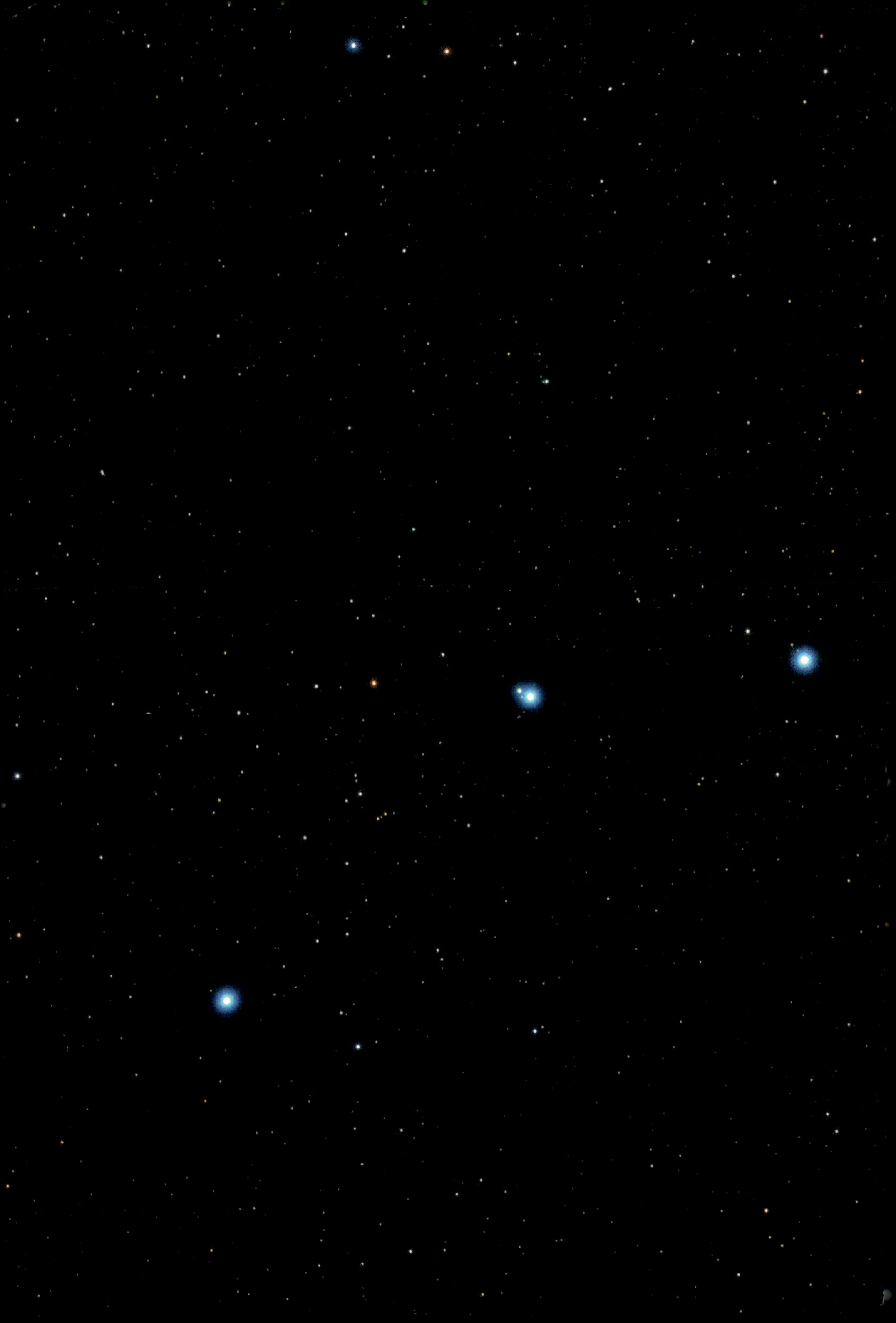

Sternbilder

Das Sternbilder-Lexikon von A–Z

Die Sternbilder in diesem Lexikon sind alphabetisch nach ihren lateinischen Namen geordnet, dahinter folgt die international übliche Abkürzung und schließlich der deutsche Name. Wer zunächst nur die deutschen Namen kennt, findet in der Tabelle auf den Seiten 202/203 die deutsche Bezeichnung mit Angabe des lateinischen Namens und der Seite, auf der das gewünschte Sternbild beschrieben ist. Auch Sterne tragen oft lateinische Namen (z. B. Regulus), häufig aber auch altarabische (z. B. Rigel) und seltener griechische Bezeichnungen (z. B. Antares). In diesem Lexikon sind die Übersetzungen der Namen häufig in Klammern angegeben. Dabei bedeutet lat. = lateinische, gr. = griechische und ar. = altarabische Herkunft. Bei Eigennamen (z. B. Pollux) kann natürlich kein deutscher Name angegeben werden. Die Sterne innerhalb der Sternbilder werden oft mit griechischen Buchstaben, schwächere Sterne auch mit Zahlen oder lateinischen Buchstaben bezeichnet. Ein griechisches Alphabet findet sich links unten auf der Seite. Sternhaufen und Nebel tragen Nummern nach dem Katalog von Charles Messier (z. B. M 31) oder nach dem New General Catalogue (z. B. NGC 205).

Die Abbildungen im Sternbilder-Lexikon enthalten auch schwächere und daher mehr Sterne als die Sternkarten, außerdem sind dort auch einige Sternhaufen und Nebel verzeichnet. Meist sind ihre Helligkeiten im Text erwähnt, und oft ist angegeben, mit welchem Instrument ein bestimmtes Objekt noch zu beobachten ist. Bei Nebeln und dichten Sternhaufen, vor allem bei Kugelhaufen, ist dies besonders wichtig; die Angaben von Katalog zu Katalog schwanken jedoch kräftig. Ein Nebel mit der Helligkeit 8^m ist sehr viel weniger gut zu erfassen als ein punktförmiger Stern derselben Helligkeit. Die auf Seite 58/59 angegebenen „Grenzgrößen“ beziehen sich daher nur auf Sterne. Bei Nebelbeobachtungen sind Abstriche zu machen, denn angegeben wird hier die Gesamthelligkeit. Für ihre Sichtbarkeit ist aber auch wichtig, wie groß ihre Fläche ist. Ein flächenmäßig weit ausgedehnter Nebel ist viel schwieriger zu erkennen als ein dichterer Nebel mit derselben Gesamthelligkeit.

Das kleine griechische Alphabet

α **alpha**	ν **ny**
β **beta**	ξ **xi**
γ **gamma**	ο **omikron**
δ **delta**	π **pi**
ε **epsilon**	ρ **rho**
ζ **zeta**	σ **sigma**
η **eta**	τ **tau**
θ **theta**	υ **ypsilon**
ι **iota**	φ **phi**
κ **kappa**	χ **chi**
λ **lambda**	ψ **psi**
μ **my**	ω **omega**

A

Andromeda | And | *Andromeda*

Die Andromeda war in der griechischen Sage die äthiopische Prinzessin, die dem Walfisch zum Fraß vorgeworfen werden sollte, um das Land vor den Wellen, die jener verursachte, zu retten. Sie wurde jedoch von Perseus mit

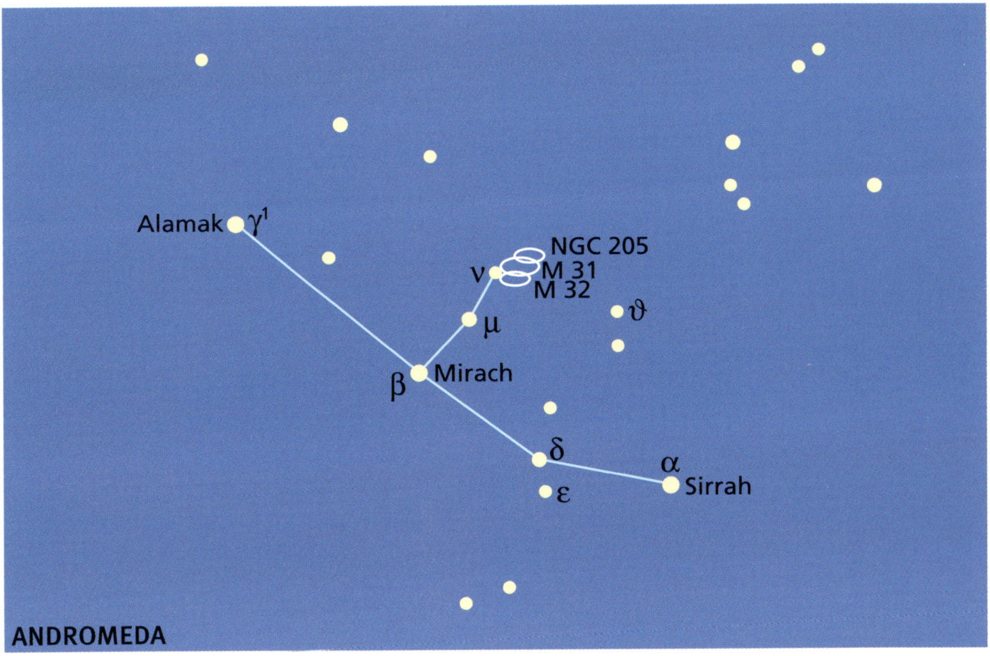

Hilfe der Medusa gerettet. Das Sternbild steht so weit nördlich, dass sein Nordteil in Mitteleuropa niemals untergeht. Die günstigste Beobachtungszeit ist im Herbst. Dann steht das Sternbild abends fast im Zenit. Der Hauptstern α And oder Sirrah (ar. „Nabel") bildet eigentlich die linke obere Ecke des auffälligen Pegasus-Quadrats. Der $2^{\mathrm{m}},1$ helle Stern ist 97 Lj. entfernt. Alamak (ar. „Wüstenluchs") oder γ And ist ein besonders eindrucksvoller Doppelstern für ein 5-cm-Fernrohr: Neben dem orangefarbenen Hauptstern von $2^{\mathrm{m}},3$ steht in 10″ Distanz ein $4^{\mathrm{m}},8$ heller bläulicher Begleiter; Entfernung 355 Lj.

Der Andromeda-Nebel (M 31) ist das fernste Objekt, das mit bloßem Auge wahrzunehmen ist.

Das wichtigste Objekt in diesem Sternbild ist aber der Andromeda-Nebel (M 31), der schon dem persischen Astronomen Al Sufi im 10. Jh. bekannt war und der in einer klaren, mondscheinfreien Nacht bereits mit bloßem Auge sehr gut als länglicher Nebelfleck wahrgenommen werden kann. Er ist der nächste große Spiralnebel in einer Entfernung von 2½ Mill. Lj. Wir blicken jedoch schräg auf die Ebene der Spirale, so dass die Spiralform auch in größeren Fernrohren nur schwer zu erkennen ist. Trotzdem erscheint der Nebel im Fernglas bis zu 4° groß. Der wahre Durchmesser beträgt ohne äußere Bereiche 100 000 Lj. M 31 besitzt zwei elliptische Galaxien als Begleiter: M 32 und NGC 205. Sie sind in Fernrohren ab 10 cm Öffnung gerade noch sichtbar. Der Andromeda-Nebel und seine Begleiter gehören zusammen mit rund 30 anderen Galaxien zur lokalen Galaxiengruppe, der auch unsere eigene Milchstraße angehört.

Antlia | Ant | *Luftpumpe*

Dieses kleine Sternbild wurde erst 1752 von N. L. Lacaille eingeführt und gelangt in Mitteleuropa etwa in den Monaten März und April abends gerade eben über den S-Horizont (unterhalb der Hydra). Es enthält nur schwache Sterne, der Hauptstern α Ant ist $4\overset{m}{,}3$ hell. Er erreicht bei 50° nördlicher Breite eine maximale Höhe von knapp 10°.

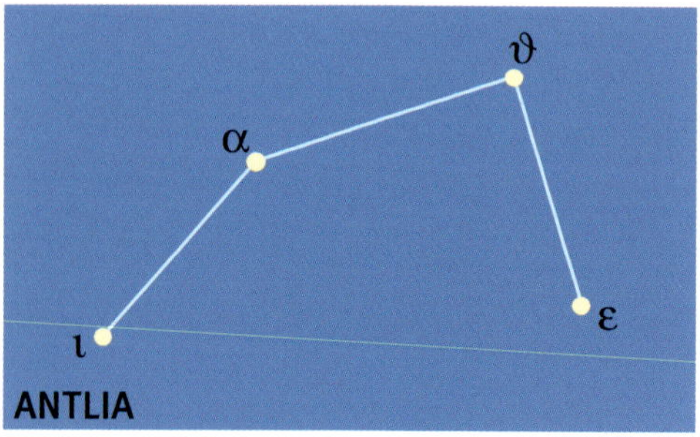

Apus | Aps | *Paradiesvogel*

Dieses Sternbild wurde erst 1603 von J. Bayer in die Sternbilderliste aufgenommen, es liegt ganz in der Nähe des südlichen Himmelspols. Da es nur recht schwache Sterne enthält, ist es auf den Sternkarten in diesem Buch nicht verzeichnet. Der Hauptstern α Aps ist $3\overset{m}{,}8$ hell. Der Stern δ ist ein weiter, optischer Doppelstern, dessen $4\overset{m}{,}7$ und $5\overset{m}{,}3$ helle Komponenten 103″ auseinanderstehen.

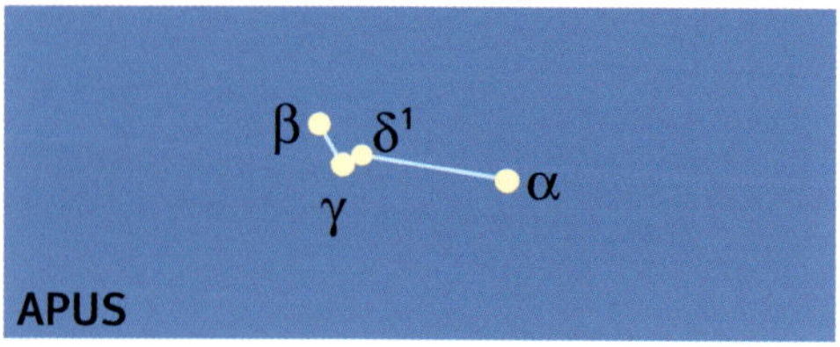

Aquarius | Aqr | *Wassermann*

Der Wassermann war in der griechischen Sage Deukalion, der Sohn des Prometheus. Ein wenig entspricht er unserem Petrus, der im Scherz oft für das schlechte Wetter verantwortlich gemacht wird. Tatsächlich trat früher in den Ländern des Mittelmeerraums und Nahen Ostens die Regenzeit ein, wenn dieses Sternbild für etwa zwei Monate vom Nachthimmel verschwand. Und wirklich hängt die Namensgebung des Sternbilds vor rund 3000 Jahren damit zusammen. Der Wassermann ist ein Tierkreissternbild und kann vor allem im Herbst beobachtet werden. Das Sternbild ist ausgedehnt und enthält nur schwächere Sterne.
Der Hauptstern α Aqr oder Sadalmelik (ar. „König") ist $3\overset{m}{,}0$ hell und 760 Lj. entfernt. Aber auch β Aqr oder Sadalsuud (ar. „Glücksstern") ist $2\overset{m}{,}9$ hell.
Schon mit einem 5-cm-Fernrohr kann der Doppelstern ψ^1 Aqr getrennt werden. Die beiden Sterne haben eine Helligkeit von $4\overset{m}{,}5$ und $9\overset{m}{,}4$. Ihr gegenseitiger Abstand beträgt 49″.
Ein prachtvoller Kugelsternhaufen ist M 2, der $6\overset{m}{,}3$ hell und 39 000 Lj. entfernt ist. Er kann bereits mit einem 5-cm-Fernrohr beobachtet werden. Zwei schöne Planetarische Nebel sind ebenfalls bereits in einem kleinen Rohr zu erkennen: NGC 7009, der „Saturn-Nebel", ist 8^m hell und 2500 Lj. entfernt; NGC 7293 kommt sogar auf $6\overset{m}{,}5$ und ist mit etwa 450 Lj. der nächste Planetarische Nebel. Häufig nennt man ihn auch „Helix-" oder „Sonnenblumen-Nebel".

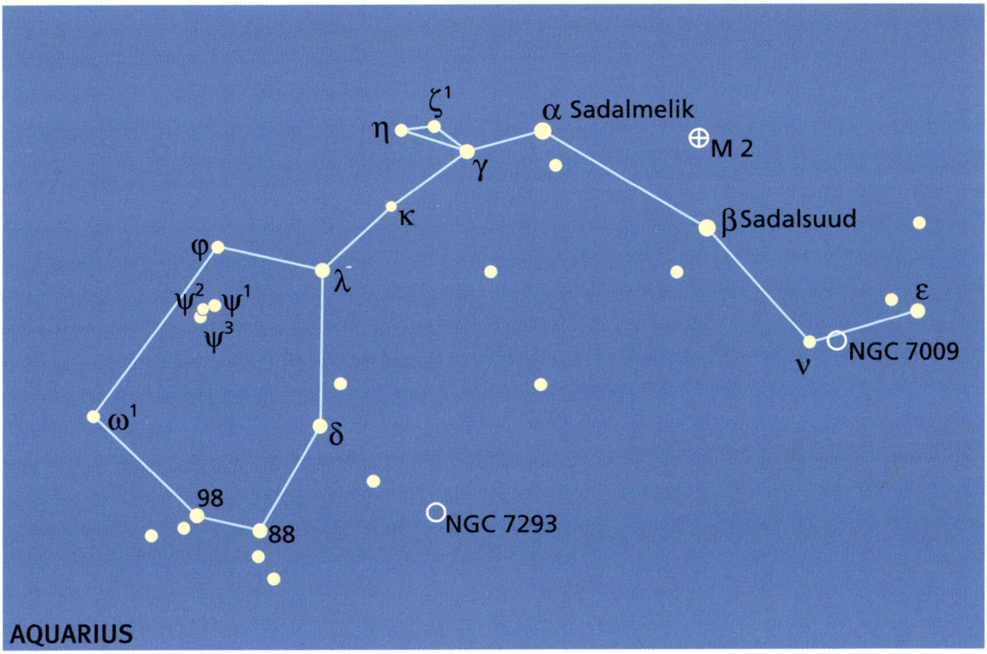

Aquila | Aql | *Adler*

Der griechischen Sage nach soll der Adler den schönen Jüngling Antinous zum Olymp entführt haben, wo er zum Mundschenk der Götter ausersehen wurde. Am besten beobachtet man das Sternbild im Sommer und Herbst.

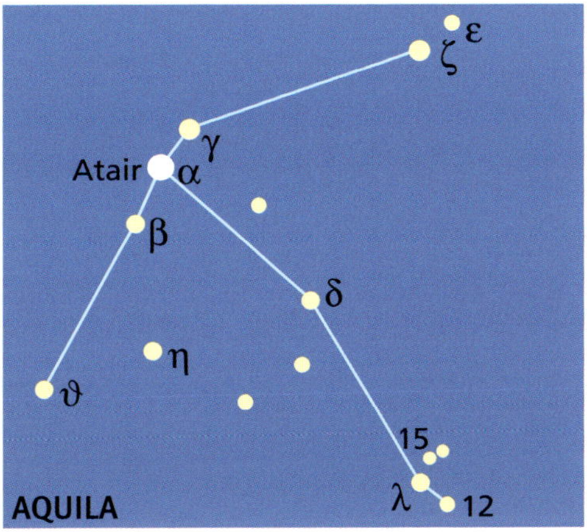

Der gelblich weiße Hauptstern α Aql bzw. Atair oder Altair (ar. „der fliegende Adler") ist 17 Lj. entfernt und $0^{\mathrm{m}}{,}8$ hell. Ein im Fernglas zu trennender Doppelstern ist 15 Aql; die Sterne sind $5^{\mathrm{m}}{,}5$ bzw. $7^{\mathrm{m}}{,}1$ hell und 38″ voneinander entfernt. η Aql ist ein Veränderlicher vom Typ der Cepheiden. Mit einer Periode von 7,2 Tg. schwankt er zwischen $3^{\mathrm{m}}{,}7$ und $4^{\mathrm{m}}{,}4$. Etwa 1,5° westlich von γ Aql befindet sich die „dunkle Höhle", ein berühmter Dunkelnebel, der ebenfalls im Fernglas schon zu erkennen ist. Er ist rund 1000 bis 2500 Lj. entfernt.

Ara | Ara | *Altar*

Dieses Sternbild liegt südlich vom Skorpion und geht in Mitteleuropa nicht mehr auf. α Ara ist 242 Lj. entfernt und hat eine Helligkeit von $2^{\mathrm{m}}{,}9$, noch etwas heller ist β Ara mit $2^{\mathrm{m}}{,}8$ (Entfernung 603 Lj.). Es gibt hier einige „mittelprächtige" offene Sternhaufen, wie etwa NGC 6208, der insgesamt 7^{m} hell ist. Der

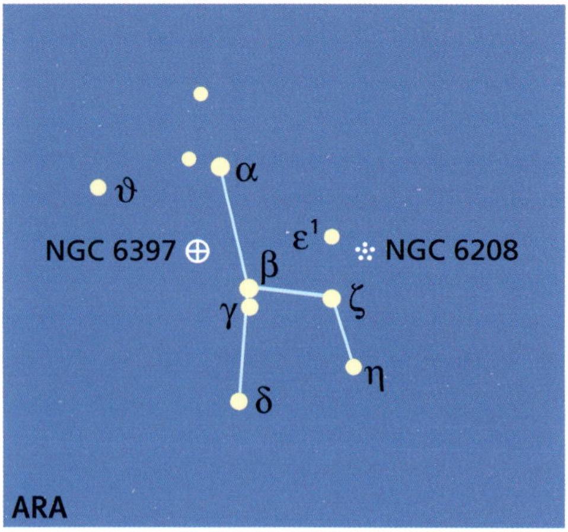

Kugelsternhaufen NGC 6397 mit einer Gesamthelligkeit von 6^m gehört mit einem Abstand von nur 7200 Lj. zu den nächsten Sternhaufen dieser Art.

Aries | Ari | *Widder*

In der altgriechischen Sage entführte der Widder die beiden Kinder Phrixos und Helle der Wolkengöttin Nephele, da sie geopfert werden sollten. Helle stürzte dabei jedoch ins Meer. Das Tierkreissternbild zeigt sich am besten im Herbst und Winter.
Der Hauptstern α Ari heißt auch Hamal (ar. „Widder"); gelegentlich wird er auch Elnath (ar. „der mit dem Horn Stoßende") genannt. Er ist ein roter Riesenstern mit einer Helligkeit von $2{,}^m0$. β Ari oder Sheratan oder Elscheratain (ar. „die beiden Zeichen") ist $2{,}^m7$ hell. Ein schon mit einem besseren Fernglas zu trennender Doppelstern ist λ Ari. Der Hauptstern ist $4{,}^m9$ hell, der Begleiter $7{,}^m3$. Die Distanz beträgt 38″.

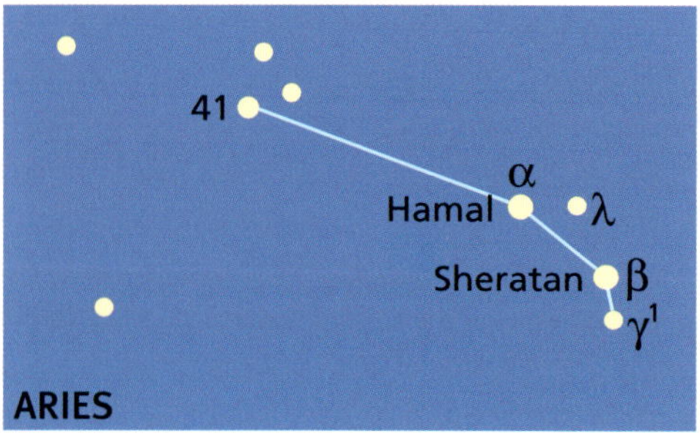

Auriga | Aur | *Fuhrmann*

Der Fuhrmann soll der Überlieferung nach der Erfinder der großen zweirädrigen Streit- und Kampfwagen gewesen sein. Der nördliche Teil des Sternbilds ist in Mitteleuropa zirkumpolar, geht also niemals unter. Insgesamt ist es ein Wintersternbild.
Der Hauptstern heißt Kapella (lat. „Ziegenböckchen"). Die altarabische Bezeichnung Alhajot, die dasselbe bedeutet, wird nur selten gebraucht. Kapella oder α Aur ist ein gelblicher Riesenstern und $+0{,}^m1$ hell. Die Entfernung beträgt 42 Lj. ε Aurigae ist ein Bedeckungsveränderlicher. Er zeigt mit 27 Jahren die längste bekannte Periode und sinkt bei der Bedeckung von $3{,}^m0$ auf $3{,}^m8$ ab. Die nächste Bedeckung findet im Jahr 2010

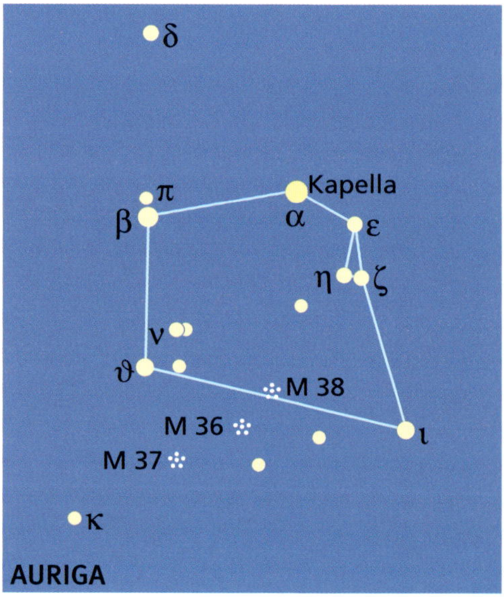

Der Sternhaufen M 37 im Fuhrmann ist ein schöner offener Sternhaufen.

statt. Eine Periode von 972 Tg. hat ζ Aur, ebenfalls ein Bedeckungsveränderlicher mit einer Helligkeit zwischen $3\overset{\mathrm{m}}{,}7$ und $4\overset{\mathrm{m}}{,}0$.
Vor allem im Südteil des Fuhrmanns gibt es eine Reihe offener Sternhaufen, die teilweise schon mit dem Feldstecher gesehen werden können. Besonders bemerkenswert sind M 36, 37 und 38. Sie sind alle zwischen 4000 und 4500 Lj. entfernt. Die meisten Sterne, nämlich rund 200, enthält M 37, der ganz weit im Süden des Sternbilds liegt. Wenn auch der Fuhrmann in einem Gebiet der Milchstraße liegt, das verhältnismäßig wenig sternreich ist, so lohnen sich doch Streifzüge mit kleinen, lichtstarken Instrumenten.

B

Bootes | Boo | *Rinderhirte*

Dieses Sternbild gehört zu den Frühlingsbildern, sein nördlichster Zipfel ist in Mitteleuropa aber zirkumpolar. Die exakte Übersetzung des griechischen Sternbildnamens als „Rinderhirte“ oder „Ochsentreiber“ widerspricht dem Namen seines Hauptsterns: Arktur. Er verweist auf die griechische Bezeichnung für Bär, so dass man auch oft vom „Bärenhüter“ spricht.
α Boo oder Arktur ist ein orangeroter Riesenstern mit rund 25-fachem Sonnendurchmesser. Mit einer Entfernung von 37 Lj. ist er der nächste rote Riese überhaupt. Die Helligkeit beträgt $0\overset{\mathrm{m}}{,}0$. Ein schöner Doppelstern für den besseren Feldstecher ist ι Boo. Die Helligkeiten betragen $4\overset{\mathrm{m}}{,}8$ und $8\overset{\mathrm{m}}{,}2$, die Distanz 38″. Noch weiter auseinander stehen die Partner von δ Boo mit 105″. Der Hauptstern ist hier $3\overset{\mathrm{m}}{,}5$, der Begleiter nur $7\overset{\mathrm{m}}{,}8$ hell, so dass er wohl erst mit einem 5-cm-Rohr zu erkennen ist. ξ Boo ist ebenfalls ein Objekt für ein solches Instrument. In 7″ Distanz ste-

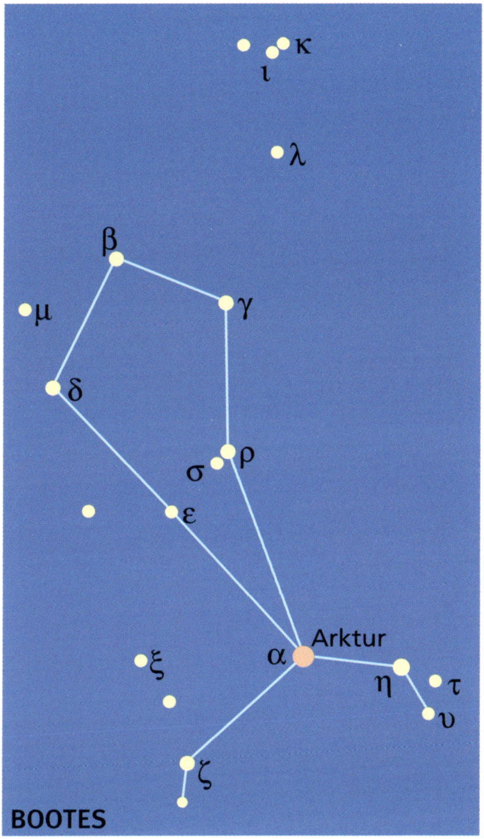

hen hier zwei Sterne mit $4{,}^{m}8$ bzw. $6{,}^{m}9$ auseinander. Bei μ Boo fällt die Trennung dagegen wieder leichter: Der Hauptstern ist $4{,}^{m}3$, der Begleiter 7^{m} hell. Der Abstand beträgt 109″.

C

Caelum | Cae | *Grabstichel*

Dieses winzige Füllsternbild wurde erst von N. L. Lacaille im Jahr 1752 eingeführt. Es liegt südwestlich des Sternbilds Hase und steigt an Winterabenden in Mitteleuropa gerade noch teilweise über den Südhorizont. Da es aber nur recht schwache Sterne enthält, ist es sehr unscheinbar und auf den Sternkarten in diesem Buch auch nicht verzeichnet. Der hellste Stern ist α Cae mit einer Helligkeit von $4{,}^{m}5$.

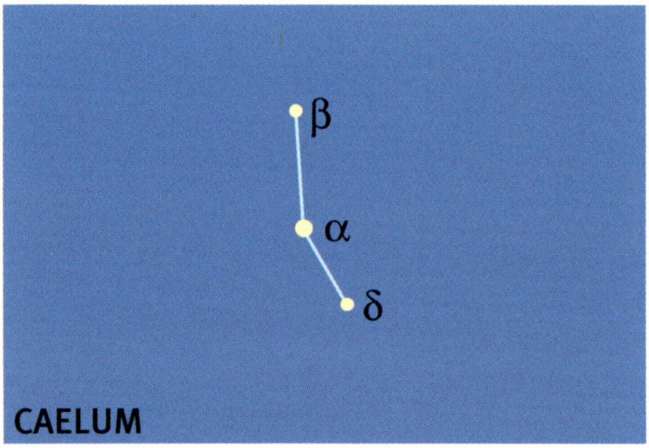

Camelopardalis | Cam | *Giraffe*

Dieses Sternbild füllt den Bereich zwischen Kepheus, Kassiopeia, Perseus, Fuhrmann, Luchs, Drache und Kleiner Bär und enthält nur sehr schwache Sterne. Es wurde deswegen auch erst von J. Bartsch zu Beginn des 18. Jh. als eine Art Füllsternbild erfunden. Es ist in mitteleuropäischen Breiten zirkumpolar, steht also immer über dem Horizont.

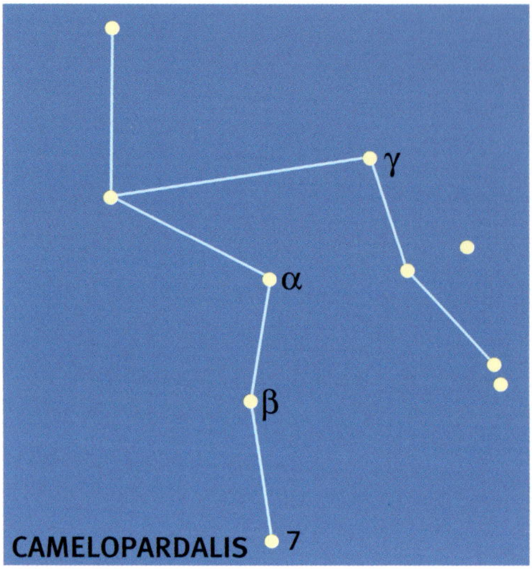

Auffällige Objekte sind in dem Sternbild nicht zu finden.

Cancer | Cnc | *Krebs*

Zeus soll den Krebs ausgesandt haben, um eine Nymphe im Bade festzuhalten. Dieses Tierkreissternbild ist abends am besten im Winter und Frühling zu sehen. Allerdings gehört der Krebs zu den unscheinbareren Sternbildern.

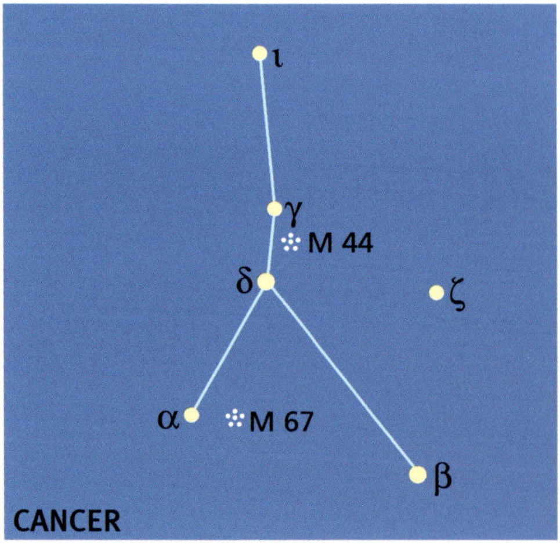

Selbst der „Anführer“ des Sternbilds, α Cnc oder Acubens (ar. „Schere“), ist nur $4\overset{m}{,}3$ hell. Mit $3\overset{m}{,}5$ ist β Cnc sogar etwas heller, und auch δ Cnc hat immerhin noch $3\overset{m}{,}9$ zu bieten. Ein schöner Doppelstern ist ι Cnc. Er kann vielleicht schon mit einem guten Fernglas getrennt werden. Die Helligkeiten betragen $4\overset{m}{,}2$ und $6\overset{m}{,}6$, die Distanz 31″. Das prachtvollste Objekt im Krebs ist aber der offene Sternhaufen „Krippe“ oder „Praesepe“, der schon im Altertum als „Nebelstern“ bekannt war; die Katalogbezeichnung ist M 44. Neben den Plejaden und Hyaden im Stier ist er der schönste offene Sternhaufen am Nordhimmel. Ohne Fernrohr sieht man in einer klaren Nacht einen verwaschenen Nebelfleck, der sich im Feldstecher und kleinen Fernrohr in viele Sterne auflöst. Der hellste Stern darin ist ε Cnc mit $6\overset{m}{,}3$. Die Entfernung beträgt 577 Lj. Ebenfalls hübsch im Fernglas anzusehen ist der offene Sternhaufen M 67 in rund 2500 Lj. Entfernung.

Canes Venatici | CVn | *Jagdhunde*

Der nördliche Teil dieses Sternbilds ist zirkumpolar und geht daher in Mitteleuropa nicht unter. Die beste Beobachtungszeit ist der Frühling.

Der Spiralnebel M 51 in den Jagdhunden hat eine kleine Begleitgalaxie.

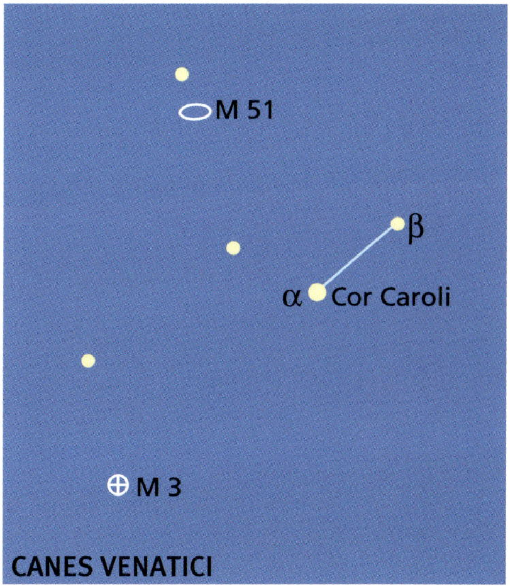

Der Hauptstern α CVn trägt auch die seltsame Bezeichnung Cor Caroli, aus dem Lateinischen übersetzt „das Herz Karls“. Damit wurde der englische König Karl II. (1630–1685) auf Vorschlag des Hofarztes Sir Charles Scarborough durch den Astronomen Edmond Halley geehrt. Man behauptete, dieser Stern habe besonders hell geleuchtet, als der König nach seiner Vertreibung durch Cromwell 1660 wieder nach London zurückkehrte. Vermutlich geht der Name aber schon auf den 1649 hingerichteten Karl I. zurück. Er wurde jedoch in den folgenden Jahren zunächst kaum benutzt.

α CVn hat eine Helligkeit von $2\overset{m}{,}9$ und ist 110 Lj. entfernt. Ein Fernrohr mit 5 cm Öffnung enthüllt uns neben ihm in 20″ Distanz einen $5\overset{m}{,}4$ hellen Begleiter.

Ein sehr berühmter Spiralnebel mit der Katalogbezeichnung M 51 liegt am Nordostrand des Sternbilds zur Deichsel des Großen Wagens hin. Bei einer Helligkeit knapp unter 8. Größe ist er in einem sehr lichtstarken Fernglas gerade noch sichtbar. Auf Aufnahmen zeigt er sich als eine sehr schöne Spirale mit einer Begleitgalaxie als Anhängsel an seinem Südende. Oft nennt man M 51 auch „Whirlpool-Nebel". Seine Entfernung beträgt 35 Mill. Lj. In der Südostecke des Sternbilds, Richtung Arktur im Rinderhirten, liegt der Kugelsternhaufen M 3. Mit einer Helligkeit knapp über der 7. Größe kann er leicht mit dem Feldstecher als verwaschener, rundlicher Nebel aufgefunden werden. Er ist rund 30 000 Lj. entfernt.

■ **Canis Maior** | CMa | *Großer Hund*

Der Große Hund ist ein Wintersternbild; er ist der Begleiter des Himmelsjägers Orion. In Mitteleuropa gelangt er allerdings nie sehr hoch über den Horizont.

Der Hauptstern α CMa ist mit $-1^{m}{,}5$ der hellste Stern am ganzen Himmel: Er heißt auch Sirius – eine Bezeichnung, deren Herkunft nicht ganz klar ist. Wahrscheinlich handelt es sich um einen altbabylonischen Namen und bedeutet „Bogenstern". Die alten Ägypter nannten ihn Sothis. Seltener in Gebrauch ist die Bezeichnung Alhabor (ar. „der die Milchstraße überschritten hat"). Sirius ist 8,6 Lj. entfernt und 22-mal heller als unsere Sonne. Als nahezu reinweißer Stern hat er eine Oberflächentemperatur von rund 11 000 °C. Sirius besitzt einen berühmten weißen Zwergstern als Begleiter. Er ist nur etwa so groß wie die Erde, enthält aber eine volle Sonnenmasse, so dass seine Dichte rund 1 Tonne pro Kubikzentimeter beträgt. Leider steht er so dicht an dem alles überstrahlenden Hauptstern, dass er mit kleinen Amateurfernrohren nicht zu erkennen ist. Die Umlaufzeit beträgt 50 Jahre. Der zweithellste Stern ist Mirzam (ar. „der Vorausgehende") oder β CMa mit einer Helligkeit von $2^{m}{,}0$ und einem Abstand von 500 Lj.

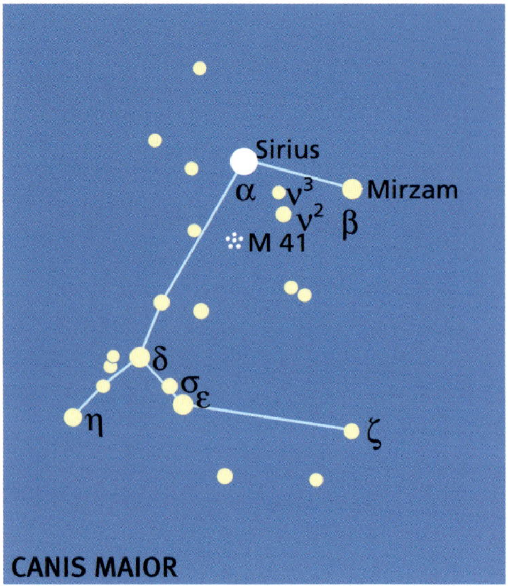

Etwa 4° südlich von Sirius liegt der offene Sternhaufen M 41. Er zeigt zahlreiche Sterne von der 7. Größe an abwärts und ist bereits im Fernglas sichtbar. Seine Entfernung beträgt 2400 Lj.

■ **Canis Minor** | CMi | *Kleiner Hund*

Der Kleine Hund sitzt nördlich des Großen Hundes und ist damit ebenfalls ein Wintersternbild. Dazwischen liegt allerdings noch das Sternbild Einhorn.

Der Hauptstern, α CMi oder Prokyon (gr. „Vorhund"), ist $0^{m}{,}4$ hell und 11,4 Lj. von uns entfernt. Sein Name weist darauf hin, dass er

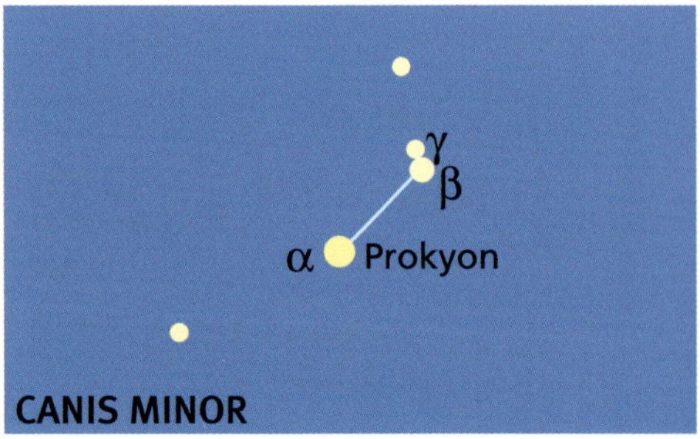

kurz vor Sirius, dem eigentlichen „Hundsstern“, aufgeht. Seltener wird der Name Elgomaisa (ar. „Sirius mit vom Weinen verklebten Augen“) verwendet. Prokyon ist eher gelblich und hat eine Oberflächentemperatur von fast 7000 °C. Auch Prokyon besitzt wie Sirius im Großen Hund einen weißen Zwergstern als Begleiter, der aber ebenfalls kleineren Fernrohren verborgen bleibt. Die Umlaufzeit beträgt hier 41 Jahre.

Capricornus | Cap | *Steinbock*

In der alten griechischen Sage soll sich der Waldgott Pan in einen Steinbock verwandelt haben, um sich vor dem Riesen Typhon zu verbergen. Der Steinbock ist ein Tierkreissternbild, das abends im Herbst zu sehen ist.
Der Hauptstern α Cap heißt auch Algiedi. Er ist einer der wenigen Doppelsterne, die bereits mit bloßem Auge getrennt werden können: Hier stehen zwei Sterne der Helligkeit $3^{\text{m}}{,}6$ und $4^{\text{m}}{,}2$ in 6′16″ Distanz auseinander (das ist etwa 1/5 der Breite des Vollmondes). Allerdings gehören die beiden Sterne räumlich nicht zusammen. Sie sind 109 bzw. 690 Lj. von uns entfernt, stehen also weit hintereinander. Beide Sterne sind ihrerseits wieder doppelt. Der hellere hat einen Begleiter 11. Größe in 7″, der schwächere in 45″ Abstand einen Stern 9. Größe.
M 30 ist ein Kugelsternhaufen 8. Größe in rund 25 000 Lj. Entfernung. Er ist in einem kleinen Fernrohr schwach sichtbar.

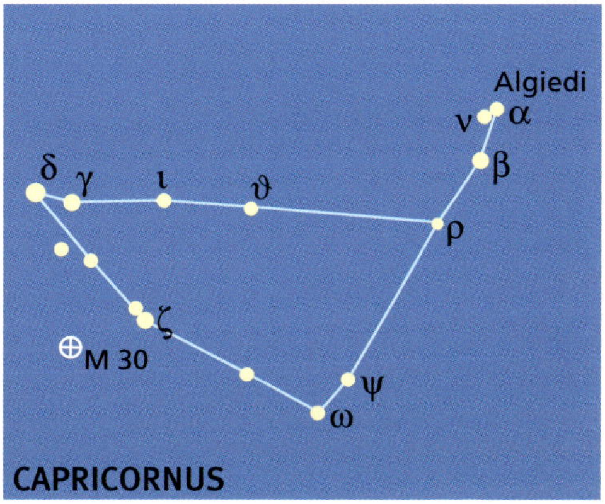

Carina | Car | *Schiffskiel*

Dieses Sternbild bildet zusammen mit dem Segel (Vela) und dem Hinterdeck (Puppis) das Schiff aus der Argonautensage. Es ist von Mitteleuropa aus vollständig unsichtbar. Der Hauptstern α Car heißt auch Canopus. Obwohl er im nordwestlichsten Zipfel des Sternbilds steht (vgl. Abb. S. 160), kann er erst vom südlichen Mittelmeerraum und Nordafrika an tief über dem winterlichen Südhorizont gesehen werden. Er kulminiert 20 Min. vor Sirius. Der Name geht auf den Steuermann des Menelaos bei seiner Rückkehr von Troia zurück. Canopus ist der zweithellste Stern am ganzen Himmel ($-0^{\text{m}}{,}7$), 313 Lj. entfernt und etwa 13 500-mal heller als unsere Sonne.
Der Schiffskiel ist voller eindrucksvoller offener Sternhaufen. Ein Streifzug mit dem Feldstecher lohnt sich! Sehr schön ist IC 2602, den man auch die „südlichen Plejaden“ nennt. Er kann bereits mit freiem Auge gesehen werden und ist nur rund 440 Lj. entfernt. Der hellste Stern in ihm ist ϑ Car mit immerhin $2^{\text{m}}{,}7$. Aber auch NGC 2516 ist nicht zu verachten. Rund 80 Sterne stehen hier 1400 Lj. entfernt um einen auffallenden roten Stern. NGC 2808 ist ein Kugelhaufen und bereits mit dem Opernglas zu sehen. Um den Stern η Car zeigt sich ein riesiger heller Gasnebel, der wiederum Ähnlichkeit mit dem Orion-Nebel hat. Er heißt auch „Schlüsselloch-Nebel“. Die Entfernung ist rund 6000 Lj. η Car ist außerdem ein unregelmäßig ver-

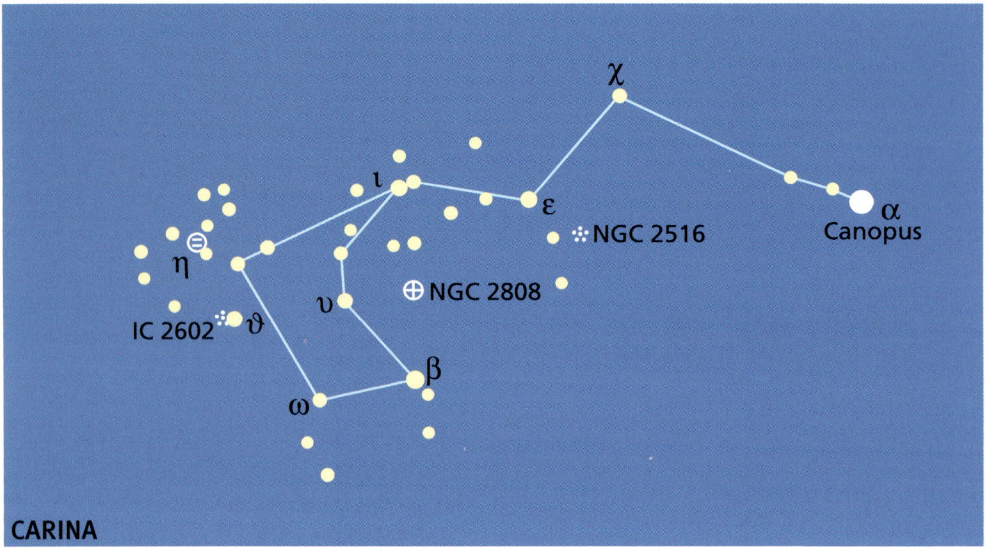

änderlicher Stern. In den letzten 300 Jahren schwankte seine Helligkeit zwischen -1^m und 8^m.

■ **Cassiopeia** | Cas | *Kassiopeia*
Die Kassiopeia war die Königin von Äthiopien, Gemahlin des Kepheus und Mutter der Andromeda. Die fünf hellsten Sterne bilden

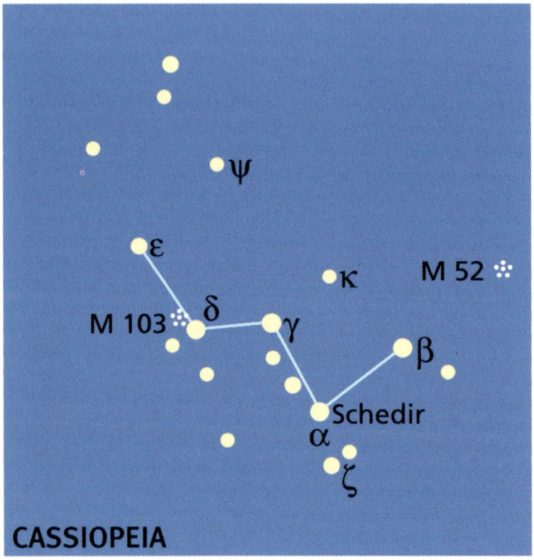

das auffällige „Himmels-W“. Das Sternbild ist in Mitteleuropa ganzjährig sichtbar.
α Cas oder Schedir (ar. „Brust“) ist $2{,}^m2$ hell und 229 Lj. entfernt. γ Cas schwankt unregelmäßig in langen Zeiträumen zwischen $1{,}^m6$ und $3{,}^m3$. In diesem Sternbild leuchtete im Jahr 1572 ein „neuer Stern“, eine Supernova, auf.
Da die Kassiopeia in der Milchstraße liegt, gibt es dort viele offene Sternhaufen, so etwa M 52 und M 103; sie sind allerdings Beobachtern mit Fernglas und Fernrohr vorbehalten.

■ **Centaurus** | Cen | *Zentaur*
In der griechischen Sage waren die Zentauren Wesen, halb Mensch, halb Pferd. Nur der nördlichste Teil des Sternbilds ragt in Mitteleuropa an Frühlingsabenden knapp über den S-Horizont.
Der Hauptstern, α Cen oder Toliman bzw. Rigil Kentaurus (ar. „Fuß des Zentauren“), ist erst südlich des 25. Breitenkreises vernünftig sichtbar. Dann kommt er wenigstens 4° über den Horizont. Mit 4,3 Lj. Entfernung

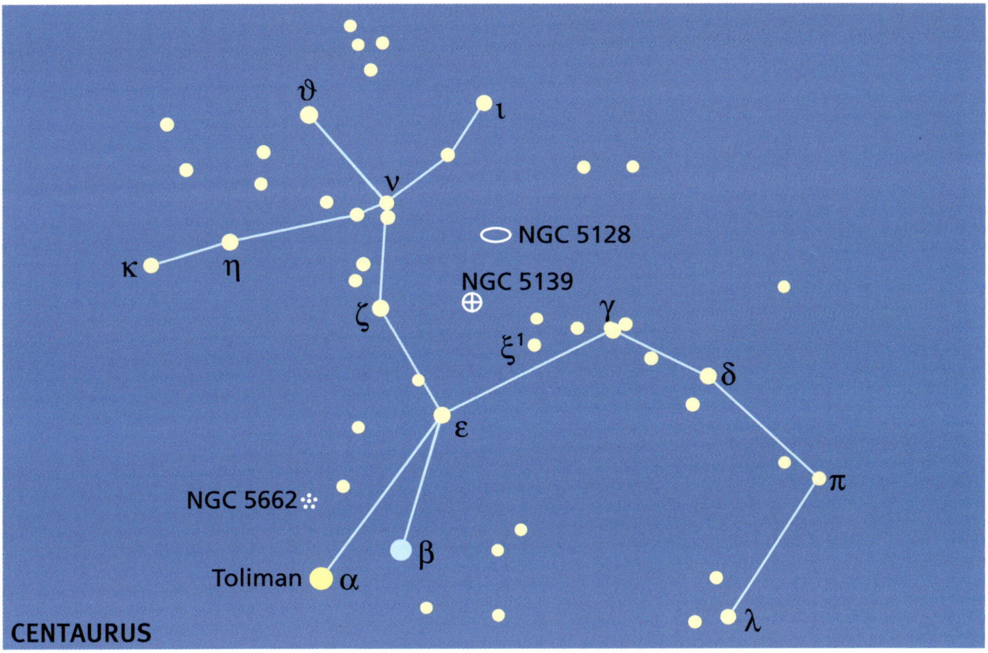

ist er unser nächster Nachbarstern – gleichzeitig ist er ein Doppelstern für ein 5-cm-Rohr. Neben dem Hauptstern mit $0^{m},0$ steht ein $1^{m},2$ heller Begleiter. Die Umlaufzeit beträgt nur 80 Jahre. Die Winkeldistanz ändert sich dadurch schnell: von 14″ im Jahr 2000 auf 5″ in 2015. In etwa 2,2° Distanz steht ein Stern 11. Größe, Proxima Centauri, der zum System α Cen gehört und uns mit 4,2 Lj. noch ein klein wenig näher steht als die beiden anderen.

ω Cen oder NGC 5139 ist der schönste Kugelsternhaufen am ganzen Himmel. Er war schon im Altertum bekannt, ist also mit bloßem Auge als Nebel zu erkennen. Die Gesamthelligkeit liegt bei 4^{m}, die Entfernung bei rund 17 000 Lj. Ferner gibt es im Zentaur mehrere offene Sternhaufen. Der hellste ist NGC 5662. Eine seltsame elliptische Galaxie ist NGC 5128 (Radioquelle Cen A) mit 7^{m} Helligkeit.

Cepheus | Cep | *Kepheus*

Dieses zirkumpolare Sternbild geht auf den König von Äthiopien in der griechischen

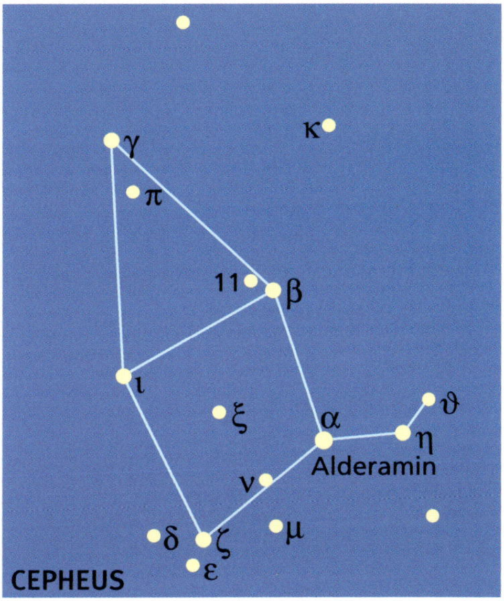

Sage zurück. Der Hauptstern, α Cep oder Alderamin (ar. „rechter Arm“), ist $2\overset{\mathrm{m}}{,}4$ hell und 49 Lj. entfernt. Ein schöner Doppelstern für ein 5-cm-Rohr ist β Cep. Neben dem Stern mit $3\overset{\mathrm{m}}{,}2$ steht in 13″ Distanz ein $7\overset{\mathrm{m}}{,}9$ heller Begleiter. Bei δ Cep finden wir in 41″ Distanz einen $6\overset{\mathrm{m}}{,}3$ hellen Partner. Der Hauptstern selbst ist ein pulsierender Stern – Hauptvertreter der Cepheiden. Seine Helligkeit schwankt in 5,37 Tg. zwischen $3\overset{\mathrm{m}}{,}5$ und $4\overset{\mathrm{m}}{,}4$. Wegen seiner tiefroten Farbe wird μ Cep auch als „Granatstern“ bezeichnet. Er ist ein unregelmäßig Veränderlicher zwischen $3\overset{\mathrm{m}}{,}6$ und $4\overset{\mathrm{m}}{,}5$.

Cetus | Cet | *Walfisch*

Der Walfisch spielt in der Perseus-Andromeda-Sage eine Rolle und ist ein Herbststernbild. Menkar (ar. „Nase“) oder α Cet hat eine Helligkeit von $2\overset{\mathrm{m}}{,}5$ und eine Entfernung von 220 Lj. Mit $2\overset{\mathrm{m}}{,}0$ ist aber β Cet oder Deneb Kaitos (ar. „Schwanz des Walfischs“) heller. Er ist 96 Lj. entfernt. Mira oder ο Cet ist der erste veränderliche Stern, der in der Geschichte der Astronomie 1596 von David Fabricius entdeckt wurde. Die Helligkeit dieses roten Riesensterns schwankt mit einer Periode von 332 Tg. zwischen 2^{m} (oder auch 3^{m} bis 4^{m}) und 10^{m}.

Ein Planetarischer Nebel ist NGC 246 mit der Helligkeit $8\overset{\mathrm{m}}{,}5$ und damit beobachtbar ab etwa 7 cm Fernrohröffnung.

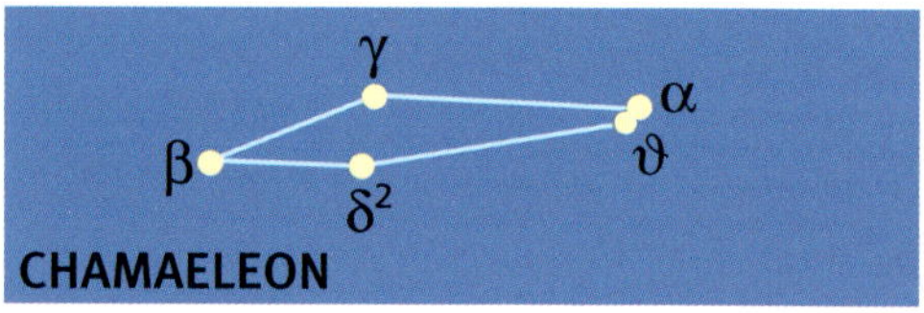

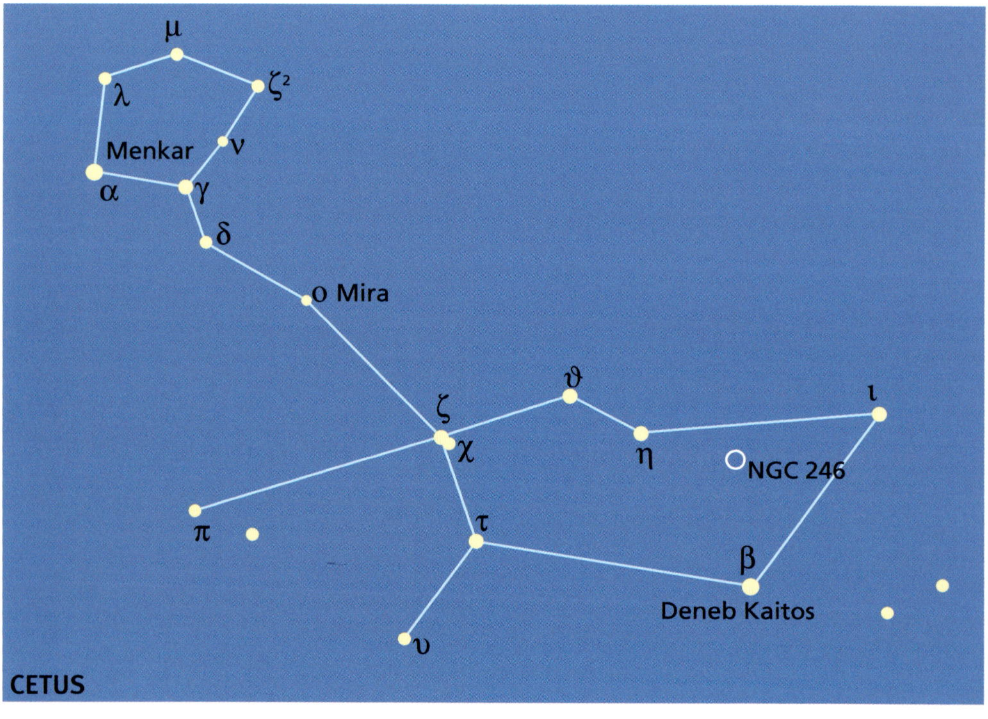

Chamaeleon | Cha | *Chamäleon*

Ein kleines Sternbild am Südhimmel ohne Besonderheiten. Der Hauptstern α Cha ist $4^{m}{,}1$ hell und 63 Lj. entfernt (Abb. l. Seite).

Circinus | Cir | *Zirkel*

Ein winziges Sternbild ohne Besonderheiten liegt in der Nachbarschaft des Zentaur.
Es wurde 1752 von N. L. Lacaille eingeführt und soll an den Zirkel als Navigationsinstrument erinnern. Der Hauptstern α Cir ist ein im 5-cm-Rohr leicht zu trennender Doppelstern. Die Helligkeiten betragen $3^{m}{,}2$ und $8^{m}{,}6$, die Distanz 16″ und die Entfernung 53 Lj.

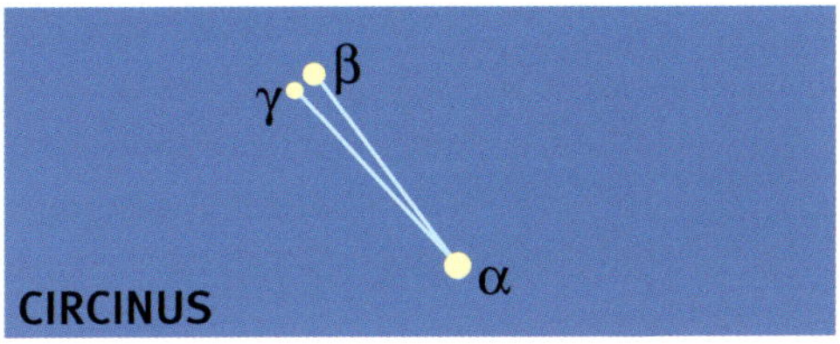

Columba | Col | *Taube*

Dieses Sternbild zieht in Mitteleuropa an Winterabenden fast vollständig über den S-Horizont herauf. Der Hauptstern α Col ist $2^{m}{,}7$ hell und 268 Lj. von uns entfernt.
NGC 1851 ist ein schöner Kugelsternhaufen mit der Helligkeit $7^{m}{,}3$. Er ist 39 000 Lj. entfernt und kann ab 5 cm Fernrohröffnung als Nebelfleck gesehen werden.

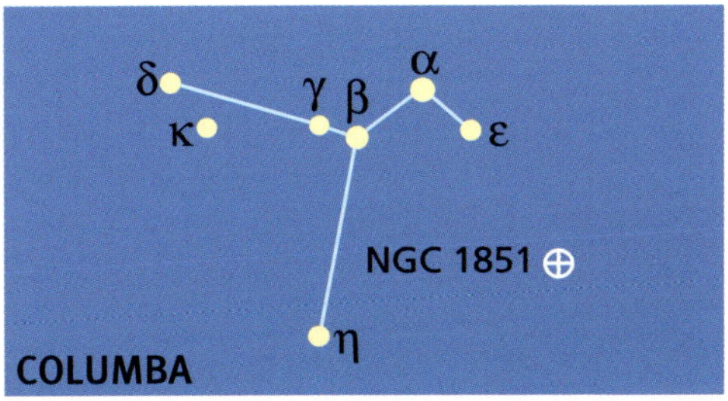

Coma Berenices | Com | *Haar der Berenike*

Der Sage nach soll die ägyptische Prinzessin Berenike ihr goldenes Haar den Göttern geweiht haben, um die Heimkehr ihres Gatten aus siegreicher Schlacht zu erbitten. Es ist ein kleines Sternbild oberhalb der Jungfrau, das am besten im Frühjahr beobachtet werden kann.
Das Kernstück bildet ein sehr verstreuter offener Sternhaufen, der aus 40 Sternen in 280 Lj. Entfernung besteht. Die hellsten Sterne sind 4. bis 5. Größe. Ein schöner Doppelstern ist 12 Com. Die beiden Sterne haben eine Helligkeit von $4^{m}{,}7$ und $8^{m}{,}3$ und stehen 65″ auseinander.
Das Sternbild ist bekannt durch den Coma-Galaxienhaufen. Er enthält rund 1000 Galaxien in 400 Mill. Lj. Entfernung. Allerdings sind diese Galaxien in kleineren Fernrohren noch nicht sichtbar. Die hellsten Nebel kommen auf die 13. bis 14. Größe. Doch gibt es auch einige nähere und hellere Galaxien, vor allem M 64 in 20–25 Mill. Lj. Entfernung. Bei einer Helligkeit von $8^{m}{,}6$ ist dieser Nebelfleck in einem Fernrohr ab etwa 7 cm Öffnung zu erkennen. Ferner ist noch der kugelförmige Sternhaufen M 53 erwähnenswert: Er ist $7^{m}{,}8$ hell und kann schon ab 5 cm Öffnung gesehen werden.

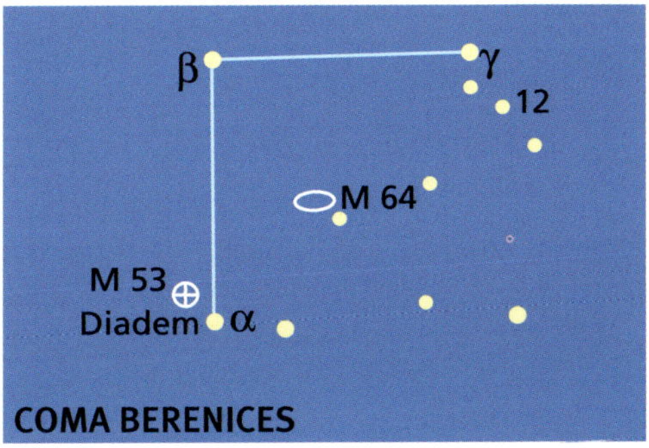

Corona Australis | CrA | *Südliche Krone*

Dieses südliche Sternbild steigt in Mitteleuropa nur noch teilweise knapp über den sommerlichen S-Horizont und kann deswegen praktisch erst vom Mittelmeerraum aus richtig gesehen werden. Ähnlich wie bei der Nördlichen Krone (Corona Borealis) bilden hier einige nicht allzu helle Sterne einen Halbkreis. Sie liegen eher im östlichen Teil des Sternbilds. Einen hellen Hauptstern gibt es in der Südlichen Krone nicht, der schwache Stern α CrA kommt nur auf $4\overset{m}{,}1$ und ist 130 Lj. entfernt.

Ein schöner Kugelsternhaufen ist NGC 6541. Er ist 22 000 Lj. weit weg. Seine Gesamthelligkeit erreicht immerhin die 6. Größe, so dass er bereits in kleineren Fernrohren gesehen werden kann.

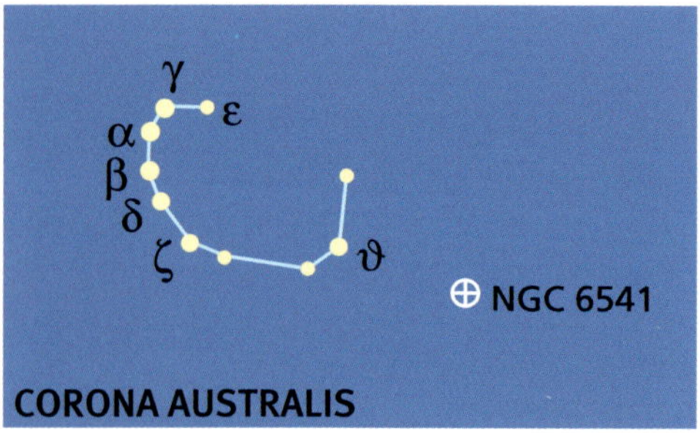

Corona Borealis | CrB | *Nördliche Krone*

Der alten Sage nach handelt es sich bei dieser Krone um ein Brautgeschenk der Venus an Ariadne. Am besten ist die Nördliche Krone abends im Frühling und Sommer zu beobachten.

In der Mitte des Halbkreises, den hier einige Sterne bilden, steht der Hauptstern α CrB oder Gemma (lat. „Edelstein“). Er ist gelblich weiß, kommt auf eine Helligkeit von $2\overset{m}{,}3$ und ist 75 Lj. entfernt. Ein schöner Doppelstern für ein 5-cm-Rohr ist ζ CrB: Die Helligkeiten

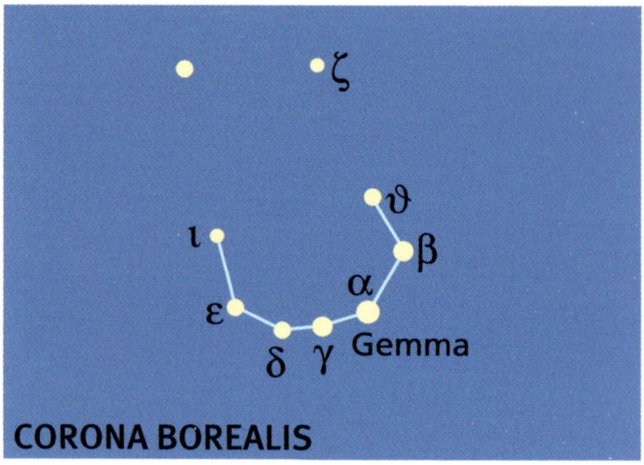

der beiden Partner betragen $5\overset{m}{,}1$ und $6\overset{m}{,}0$, die Distanz 6″.

Corvus | Crv | *Rabe*

Der Rabe war in der griechischen Mythologie ein Helfer des Apollo. Er sollte ihm stets Wasser bereitstellen. Das kleine Sternbild liegt südlich der Jungfrau und kann abends vor allem im Frühling nicht allzu hoch über dem Horizont beobachtet werden.

Der hellste Stern ist γ Crv oder Gienah (ar. „Flügel des Raben“) mit $2\overset{m}{,}6$ in 165 Lj. Entfernung. α Crv, auch Alchiba (ar. „Zelt“) genannt, kommt dagegen nur auf $4\overset{m}{,}0$. δ Crv heißt auch Algorab (ar. „rechter Flügel des Raben“) und hat wenigstens $3\overset{m}{,}0$ zu bieten. Er ist außerdem ein Doppelstern; sein Begleiter 8. Größe steht in 24″ Distanz und kann mit einem 5-cm-Rohr gesehen werden.

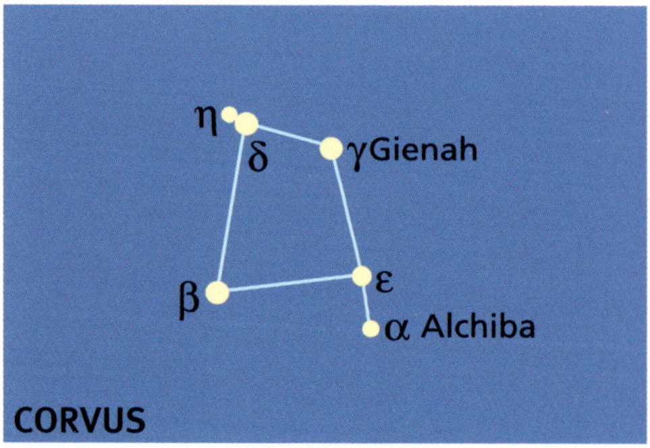

Crater | Crt | *Becher*
Dieses kleine Sternbild liegt nicht zufällig neben dem Raben, denn mit diesem goldenen Becher soll der Rabe dem Apollo Wasser zugereicht haben. Damit ist der Becher ebenfalls ein Frühlingssternbild, das allerdings nur aus sehr schwachen Sternen besteht. Der hellste Stern trägt auch hier nicht den ersten Buchstaben des griechischen Alphabets. Es ist vielmehr δ Crt mit einer Helligkeit von $3\overset{m}{,}6$. α Crt hat auch den arabischen Namen Alkes („Krug“); seine Helligkeit beträgt aber nur $4\overset{m}{,}1$.

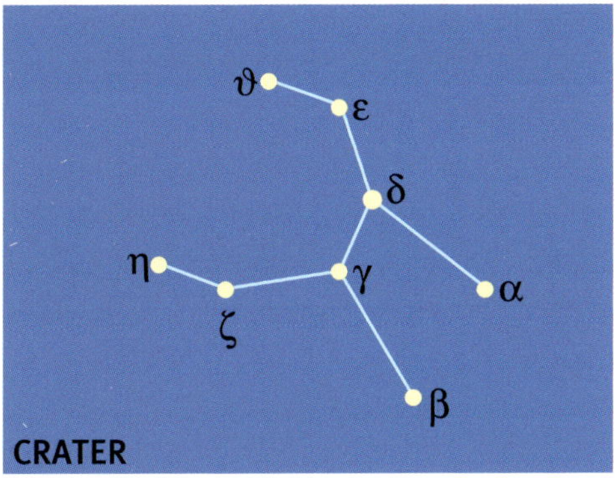

Crux | Cru | *Kreuz (des Südens)*
Das südliche Kreuz ist wohl das bekannteste Sternbild des Südhimmels, obwohl es eigentlich ziemlich klein ist. Es enthält aber vier helle Sterne. Außerdem erhielt es seine Bedeutung dadurch, dass man mit Hilfe dieses Sternbilds die Position des südlichen Himmelspols auffinden kann, in dessen unmittelbarer Nähe leider nicht – wie am nördlichen Himmelspol – ein hellerer Stern steht. Dazu verlängere man die Strecke, die durch die Sterne γ–α Cru gebildet wird, um das Viereinhalbfache über α Cru hinaus. Das Sternbild ist erst jenseits von etwa 20° bis 25° nördl. Breite beobachtbar.

α Cru heißt auch Acrux, ist insgesamt $0\overset{m}{,}8$ hell und 321 Lj. entfernt. Er ist für ein Fernrohr ab 5 cm Öffnung ein sehr schöner Doppelstern. Der Hauptstern bietet $1\overset{m}{,}4$ und der Begleiter $1\overset{m}{,}7$, die Distanz beträgt 4,5″. Auch γ Cru ist ein Doppelstern: Hier kann der Begleiter in fast 2′ Distanz sogar schon in einem Feldstecher gefunden werden. Die Helligkeiten betragen $1\overset{m}{,}6$ und $6\overset{m}{,}4$.
Im Kreuz, das auch in der Milchstraße liegt, gibt es mehrere offene Sternhaufen. Der weitaus schönste ist NGC 4755 oder κ Cru, gelegentlich auch „Jewel Box“ (Schmuckkästchen) genannt. Er ist rund 5000 Lj. entfernt und hat immerhin eine Gesamthelligkeit von $4\overset{m}{,}2$. Damit ist er schon mit freiem Auge sichtbar. Das liegt daran, dass er einige sehr helle blaue Überriesen enthält, die auf 6. bis 7. Größe kommen. Doch gibt es inmitten des Haufens auch einen roten Riesenstern. Es ist ein sehr junger Sternhaufen, dessen Alter auf höchstens einige Mill. Jahre geschätzt wird. Im Kreuz liegt auch der auffälligste Dunkelnebel des ganzen Himmels. Er liegt etwas südlich von β Cru und hebt sich von der umgebenden Milchstraße als 7 x 5° großer Dunkelfleck bereits so deutlich für das bloße Auge ab, dass er den Namen „Kohlensack“ erhielt (vgl. Abb. S. 135). Er ist rund 2000 Lj. entfernt, sein wahrer Durchmesser beträgt damit etwa 240 bis 280 Lj.

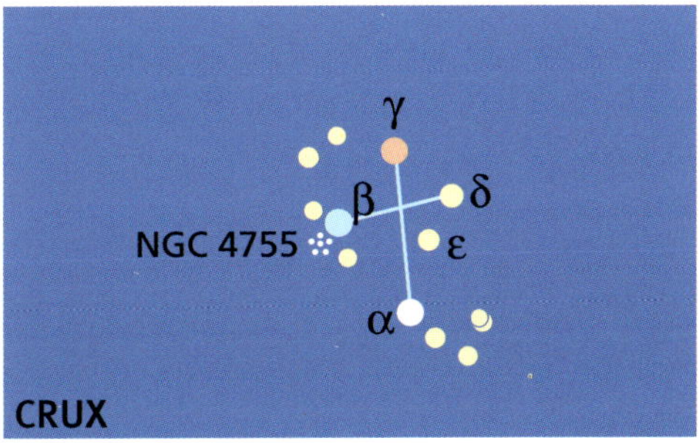

Vermutlich ist er der nächste Dunkelnebel überhaupt.

■ **Cygnus** | Cyg | *Schwan*

Der Schwan war der griechischen Sage nach ein Freund von Phaeton, dem Sohn des Sonnengottes. Er wurde zum Trost in das Tier verwandelt, da er Phaeton nach dessen Unglück mit dem Sonnenwagen verlor. Man kann die helleren Sterne dieses berühmten Sommersternbilds auch als ein riesiges Kreuz auffassen, und so wird dieses Sternbild oft als „Kreuz des Nordens“ bezeichnet. Der Längsbalken des Kreuzes verläuft von Deneb nach Albireo, der Querbalken von ε nach δ Cyg.

Die Bezeichnung Deneb für den Hauptstern α Cyg bedeutet arabisch „Schwanz“. Dieser $1^{m}_{,}2$ helle, gelblich weiße Stern ist etwa 1400 Lj. entfernt und damit immerhin fast 100 000-mal heller als unsere Sonne. An der Oberfläche ist er fast 11 000 °C heiß. Für den Feldstecher- und Fernrohrbeobachter ist aber Albireo (ar. „Vogel“) oder β Cyg interessanter. Er ist nämlich einer der schönsten Doppelsterne des ganzen Himmels: Neben einem goldgelben Hauptstern mit $3^{m}_{,}1$ steht in 34,5″ Distanz ein blauer oder saphirfarbener Begleiter der Helligkeit $5^{m}_{,}1$. Die Entfernung dieses mit seinem Farbkontrast besonders eindrucksvollen Doppelsterns beträgt 390 Lj. Ein anderer Doppelstern ist

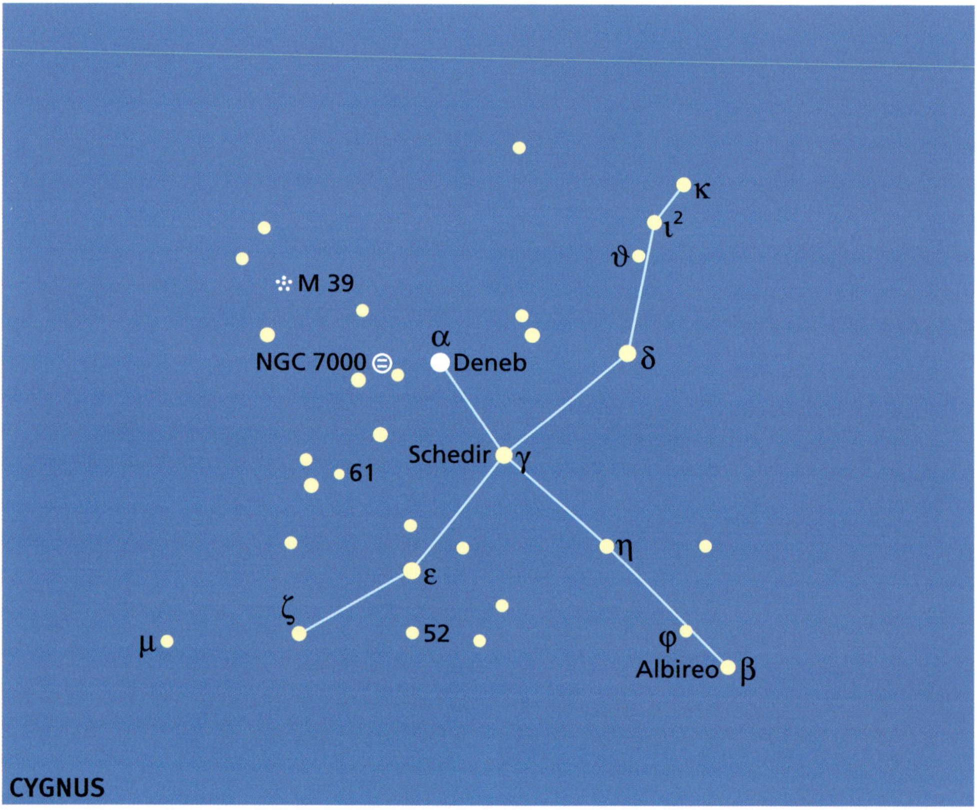

Albireo im Sternbild Schwan ist einer der schönsten farbigen Doppelsterne.

61 Cyg: Hier sehen wir mit einem guten Feldstecher oder kleinen Fernrohr neben dem Hauptstern mit $5\overset{\mathrm{m}}{,}2$ einen Begleiter von $6\overset{\mathrm{m}}{,}1$. Bei der Umlaufzeit von 722 Jahren verändert sich die Distanz merklich; im Jahr 2000 waren es 30″, 2015 werden es 33″ sein.
Im nördlichen Teil des Schwans beginnt eine Zweiteilung der Milchstraße, die sich von hier aus in Richtung Süden bis zum Zentaur erstreckt. Innerhalb des Schwans verläuft die dunkle Trennungsschneise, englisch oft als „Great Rift“ bezeichnet, zwischen γ Cygni oder Schedir (ar. „Brust“) und Albireo. Vorgetäuscht wird diese „Spalte“ durch Dunkelwolken in 4000 bis 5000 Lj. Entfernung.
Ein schöner Sternhaufen schon für einen Feldstecher ist M 39 in 880 Lj. Abstand. Rund 25 Sterne zwischen der 6. und 9. Größe stehen hier beieinander. Etwa 3° östlich von Deneb liegt der berühmte Nebel NGC 7000, seiner Form nach als „Nordamerikanebel“ bezeichnet. Leider ist er für visuelle Beobachtungen kein leichtes Objekt, obwohl er in sehr dunklen Nächten mit einem lichtstarken Feldstecher schon erahnt werden kann. Noch stärker gilt dies für den Cirrus- und Sturmvogelnebel, die in der Nähe von 52 Cyg liegen.

D

Delphinus | Del | *Delfin*

Der Delfin soll Aaron, den Bruder des Moses, vor dem Ertrinken gerettet haben. Das kleine Sternbild ist im Spätsommer und Herbst östlich des Adlers (Aquila) sichtbar. Seine Umrisse erinnern an einen kleinen Papierdrachen, den man im Herbst steigen lässt.
α Del ist $3\overset{\mathrm{m}}{,}8$ hell, β Del dagegen $3\overset{\mathrm{m}}{,}5$. Ein schöner Doppelstern für ein Fernrohr ab 5 cm Öffnung ist γ Del. Die beiden Sterne haben eine Helligkeit von $4\overset{\mathrm{m}}{,}5$ bzw. $5\overset{\mathrm{m}}{,}5$ und erscheinen orange und bläulich; die Distanz beträgt 10″.

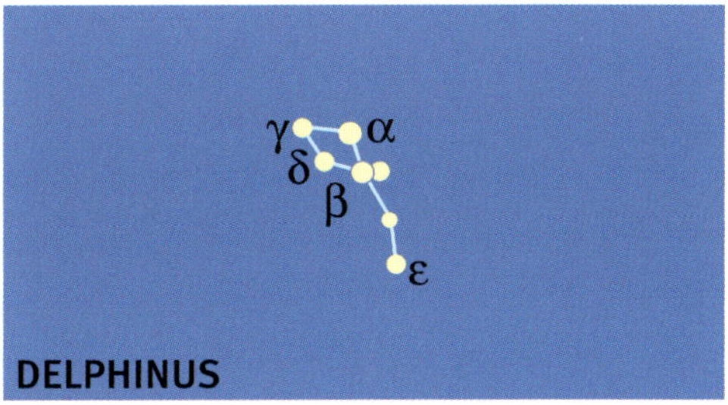

Dorado | Dor | *Schwertfisch*

Dieses von Mitteleuropa aus unsichtbare Südsternbild wurde erst im 17. Jh. von J. Bayer in die Sternbilderkunde eingeführt. Der Hauptstern α Dor ist $3\overset{\mathrm{m}}{,}3$ hell und 176 Lj. entfernt.
Das auffallendste Objekt ist die Große Magellansche Wolke im Südteil des Sternbilds. Sie ist eine Begleitgalaxie unseres Milchstraßensystems in etwa 170 000 Lj. Entfernung und gilt als irregulär, vielleicht

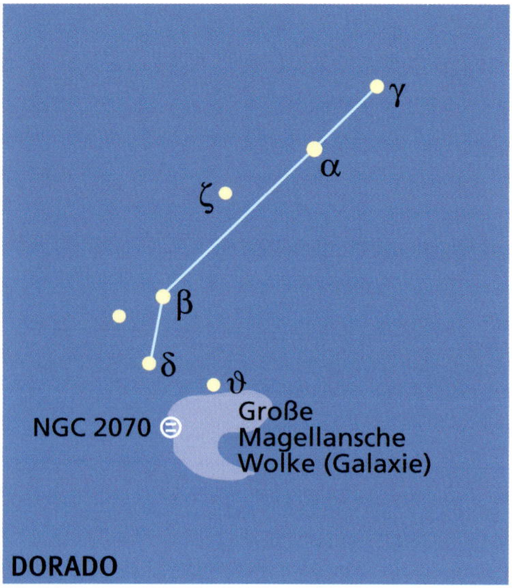

ist sie auch ein Balkenspiralnebel. Die rund 7° große Wolke ist schon deutlich mit freiem Auge erkennbar – sie wirkt wie ein losgerissenes Stück Milchstraße. Darin liegt auch der gasförmige „Tarantel-Nebel" (NGC 2070), der in Wahrheit noch sehr viel heller ist als der Orion-Nebel. Er kann bereits im Feldstecher gesehen werden, unter Umständen sogar mit bloßem Auge. Nicht weit davon entfernt leuchtete am 23. Februar 1987 die (von der Erde aus gesehen) hellste Supernova seit rund 400 Jahren auf.

Draco | Dra | *Drache*

Der Drache konnte in der griechischen Sage nur von Herkules besiegt werden. Das Stern-

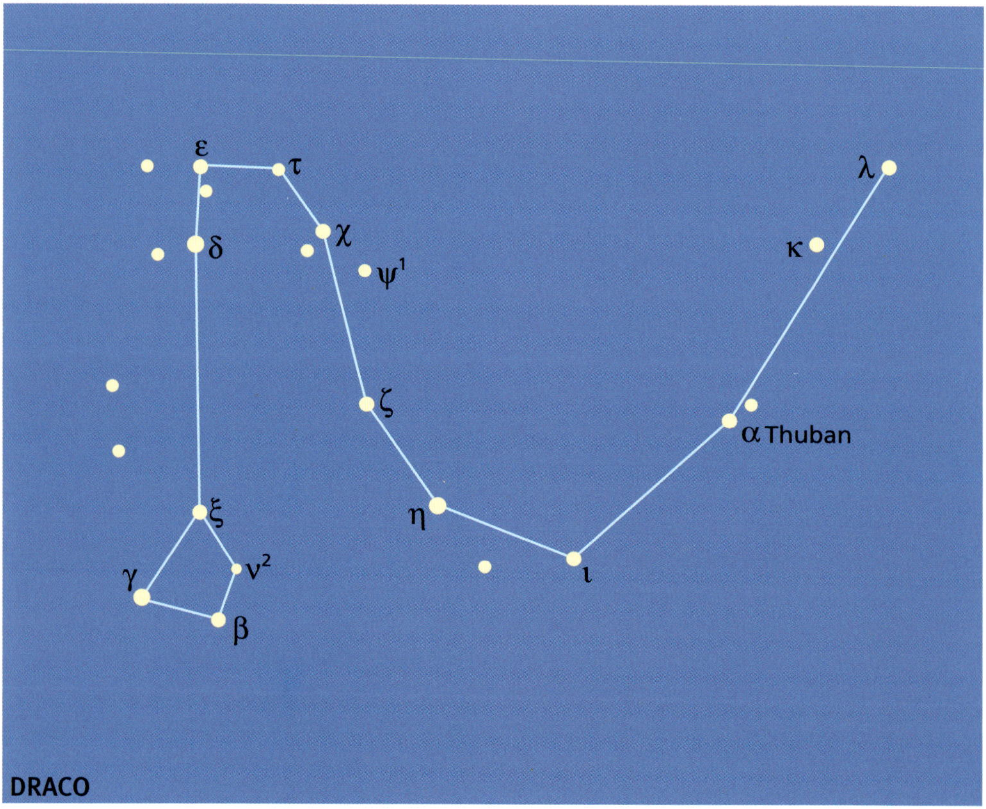

bild steht weit im Norden, ist zirkumpolar und schlängelt sich zwischen dem Großen und Kleinen Bären hindurch.
α Dra oder Thuban (ar. „Drache“) ist mit $3\overset{\mathrm{m}}{,}6$ nicht der hellste Stern im Drachen; dies ist vielmehr γ Dra mit $2\overset{\mathrm{m}}{,}2$ in 148 Lj. Entfernung am Kopf des Drachen. Ein schöner Doppelstern für einen Feldstecher ist ν Dra. Die beiden Partner haben dieselbe Helligkeit ($4\overset{\mathrm{m}}{,}9$) und stehen 62″ auseinander. Etwas schwieriger ist ψ Dra; der hellere Partner hat ebenfalls $4\overset{\mathrm{m}}{,}9$, der schwächere $5\overset{\mathrm{m}}{,}9$ zu bieten. Die Distanz beträgt 30″.

E

■ **Equuleus** | Equ | *Füllen*

Der Götterbote Hermes soll dieses kleine Pferd Kastor zum Geschenk gemacht haben. Das winzige Sternbild steht zwischen Delfin und Pegasus und kann am besten im Spätsommer und Herbst beobachtet werden.
Der 186 Lj. entfernte Hauptstern α Equ hat eine Helligkeit von $3\overset{\mathrm{m}}{,}9$. Seine arabische Bezeichnung lautet auch Kitalphar oder Kitel Phard, was „vorderer Teil des Pferdes“ bedeutet. Das Füllen enthält einen Doppelstern, der bereits ohne Fernrohr aufgelöst werden kann: γ und 6 Equ, deren Helligkeiten $4\overset{\mathrm{m}}{,}8$ und $6\overset{\mathrm{m}}{,}0$ betragen, sind fast 6′ oder 1/5 Vollmondbreite voneinander entfernt. Allerdings sehen wir den Begleiter wegen seiner Lichtschwäche nur in extrem dunklen Nächten.

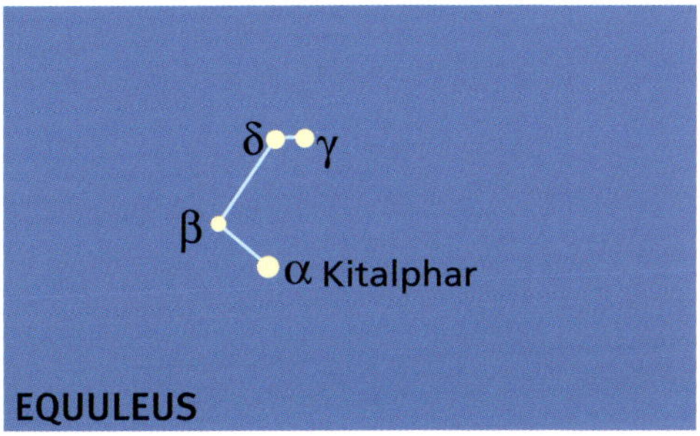

■ **Eridanus** | Eri | *Fluss Eridanus*

Dies ist in der griechischen Mythologie einer der Flüsse der Unterwelt. Er liegt südlich vom Stier bzw. südwestlich von Orion und kann am besten im Spätherbst und Winter beobachtet werden. Der südlichste Zipfel des Eridanus gelangt allerdings für Mitteleuropa nicht mehr über den Horizont.
Dort liegt auch der Hauptstern α Eri oder Achernar (ar. „Ende des Flusses“, s. Karte S. 170): Um ihn zu sehen, muss man mindestens bis zur geografischen Breite von N-Afrika reisen. Achernar ist $0\overset{\mathrm{m}}{,}5$ hell und 144 Lj. entfernt. Seine Farbe ist bläulich, die Oberflächentemperatur beträgt 15 000 °C. Doch ganz nahe bei Rigel, einem der beiden hellsten Sterne des Orion, liegt der $2\overset{\mathrm{m}}{,}8$ helle Stern β Eri. Er heißt auch Cursa oder „vordere Fußbank“. Ein Dreifachsystem ist o^2 oder 40 Eri. Neben dem Hauptstern mit der Helligkeit $4\overset{\mathrm{m}}{,}5$ steht zunächst in 88″ Distanz ein Begleiter von $9\overset{\mathrm{m}}{,}5$; er kann mit einem 5-cm-Rohr gerade noch gesehen werden. Auch dieser Stern ist doppelt: 9″ von ihm entfernt liegt ein Sternchen mit $11\overset{\mathrm{m}}{,}7$, sichtbar erst mit einem Fernrohr ab 10 cm Öffnung.

F

■ **Fornax** | For | *(Chemischer) Ofen*

Dieses Füllsternbild wurde von dem französischen Astronomen N. L. Lacaille eingeführt, der von 1750 bis 1753 am Kap der Guten Hoffnung den südlichen Sternhimmel beobachtete und insgesamt 14 neue Sternbilder „schuf“. Es ist ein kleines Bild südlich

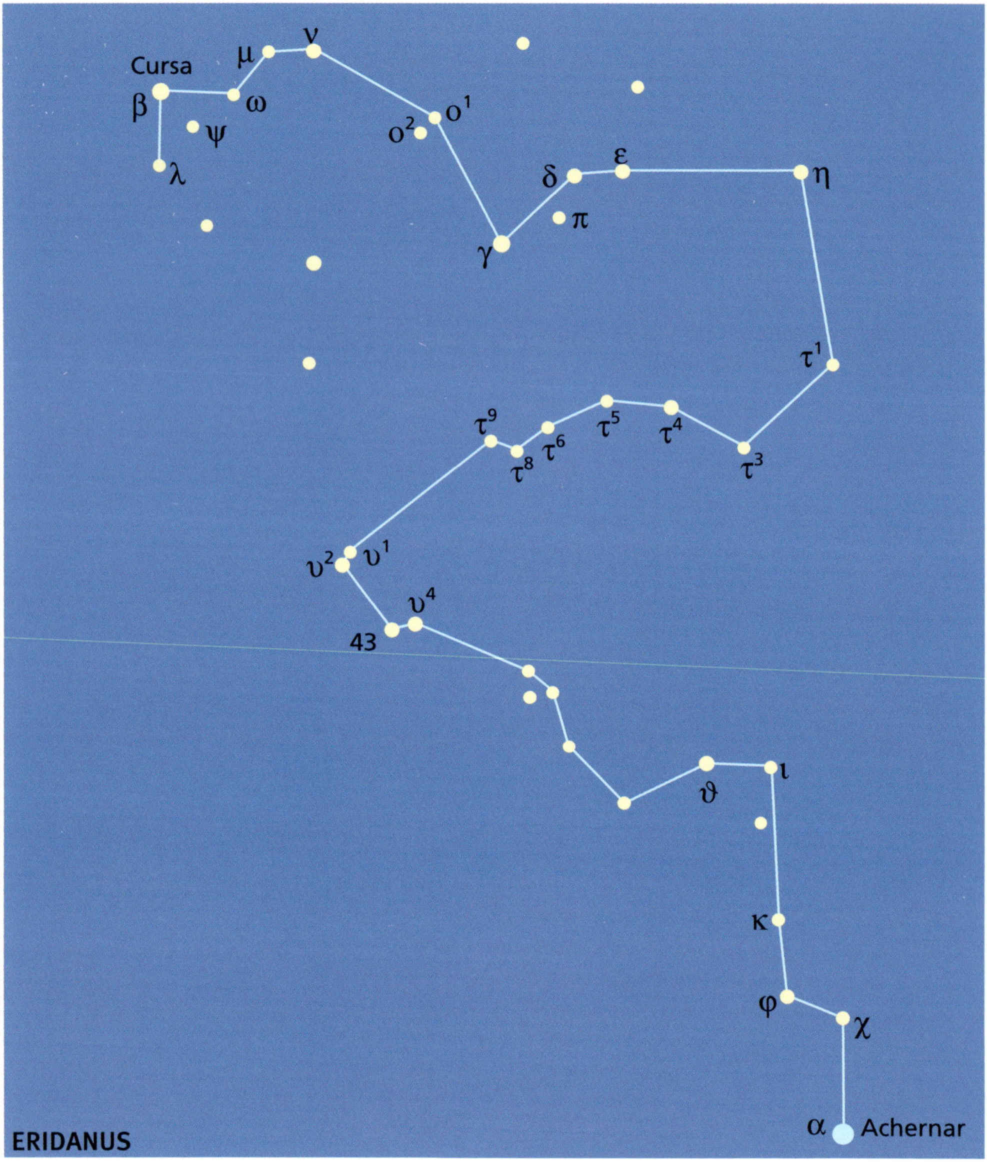

des Walfischs, das im Süden Mitteleuropas an Herbstabenden gerade noch vollständig über dem S-Horizont aufgefunden werden kann. α For ist $3\overset{\text{m}}{,}9$ hell und 46 Lj. entfernt. Auffällige Objekte enthält das Sternbild nicht.

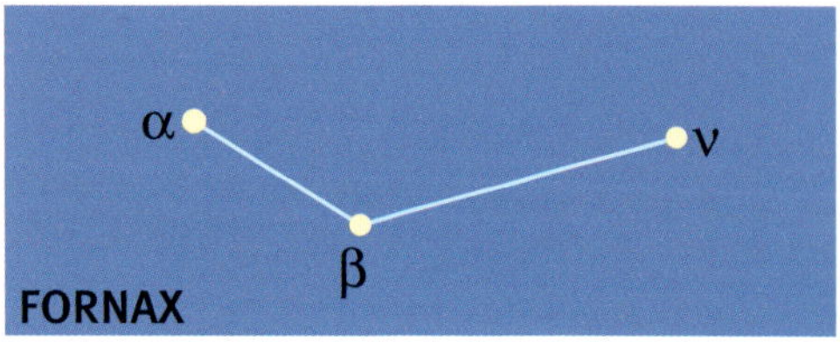

Gemini | Gem | *Zwillinge*

Während die Römer in den beiden Hauptsternen Romulus und Remus erblickten, waren es bei den Griechen Pollux, der in den Olymp auffahren durfte, und Kastor, der in der Unterwelt schmachten musste. Pollux jedoch besuchte regelmäßig seinen Zwillingsbruder. Zur Belohnung wurden schließlich beide unter die Sterne aufgenommen. Die Zwillinge sind ein Wintersternbild, gleichzeitig gehören sie zum Tierkreis.
Am hellsten ist Pollux oder β Gem mit $1\overset{m}{,}1$; er ist 34 Lj. entfernt und orangefarben, seine Oberflächentemperatur beträgt 4200 °C. Kastor oder α Gem ist mit $1\overset{m}{,}5$ ein wenig schwächer. Er besteht aber aus zwei ziemlich eng beieinander stehenden Sternen mit $2\overset{m}{,}0$ und $2\overset{m}{,}9$. Die Umlaufzeit dieses 52 Lj. entfernten Paares beträgt etwa 420–510 Jahre. Die gegenseitige Distanz wächst augenblicklich langsam von 4″ auf über 5″, so dass eine Trennung mit einem 5-cm-Rohr gerade schon möglich ist. In 73″ Distanz steht noch ein weiteres Sternchen 9. Größe. ζ Gem, ein Cepheidenstern mit im Mittel $3\overset{m}{,}9$ Helligkeit, hat in 101″ Distanz einen Begleiter 8. Größe, der fast noch mit einem Feldstecher aufgespürt werden kann. Zwei optische Doppelsterne, die mit einem 5-cm-Rohr zu trennen sind, sind μ Gem ($2\overset{m}{,}9$ und $9\overset{m}{,}8$ in 122″) und ν Gem ($4\overset{m}{,}1$ und $8\overset{m}{,}7$ in 113″ Distanz).
Im westlichsten Teil des Sternbilds liegt der schöne offene Sternhaufen M 35. Er kann schon mit dem Opernglas als verwaschener Lichtfleck erkannt werden, aber erst im Feldstecher, besser noch im kleinen Fernrohr, löst er sich in Hunderte Sterne ab 8. Größe auf. Sie sind etwa 2800 Lj. entfernt. NGC 2392 ist ein Planetarischer Nebel 8. Größe, der in kleinen Fernrohren gerade noch erkennbar ist. Wegen seines Aussehens auf lang belichteten Aufnahmen wird er auch „Eskimonebel“ oder „Clownsgesicht“ genannt.

Grus | Gru | *Kranich*

Dieses Sternbild wurde erst im 17. Jh. „erfunden“ und steht so weit südlich, dass in

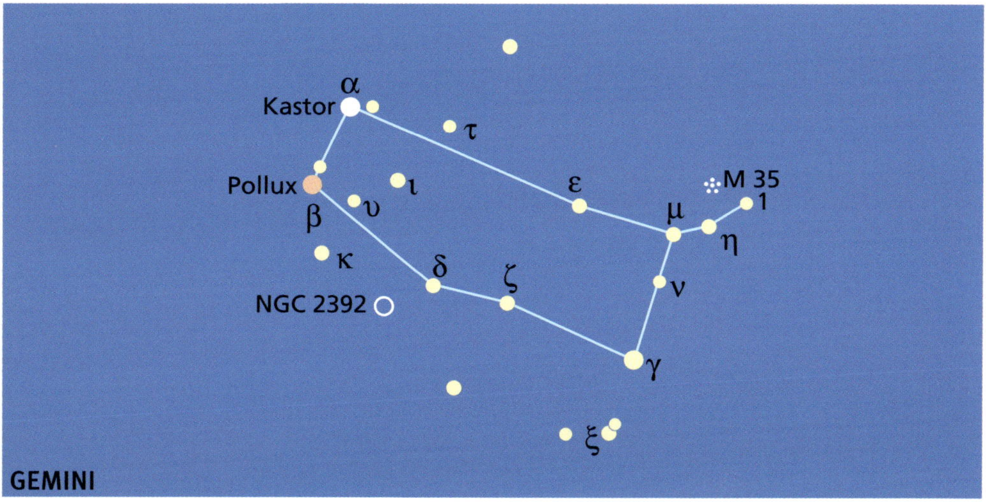

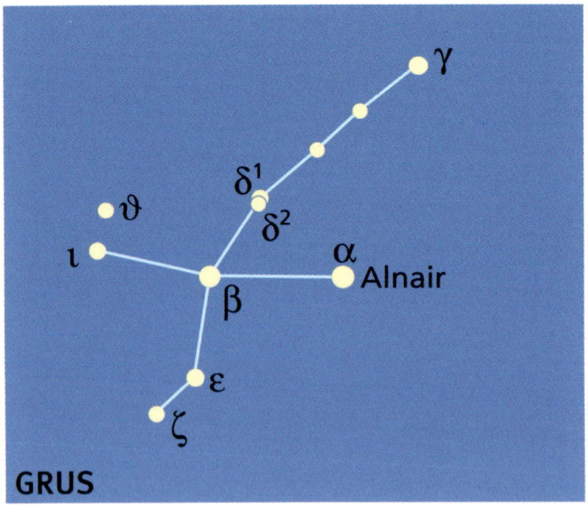

Mitteleuropa an Spätsommer- und Herbstabenden nur ein winziger, uninteressanter Teil gerade noch über den S-Horizont gelangt. Der Hauptstern α Gru oder Alnair (ar. „der Helle“) kommt immerhin auf eine Helligkeit von $1\overset{m}{,}8$ und ist 101 Lj. entfernt.

H

Hercules | Her | *Herkules*
Herkules war der Sohn des Zeus und der Alkmene und zeichnete sich durch besondere Kraft und Mut aus. Er besiegte u. a. den Nemeischen Löwen und die Hydra. Das Sternbild ist ziemlich unübersichtlich und erstreckt sich fast vom Himmelsäquator aus bis weit nach Norden. Am besten kann es abends im Sommer beobachtet werden. Eigentlich steht der Herkules kopfüber am Himmel. Deswegen befindet sich auch der Hauptstern α Her oder Ras Algethi (ar. „Kopf

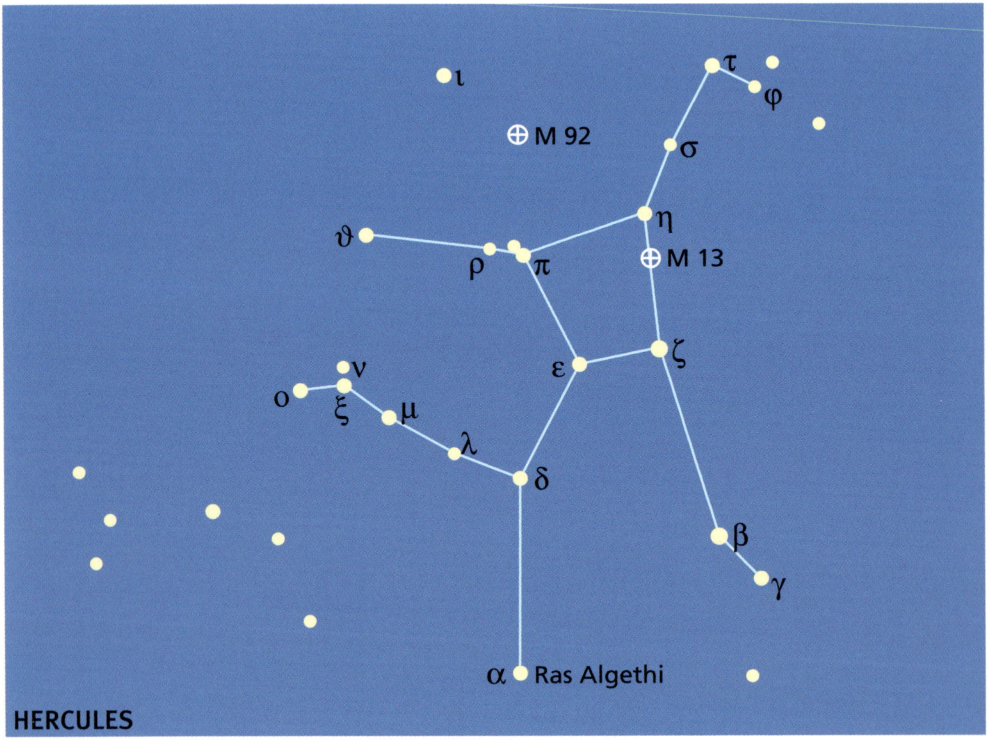

Der Kugelsternhaufen M 13 im Herkules ist der hellste seiner Art am nördlichen Himmel.

des Knieenden“) ganz am S-Rand des Sternbildes. Er ist 3. bis 4. Größe (unregelmäßig veränderlich), ein roter Riesenstern und 382 Lj. entfernt. Seine Oberflächentemperatur beträgt nur 2700 °C. In knapp 5″ Distanz steht zudem ein Begleiter 5. Größe, der mit einem 6- bis 7-cm-Rohr zu trennen ist.
Im Herkules liegt der schönste Kugelsternhaufen des Nordhimmels: M 13. In sehr dunklen Nächten wurde er schon mit bloßem Auge als kleiner Nebel gesehen. Sicher gelingt dies aber mit einem Opernglas.
Die Helligkeit ist knapp über der 6. Größe.
Zu finden ist er so: Im zentralen Teil des Herkules liegt ein Viereck aus Sternen. Die rechte Seite wird von η Her und ζ Her gebildet. Auf dem Wege vom ersten zum zweiten Stern legt man ein Drittel der gesamten Strecke zurück, dort liegt M 13. Die hellsten Sterne in diesem 25 000 Lj. entfernten Kugelhaufen sind 11. Größe und erscheinen erstmals in einem Fernrohr ab 12–15 cm Öffnung. Nur 9° nordöstlich von M 13 liegt ein anderer Kugelhaufen, der nicht sehr viel schwächer ist: M 92. Er kommt auf $6^{m}_{,}5$ und ist 27 000 Lj. entfernt.

Horologium | Hor | *Pendeluhr*

Ein im 18. Jh. eingeführtes Sternbild des Südhimmels, das von Mitteleuropa aus nicht sichtbar ist. Sein Hauptstern α Hor kann aber schon von Südeuropa aus an Winterabenden tief im S gefunden werden; er ist $3^{m}_{,}8$ hell und 117 Lj. entfernt.

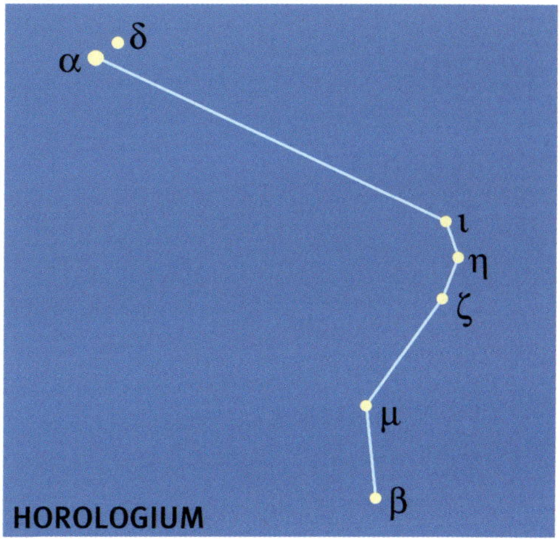

Hydra | Hya | *Wasserschlange*

Die gewaltige Lernäische Wasserschlange soll in der griechischen Mythologie von Herkules besiegt worden sein. Sie ist eine weibliche Wasserschlange (lateinische Nachsilbe -**a**!); außerdem gibt es auch noch die männliche Wasserschlange als Sternbild (Hydr**us**).
Die Hydra ist das längste Sternbild des ganzen Himmels. Fast kann man sagen: Wenn der Vorderleib untergeht, ist der Schwanz gerade erst so richtig aufgegangen.
Der Hauptstern α Hya heißt Alphard (ar. „der einsame Stern“) und steht im Westteil des Bildes, das am besten im Spätwinter und Frühling zu sehen ist. Der orangerote Stern ist $2^{m}_{,}0$ hell und 177 Lj. entfernt.
Nordwestlich davon liegt eine hübsche Gruppe von Sternen an der Grenze zum Krebs.

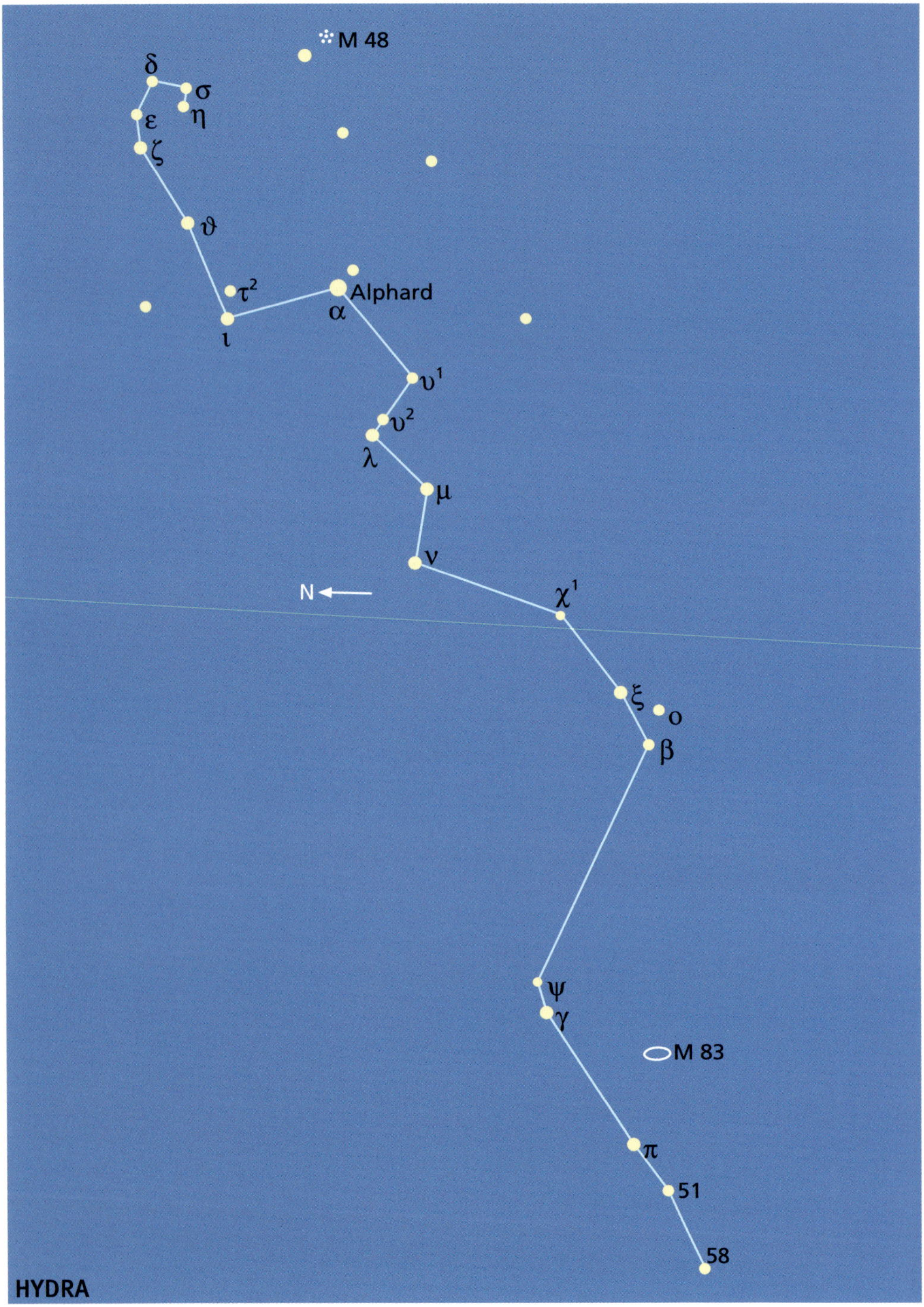
M 48
δ
σ
η
ε
ζ
ϑ
τ²
Alphard
α
ι
υ¹
υ²
λ
μ
ν
N
χ¹
ξ
ο
β
ψ
γ
M 83
π
51
58
HYDRA

Hart an der Grenze zum Sternbild Einhorn liegt der offene Sternhaufen M 48 oder NGC 2548. Er ist $5^{\text{m}}{,}5$ hell und damit andeutungsweise schon im Opernglas zu erkennen. Er enthält viele Sterne von der 9. Größe an abwärts in 2000 Lj. Entfernung. Ein Spiralnebel der 8. Größe ist M 83, der im Ostteil des Bildes liegt, in Mitteleuropa allerdings nur knapp über den S-Horizont steigt. Ein 5-cm-Fernrohr zeigt ihn gerade noch.

Hydrus | Hyi | *Kleine Wasserschlange*
Dieses Sternbild wurde erst im 17. Jh. eingeführt und liegt nicht weit vom Südpol des

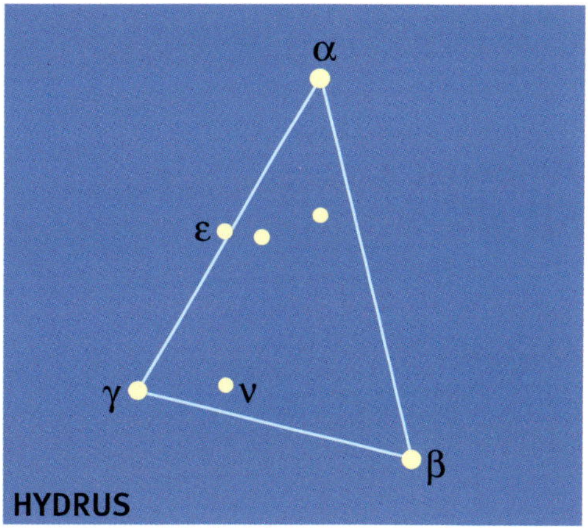

Himmels entfernt. Die lateinische Nachsilbe **-us** weist auf männliches Geschlecht hin. Man nennt es auch „Kleine Wasserschlange". α Hyi ist $2^{\text{m}}{,}9$ hell, weißlich gelb und 71 Lj. entfernt.

I

Indus | Ind | *Indianer*
Fälschlicherweise wird der lateinische Name dieses Sternbilds oft mit „Inder" übersetzt.

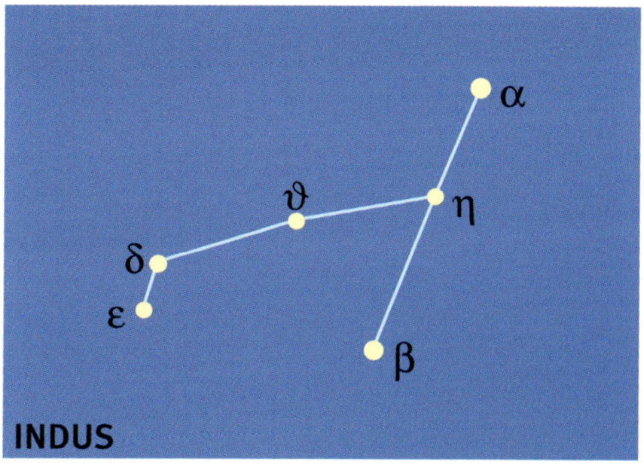

Tatsächlich wollte man aber damit im Zeitalter der Entdeckungen die „neu entdeckten" Indianer in Amerika am Himmel verewigen; die Inder waren dem Abendland ja schon viel früher bekannt. Die Namensgebung geht auf J. Bayer im Jahr 1603 zurück. α Ind ist $3^{\text{m}}{,}2$ hell und 100 Lj. entfernt. Ein Doppelstern, der mit einem 5-cm-Rohr getrennt werden kann, ist ϑ Ind. Die Helligkeiten der beiden Partner betragen $4^{\text{m}}{,}5$ und $7^{\text{m}}{,}1$, die Distanz ist 6″.

L

Lacerta | Lac | *Eidechse*
Die Eidechse ist ein junges Sternbild, es war in der antiken Sternbilderkunde noch nicht bekannt; eingeführt wurde es erst 1690 von J. Hevelius. In Mitteleuropa ist es fast vollständig zirkumpolar und kann damit praktisch das ganze Jahr über beobachtet werden. Die beste Beobachtungszeit abends ist allerdings im Herbst. Es ist zwischen den großen Sternbildern Pegasus, Schwan, Kepheus und Andromeda eingeklemmt und enthält nur wenige, nicht allzu helle Sterne. α Lac ist $3^{\text{m}}{,}7$ hell und 102 Lj. entfernt. Als besonderes Objekt ist nur der offene Sternhaufen NGC 7243 erwähnenswert. Er enthält

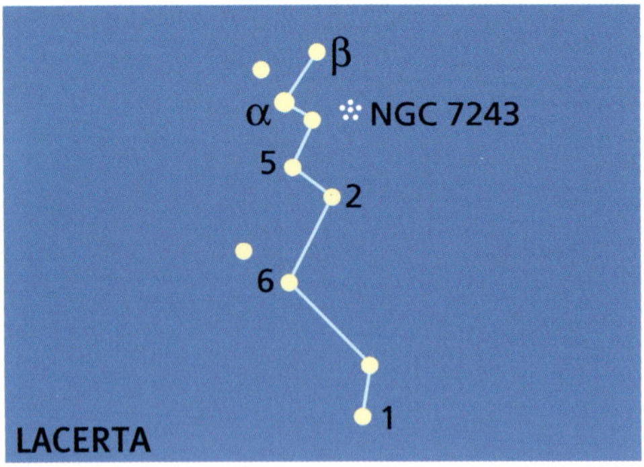

rund 40 Sterne und kann in einem kleinen Fernrohr schon gut gesehen werden. Seine Entfernung beträgt 2800 Lj.

Leo | Leo | *Löwe*

Dieses Sternbild erinnert an den Nemeischen Löwen der griechischen Sagenwelt, der in Städten und Dörfern wütete und nur von Herkules besiegt werden konnte. Der Löwe ist ein Tierkreissternbild, das am besten im Frühling zu sehen ist.
Sein Hauptstern α Leo heißt Regulus (lat. „kleiner König“). Die arabische Bezeichnung Kabeleced bedeutet „Herz des Löwen“, wird aber kaum benutzt. Regulus hat eine Helligkeit von $1^{m}{,}3$, erscheint bläulich und ist 77 Lj. entfernt. Seine Temperatur beträgt an der Oberfläche etwa 13 000 °C. Schon ein guter Feldstecher zeigt in 178″ oder fast 1/10 der Vollmondbreite Distanz einen Stern der Helligkeit $8^{m}{,}1$. Am anderen Ende des Sternbilds liegt der 36 Lj. entfernte β Leo oder Denebola (ar. „Schwanz des Löwen“) mit $2^{m}{,}2$ Helligkeit. Auch er hat einen weit entfernten Begleiter, der zwar nur $8^{m}{,}5$ hell ist, aber sogar 264″ entfernt steht.
Um das Sternbild zu erkennen, muss man sich einen liegenden Löwen vorstellen: Die vier Sterne ε, μ, ζ und γ Leo, die etwa ein Trapez bilden, markieren Kopf und Mähne; die Vorderpranken liegen bei Regulus, die Hinterpranken bei ϑ, ι und σ Leo und der Schwanz, wie schon erwähnt, bei Denebola. Der schönste Doppelstern im Löwen, wenn nicht einer der eindrucksvollsten am ganzen Himmel, ist der 126 Lj. entfernte γ Leo, manchmal Algieba (ar. „Stirn des Löwen“)

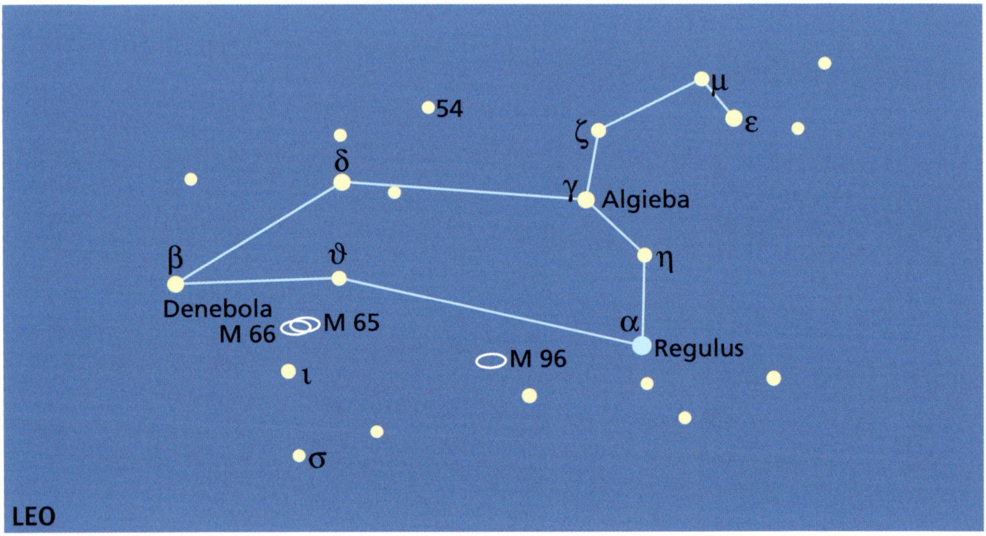

genannt. Die beiden Sterne mit $2^{\text{m}}{,}2$ und $3^{\text{m}}{,}5$ stehen fast 5″ auseinander mit zunehmender Tendenz. Damit gelingt die Trennung bereits mit einem 5-cm-Fernrohr. Die Umlaufzeit beträgt 619 Jahre. Der hellere Stern ist orange, der schwächere tiefgelb. Auch der Stern 54 Leo ist ein Doppelstern, der in einem kleinen Fernrohr aufgelöst werden kann. Die beiden Partner bieten eine Helligkeit von $4^{\text{m}}{,}5$ und $6^{\text{m}}{,}3$, die Distanz beträgt 6,4″.
Im Mittelfeld des Löwen, vor allem im Bereich zwischen Denebola und Regulus, gibt es eine Menge Galaxien. Viele sind nicht gerade schwach, für ganz kleine Instrumente aber doch schwer aufzufinden. Die hellsten erreichen gerade noch die 9. Größe. Dazu gehören etwa M 65/ 66, die ganz nahe beieinander stehen, sowie M 96. Sie sind mit einem Fernrohr ab etwa 7 bis 10 cm Öffnung erreichbar.

Leo Minor | LMi | *Kleiner Löwe*

Der Kleine Löwe ist ein winziges Füllsternbild, das erst im 17. Jh. eingeführt wurde. Er liegt oberhalb des (Großen) Löwen und kann damit ebenfalls vor allem im Frühling gesehen werden. Er enthält nur ein paar schwache Sterne und sehr schwache Galaxien.

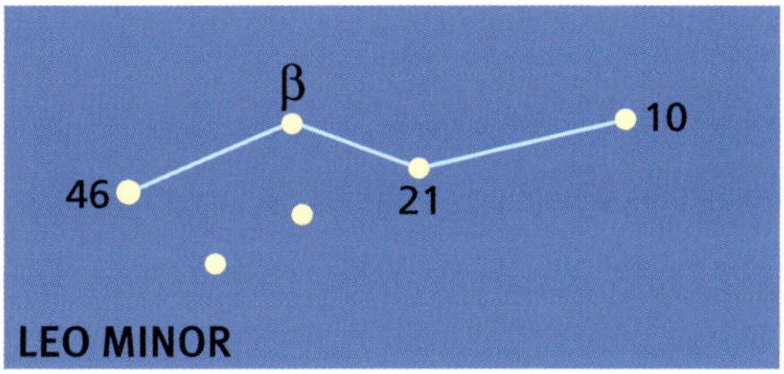

Lepus | Lep | *Hase*

Der Götterbote Hermes soll gemäß der griechischen Sage diesen Hasen an den Himmel versetzt haben. Er sitzt südlich des Orion und ist ein Wintersternbild.

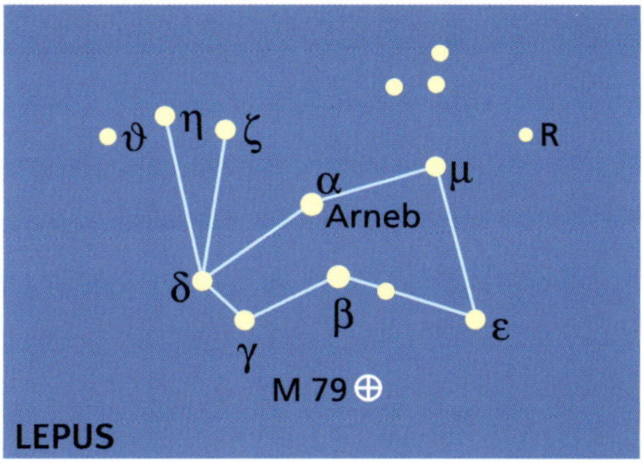

Der Hauptstern α Lep oder Elarneb bzw. Arneb (ar. „Hase“) ist $2^{\text{m}}{,}6$ hell und 1280 Lj. entfernt. Ein leicht mit dem Feldstecher zu trennender Doppelstern ist γ Lep: Hier steht neben dem helleren Partner mit $3^{\text{m}}{,}6$ in 97″ Distanz ein Begleiter von $6^{\text{m}}{,}2$.
Um den Kugelsternhaufen M 79 zu entdecken, ist dagegen ein Fernrohr von mindestens 6 cm Öffnung erforderlich; seine Helligkeit beträgt $8^{\text{m}}{,}4$, seine Entfernung rund 43 000 Lj. Auffallend rot ist der Veränderliche R Lep, der im Maximum immerhin $5^{\text{m}}{,}5$ erreicht.

Libra | Lib | *Waage*

Dieses Sternbild gilt als Sinnbild der Gerechtigkeit und ist ein Tierkreissternbild, das am besten im Frühjahr und Frühsommer zu beobachten ist. Der hellste Stern α Lib trägt auch die arabische Bezeichnung Zuben Elgenubi, was „südliche Schere“ bedeutet. Damit sind die Scheren des benachbarten Skorpions gemeint. Entsprechend heißt β Lib Zuben Elschemali oder „nördliche Schere“.
α Lib ist ein physischer Doppelstern, der schon mit einem Opernglas getrennt werden kann. Die beiden Sterne haben Helligkeiten von $2^{\text{m}}{,}8$ und $5^{\text{m}}{,}2$, stehen immerhin 231″ oder mehr als 1/10 einer Mondbreite auseinander und sind 77 Lj. von uns entfernt. Beide Ster-

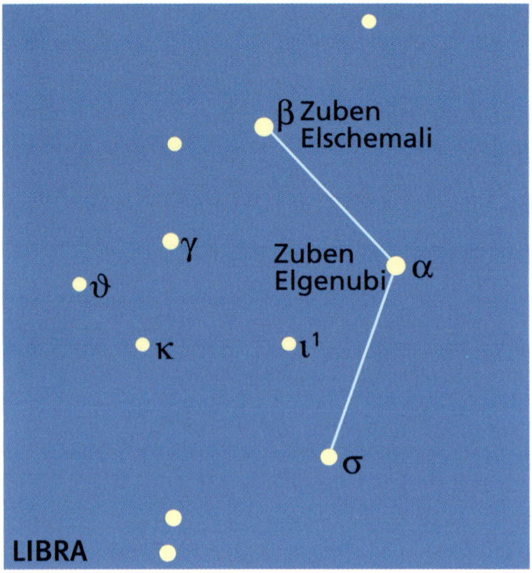

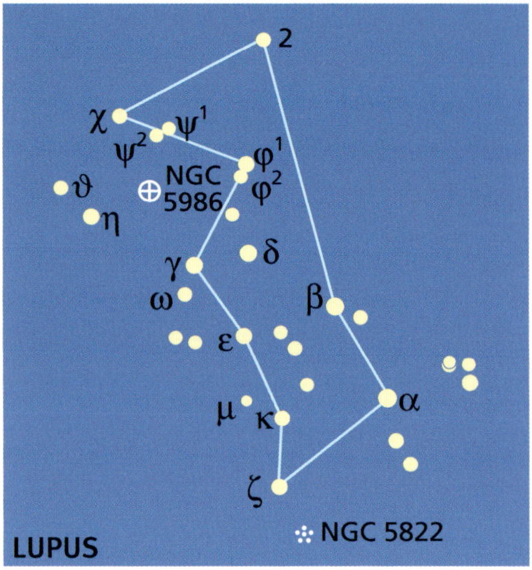

ne sind weißgelb. Ein anderer Doppelstern ist ι Lib: Hier sind die Helligkeiten $4{,}^{m}7$ bzw. $9{,}^{m}7$, die Distanz 59″; ein 6- bis 8-cm-Rohr ist hierfür ausreichend.

Lupus | Lup | *Wolf*

Dieses Sternbild liegt zwischen dem Skorpion und dem Zentaur. Der nördlichste Teil des Bildes ragt bei uns im Spätfrühling und Frühsommer abends gerade noch über den S-Horizont. Die hellsten Sterne des Wolfs gehen aber erst vom südlichen Mittelmeerraum an auf. Der tyrannische Arkadier-König Lykaon wurde der Sage nach in diesen Wolf verwandelt und an den Himmel versetzt, wo er weiterhin von dem benachbarten Zentaur in Schach gehalten werden muss.

Der Hauptstern α Lup hat eine Helligkeit von $2{,}^{m}5$ und ist 548 Lj. entfernt. Ein schöner Doppelstern, der bereits mit einem guten Feldstecher, sicher aber mit einem 5-cm-Rohr aufgelöst werden kann, ist κ Lup: Der hellere Partner kommt auf $3{,}^{m}9$, der schwächere auf $5{,}^{m}8$ in einer Distanz von 27″. Auch μ Lup ist nicht zu verachten. Hier reicht allerdings ein Fernglas nicht ganz aus: Die beiden Sterne haben Helligkeiten von $4{,}^{m}4$ und $7{,}^{m}2$; ihre Distanz beträgt 24″. In einem größeren Fernrohr zeigt sich μ Lup sogar als Dreifachstern.

Der Wolf liegt inmitten der Milchstraße, deswegen enthält er erwartungsgemäß einige offene Sternhaufen. Am schönsten ist NGC 5822, der ganz am Südrand des Sternbilds liegt. Bei einer Gesamthelligkeit von knapp 6. Größe ist dieser lockere Sternhaufen schon dem Feldstecher zugänglich. Die Entfernung beträgt 2500 Lj. NGC 5986 ist ein Kugelsternhaufen in rund 33 000 Lj. Entfernung; er ist 8^{m} hell und damit ab 5 cm Fernrohröffnung zu erkennen.

Lynx | Lyn | *Luchs*

Dieses in Mitteleuropa fast vollständig zirkumpolare Sternbild ist erst im 17. Jh. von J. Hevelius an den Himmel versetzt worden. Es enthält praktisch nur schwache Sterne und ist wenig auffällig. Zwischen Fuhrmann und Großem Bär gelegen, steht es im Winter und Vorfrühling abends am höchsten.

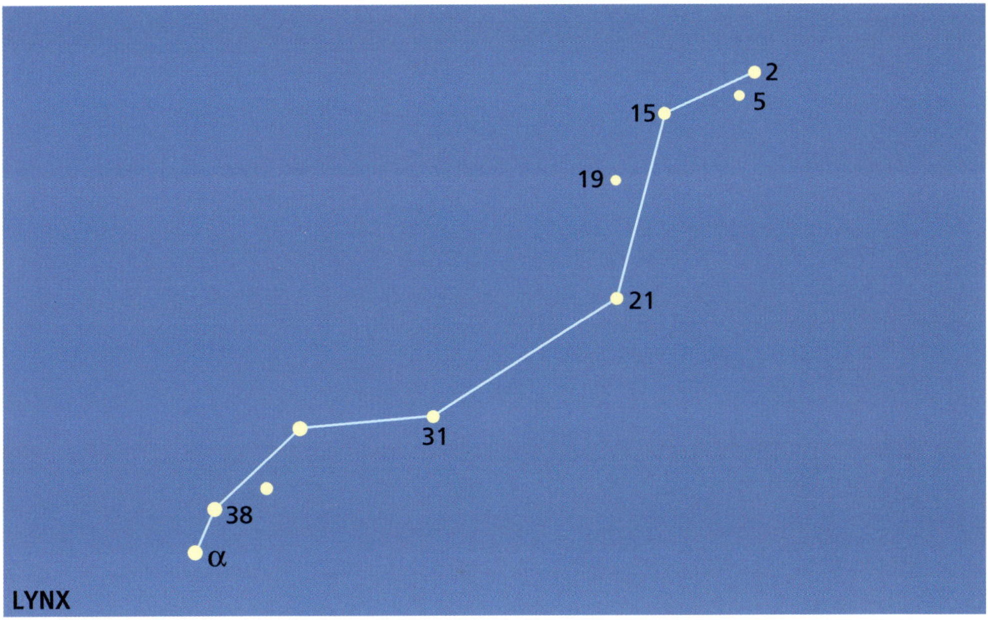

Der hellste Stern heißt α oder 40 Lyn. Seine Helligkeit beträgt $3\overset{m}{,}1$. Der tiefrote Stern ist 222 Lj. entfernt. Ein mit einem 5-cm-Fernrohr gut aufzulösender Doppelstern ist 19 Lyn. Die beiden Partner sind $5\overset{m}{,}6$ bzw. $6\overset{m}{,}5$ hell und 15″ voneinander entfernt. Schon ein guter Feldstecher kann aber 5 Lyn trennen. Der hellere Stern hat $5\overset{m}{,}3$, der schwächere zwar nur $7\overset{m}{,}9$ zu bieten, dafür beträgt die Distanz immerhin 96″. Darüber hinaus enthält der Luchs für kleinere Instrumente keine besonderen Objekte.

Lyra | Lyr | *Leier*

Die Leier ist ein kleines Sternbild, das aber eine ganze Reihe bemerkenswerter Objekte enthält. In der griechischen Sage handelt es sich um die Leier, die von Hermes erfunden wurde und später in den Besitz von Orpheus kam.

Der Hauptstern α Lyr hat den Namen Wega, manchmal auch Vega geschrieben (ar. „der herabstürzende Adler“). Mit einer Helligkeit von $0{,}0^m$ ist er einer der hellsten Sterne des Himmels. Seine Entfernung beträgt 25 Lj., seine Farbe ist weiß, mit einem Stich ins Bläuliche; die Oberflächentemperatur liegt bei 11 600 °C. Links unterhalb von Wega liegen vier mittelhelle Sterne, angeordnet in der Form eines kleinen Parallelogramms.

β Lyr zunächst ist ein Doppelstern für ganz kleine Fernrohre: Neben dem hellen Stern steht ein Begleiter knapp 8. Größe in 47″ Distanz. Der hellere Partner ist aber ein Bede-

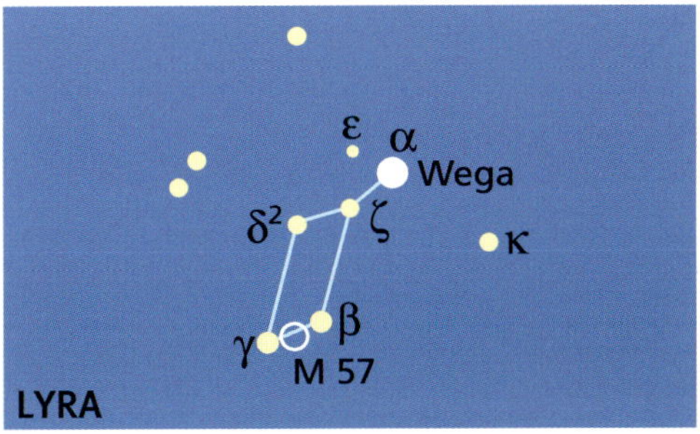

ckungsveränderlicher mit einer Periode von 12,9 Tg. Seine Helligkeit schwankt daher zwischen $3\overset{\text{m}}{,}4$ und $4\overset{\text{m}}{,}3$. Zwei weitere Sternchen 9. Größe liegen in 69″ und 86″ Distanz von β Lyr.
Knapp links oder östlich von Wega liegt ein interessanter Vierfachstern: ε Lyr. Bei einem flüchtigen Blick auf ihn erkennt man mit freiem Auge zunächst ein Sternchen knapp 4. Größe. Bei genauem Hinsehen – scharfe Augen vorausgesetzt – sieht man aber, dass es sich um zwei ganz dicht beieinander stehende Sternchen handelt. Sie stehen 207″ oder rund 3,5‘, also etwas mehr als 1⁄10 Mondbreite auseinander. Das ist nur gerade noch mit bloßem Auge zu sehen, und so handelt es sich hier um einen wirklichen „Augenprüfer“. Ein Fernrohr von mindestens 7 cm Öffnung löst diese beiden Sterne wieder in je zwei Partner auf. Die Distanz beträgt 2,4″ bzw. 2,6″; das bedeutet in ihrer Entfernung von 160 Lj. einen tatsächlichen gegenseitigen Abstand von etwa 20 Mrd. km oder die vierfache Entfernung Sonne–Pluto. Die Sterne in diesen Paaren haben eine Umlaufzeit von 585 bzw. 1166 Jahren. Der gegenseitige Abstand der Paare beträgt wahrscheinlich etwa 2 Lj. Die vier Sterne bilden ein echtes Mehrfachsystem.

Der Ringnebel in der Leier (M 57) ist einer der schönsten Planetarischen Nebel.

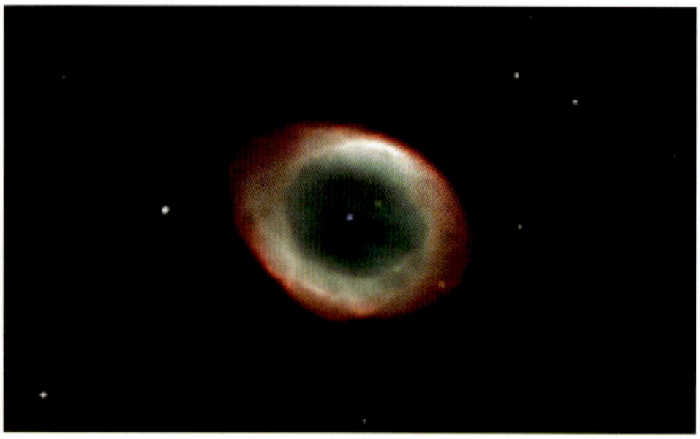

Auf der Verbindungslinie β–γ Lyr findet man knapp vor Erreichen der Hälfte dieser Strecke den bekanntesten, wenn auch nicht größten Planetarischen Nebel: den „Ringnebel in der Leier“. Da seine Helligkeit nur 9. Größe beträgt, muss man schon ein 7-cm-Rohr heranziehen, um ihn überhaupt aufzuspüren; zum Erkennen der Ringgestalt benötigt man sogar ein Fernrohr ab 15 cm Durchmesser. Dann erscheint der 2000 Lj. entfernte Nebel wie ein schwacher Rauchkringel.

M

Mensa | Men | *Tafelberg*

Erst N. L. Lacaille versetzte dieses kleine Sternbild 1752 an den Himmel. Es ist von Mitteleuropa aus nicht sichtbar und wegen seiner schwachen Sterne auf den Sternkarten nicht verzeichnet. Vom Schwertfisch her ragt noch die Große Magellansche Wolke in dieses Bild.

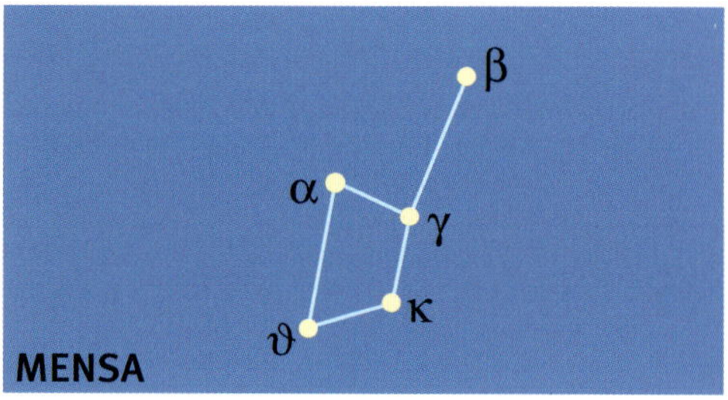

Microscopium | Mic | *Mikroskop*

Auch das Mikroskop wurde erst 1752 von N. L. Lacaille als Sternbild erfunden. Es liegt südlich des Steinbocks und kann von Mitteleuropa aus kaum gesehen werden. Der 380 Lj. entfernte hellste Stern α Mic ist nur $5\overset{\text{m}}{,}0$ hell.

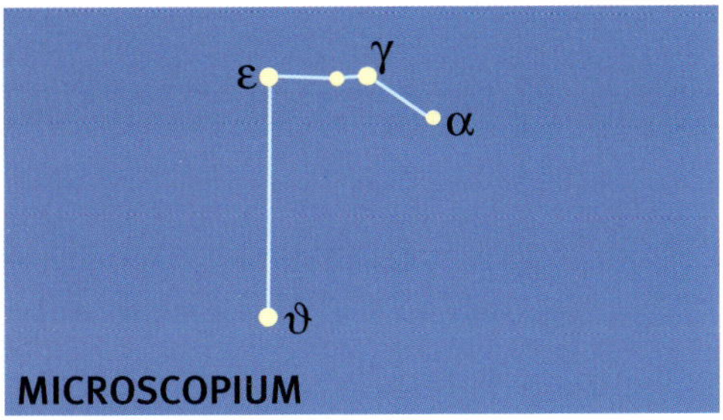

Monoceros | Mon | *Einhorn*

Das Einhorn ist ein ganz unauffälliges Sternbild, das im 17. Jh. nur als „Füller“ eingeführt wurde: Es füllt den in der Milchstraße gelegenen Bereich zwischen Orion, Zwillinge, Kleiner Hund, Wasserschlange, Hinterdeck und Großer Hund aus. Das Sternbild enthält nur schwächere Sterne, aber eine Reihe bemerkenswerter Objekte. Die beste Beobachtungszeit ist der Winter.

α Mon befindet sich weit im Südosten des Sternbilds und erreicht nur eine Helligkeit von $3\overset{\mathrm{m}}{,}9$. Die Entfernung beträgt 144 Lj. Einer der schönsten Dreifachsterne ist β oder 11 Mon. Der Hauptstern ist $4\overset{\mathrm{m}}{,}7$ hell. In 7″ Distanz liegt ein Stern mit $5\overset{\mathrm{m}}{,}2$, der schon in einem 5-cm-Fernrohr gesehen werden kann. Er ist wiederum doppelt: In knapp 3″ Distanz kann man einen weiteren Begleiter von $5\overset{\mathrm{m}}{,}6$ finden. Am besten beobachtet man den Dreifachstern mit einem Fernrohr ab 7 cm Öffnung. Er bildet ein echtes, physisches System. Ebenfalls leicht mit einem 5-cm-Instrument kann ε Mon aufgelöst werden: Die beiden Doppelsternpartner haben Helligkeiten von $4\overset{\mathrm{m}}{,}5$ und $6\overset{\mathrm{m}}{,}7$ und ihre Distanz beträgt 13″.

Das Sternbild enthält außerdem mehrere, recht eindrucksvolle offene Sternhaufen. Besonders leicht zu sehen ist NGC 2244, er ist bereits mit einem Opernglas als Nebelfleck zu erkennen. Man findet den Haufen am besten von Beteigeuze im Orion aus: Von hier schwenkt man etwa dieselbe Strecke nach OSO, wie Beteigeuze von Bellatrix entfernt ist, dem anderen Schulterstern des Orion. Der Haufen enthält Sterne, die fast die 6. Größe erreichen, und ist etwa 5500 Lj. von uns entfernt. Um NGC 2244 herum liegt ein riesiger Gasnebel, der allerdings wegen seiner Lichtschwäche in kleinen Instrumenten

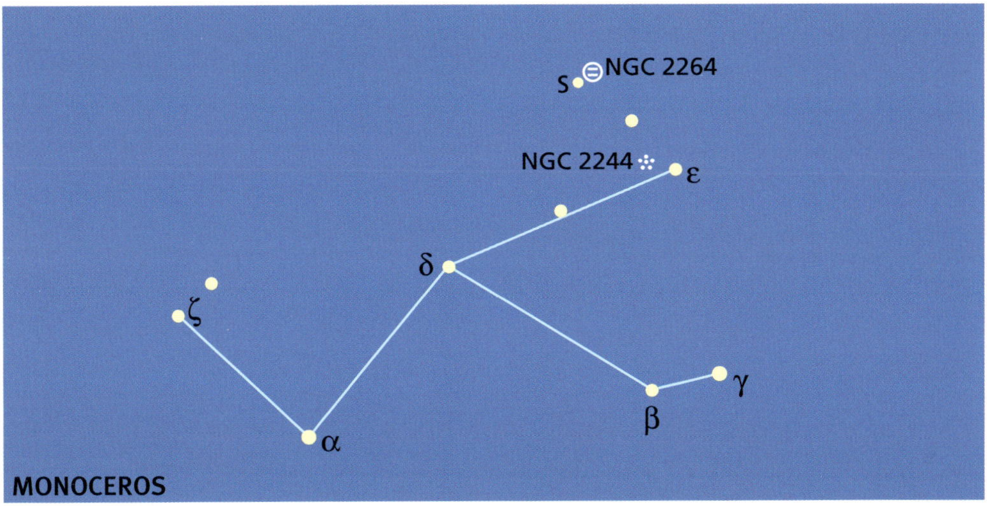

kaum gesehen werden kann. Im Grunde ist dieser Nebel, der wegen seiner Form „Rosettennebel“ getauft wurde, eher ein Objekt für die Fotografie mit langen Belichtungszeiten. Trotzdem wurde schon berichtet, dass er mit sehr lichtstarken Doppelgläsern (z. B. 20×80) schwach gesehen wurde. Ein anderer verstreuter Sternhaufen mit Nebel ist NGC 2264 am Nordrand des Sternbilds: Hier sind etwa 20 Sterne bis 7. Größe aufwärts versammelt. Inmitten des Sternhaufens steht der veränderliche Stern S Mon, der in der Regel etwas über 5^{m} hell ist. Er hat einen Begleiter von 8^{m} in 3″ Distanz.

Musca | Mus | *Fliege*

Dieses kleine Sternbild wurde im 17. Jh. erfunden und ursprünglich als Biene (Apis) bezeichnet, tauchte dann aber in der Sternkarte von N. L. Lacaille als Fliege auf. Die Fliege befindet sich südlich des Kreuzes und ist von Mitteleuropa aus unsichtbar. Der hellste Stern α Mus kommt mit seiner Helligkeit aber immerhin auf $2\overset{m}{,}7$ und ist 306 Lj. entfernt.

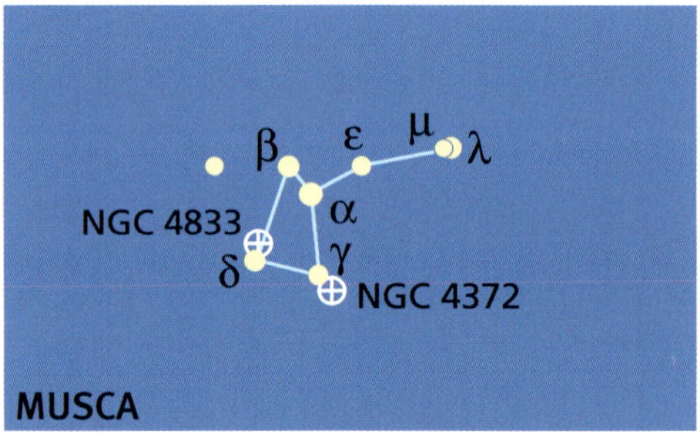

NGC 4833 ist ein Kugelsternhaufen 7. Größe. Er kann schon mit einem Feldstecher als rundlicher Nebel aufgespürt werden. Ein zweiter Kugelhaufen (NGC 4372) ist zwar größer, dafür aber lichtschwächer.

N

Norma | Nor | *Winkelmaß*

Dieses winzige Sternbild befindet sich südlich des Skorpions und ist erst vom südlichen Mittelmeerraum aus zu beobachten. Die beste Beobachtungszeit ist dann der Spätfrühling und Frühsommer. Die hellsten Sterne kommen nur auf 4. und 5. Größe, daher ist das Sternbild nicht immer auf den Karten in diesem Buch verzeichnet, z. B. findet man es aber auf S. 141. Ein schöner Doppelstern für ein 5-cm-Fernrohr ist ε Nor. Neben dem helleren Partner von $4\overset{m}{,}8$ liegt ein Begleiter mit $7\overset{m}{,}5$ in 22″ Distanz.

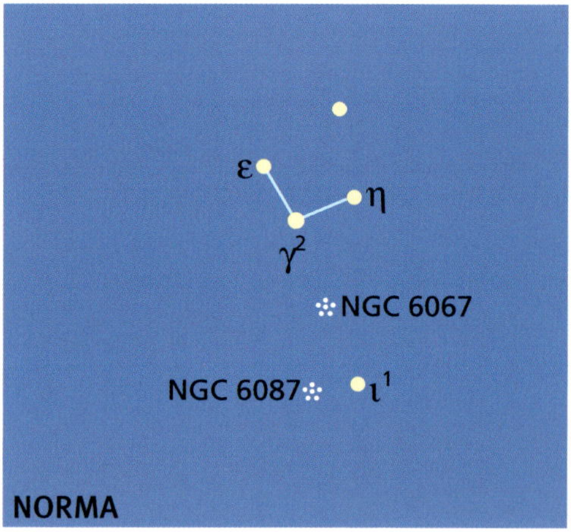

Da das Sternbild in der Milchstraße liegt, findet man darin einige offene Sternhaufen. Am besten ist NGC 6087 zu sehen. Die Gesamthelligkeit beträgt immerhin $6\overset{m}{,}0$, so dass zum ersten Aufspüren bereits ein Opernglas genügt. Ein kleines Fernrohr zeigt dann vielleicht etwa 30 bis 40 Sterne. Auch NGC 6067 ist mit dem Opernglas zu sehen; hier sind sogar 120 Sterne beieinander. Die Entfernungen der beiden Haufen betragen 3000 bzw. 6800 Lj.

Octans | Oct | *Oktant*

Der Oktant wurde als Sternbild erst im 18. Jh. von N. L. Lacaille „erfunden“ und befindet sich um den südlichen Himmelspol herum. Leider steht in dessen unmittelbarer Nähe kein hellerer Stern wie am Himmelsnordpol, denn das ganze Sternbild Oktant enthält nur schwächere Sterne. Beschränkt man die Suche auf solche, die noch mit bloßem Auge beobachtet werden können, so kommt dem Südpol noch der 270 Lj. entfernte Stern σ Oct am nächsten. Er hat allerdings ebenfalls nur eine Helligkeit von $5{,}5^m$. Im Jahr 1865 stand er dem Pol mit 43′ am nächsten; inzwischen nimmt der Abstand infolge der Präzession der Erdachse wieder zu und ist nun schon auf mehr als 1° oder zwei Mondbreiten angewachsen. Der hellste Stern im Oktant ist mit $3^m{,}7$ ν Oct; α Oct ist mit $5^m{,}2$ schwächer. Besondere Objekte für kleine Instrumente enthält der Oktant nicht.

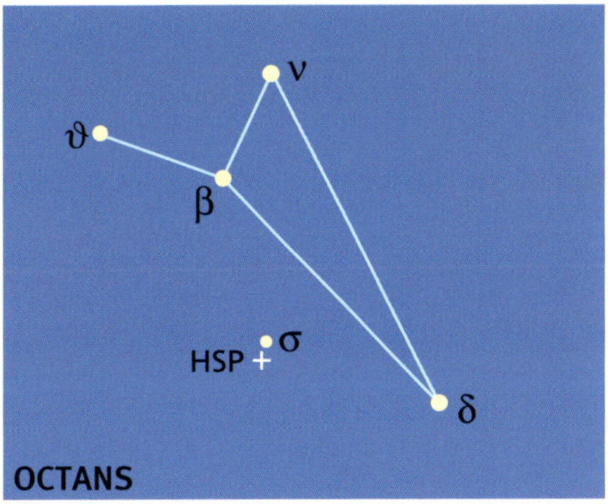

Ophiuchus | Oph | *Schlangenträger*

Dieses ausgedehnte Sternbild steht am Sommerhimmel, es wurde mit Äskulap in Verbindung gebracht, dem Gott der Heilkunst. Er hält die Schlange in seinen Armen, die er als Sternbild in einen westlichen (Kopf) und einen östlichen Teil (Schwanz) trennt. Hauptstern ist α Oph oder Ras Alhague (ar. „Kopf des Schlangenträgers“): Der $2^m{,}1$ helle, gelblich weiße Stern befindet sich am Nordrand des Sternbilds und steht in 47 Lj. Entfernung. Von den Doppelsternen sei zunächst 67 Oph erwähnt. Hier steht neben einem Stern mit der Helligkeit $3^m{,}9$ ein Begleiter mit $8^m{,}2$ in 55″ Distanz; er ist mit einem 5-cm-Fernrohr zu trennen. ο Oph besteht aus zwei Sternen der Helligkeit $5^m{,}4$ und $6^m{,}9$ in 11″ Distanz; auch dies geht mit einem 5-cm-Rohr. Etwas schwieriger ist ρ Oph. Hier beträgt die Distanz nur 3″, und die Helligkeiten liegen bei $5^m{,}2$ und $5^m{,}9$. Bei einer Suche in etwas größerer Distanz findet man vielleicht noch ein Sternchen 8. Größe in 152″ Abstand und in 156″ einen Stern 7. Größe. Ganz hübsch ist auch 36 Oph ganz weit im Süden des Sternbilds. Die beiden Partner sind mit $5^m{,}1$ exakt gleich hell und stehen 5″ auseinander. In den nächsten Jahren wird auch 70 Oph interessant. Dessen Umlaufzeit beträgt nur 88 Jahre. Vor einigen Jahren standen die beiden Partner mit den Helligkeiten $4^m{,}3$ und $6^m{,}0$ für ganz kleine Geräte zu eng nebeneinander. Im Jahr 1982 waren es 1,7″. Danach stieg die Distanz laufend an und wird im Jahr 2026 mit 6,7″ ein Maximum erreichen. Schon jetzt rückt dieser Doppelstern wieder in den Bereich auch ganz kleiner Fernrohre. Hier kann man also innerhalb weniger Jahre bereits Veränderungen an einem Doppelstern feststellen. Der Schlangenträger liegt in der Milchstraße und zeigt mehrere sehr schöne Sternhaufen. Knapp links oberhalb oder nordöstlich von β Oph liegt der ziemlich lockere Sternhaufen IC 4665. Er enthält zwar nur 13 Sterne 7. bis

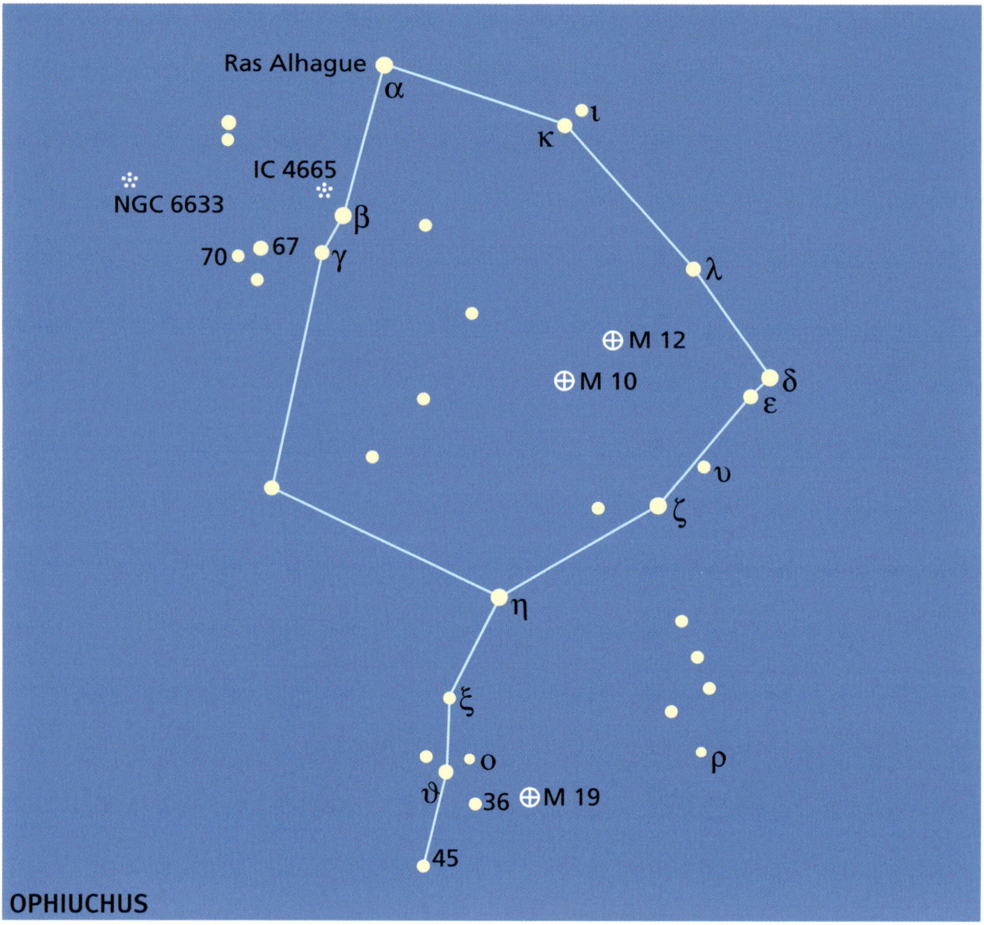

10. Größe, kann aber wegen seiner günstigen Lage leicht aufgefunden werden. Die Entfernung beträgt 1400 Lj. Ganz weit im Nordosten, dicht an der Grenze zur Schlange hin, liegt NGC 6633. Hier stehen über 60 schwächere Sterne enger beieinander. Sie sind rund 1000 Lj. entfernt. Auch mehrere Kugelsternhaufen gibt es: Am hellsten ist M 10 im Herzen des Sternbilds. Bei einer Gesamthelligkeit von $6^{\mathrm{m}},7$ kann er schon mit dem Fernglas aufgespürt werden. 7. Größe bieten M 12 knapp nordwestlich von M 10 sowie M 19 im Süden des Sternbilds.

Orion | Ori | *Orion*

Der Orion gilt als das schönste Sternbild des ganzen Himmels. Da er in der Gegend des Himmelsäquators liegt, kann er – mit Ausnahme der engeren Polargebiete – von der ganzen Erde aus vollständig gesehen werden. Der Himmelsjäger spielt in der griechischen Sagenwelt eine große Rolle. Für Mitteleuropa ist der Orion ein Wintersternbild. Er zerfällt in drei „Stockwerke“: Die Schulterlinie wird gebildet durch die Sterne α Ori oder Beteigeuze (ar. „Schulter“) und γ Ori bzw. Bellatrix (lat. „Kriegerin“). Darunter folgen die

drei fast gleich hellen Gürtelsterne (auch Jakobsstab genannt) und tiefer die beiden Fußsterne mit β Ori oder Rigel (ar. „Fuß“) rechts und κ Ori links. Der Kopf wird gebildet durch die Sterne um λ Ori. Ein Arm hält auf der rechten (westlichen) Seite des Sternbilds einen Schild oder ein Tierfell als Schutz vor sich. Der andere Arm ragt in den linken oberen, also nordöstlichen Teil des Bildes hinein und trägt eine Keule oder ein Schwert.
Beteigeuze ist ein roter Riesenstern mit dem 700–1000-fachen Sonnendurchmesser in rund 430 Lj. Entfernung. Seine Helligkeit schwankt mehr oder weniger unregelmäßig zwischen $0\overset{\mathrm{m}}{,}4$ und $1\overset{\mathrm{m}}{,}3$, seine Oberflächentemperatur liegt bei 2900 °C. Rigel ist mit $0\overset{\mathrm{m}}{,}1$ etwas heller und erscheint bläulich. Der 770 Lj. entfernte Stern ist an der Oberfläche 12 000 °C heiß. In 9″ Distanz steht ein Begleiter mit $6\overset{\mathrm{m}}{,}7$, kein sehr einfacher Doppelstern. Ein sehr leicht mit dem 5-cm-Rohr zu trennender Doppelstern ist dagegen der rechte Gürtelstern δ Ori. Neben dem Hauptstern 2. Größe steht ein Begleiter von $6\overset{\mathrm{m}}{,}7$ in 53″ Distanz. σ Ori ist für ein kleines Fernrohr ein dreifacher Stern. Die Helligkeiten liegen bei 4^{m}, 7^{m} und 6^{m}. Die Distanzen betragen 13″ und 43″. Etwas größere Instrumente zeigen noch zwei weitere Partner. Schön ist auch ι Ori mit $2\overset{\mathrm{m}}{,}9$ und $6\overset{\mathrm{m}}{,}9$ und 11″ Distanz.
Das bekannteste Objekt des Sternbilds ist aber der Orion-Nebel (M 42). Er liegt unterhalb des Gürtels im so genannten „Schwertgehänge“ des Himmelsjägers und kann zumindest mit einem Opernglas oder Feldstecher bereits recht gut aufgefunden werden; gelegentlich kann man ihn auch mit freiem Auge erahnen. Im Inneren des Nebels liegen mehrere Sterne, vier von ihnen bilden das so genannte „Trapez im Orion-Nebel“. Sie sind 5. bis 8. Größe. In einem lichtstärkeren Fernrohr sieht man eine Wolke, die wie ein loderndes Herdfeuer aussieht. Es ist von

Der Orion-Nebel M 42 ist ein aktives Sternentstehungsgebiet.

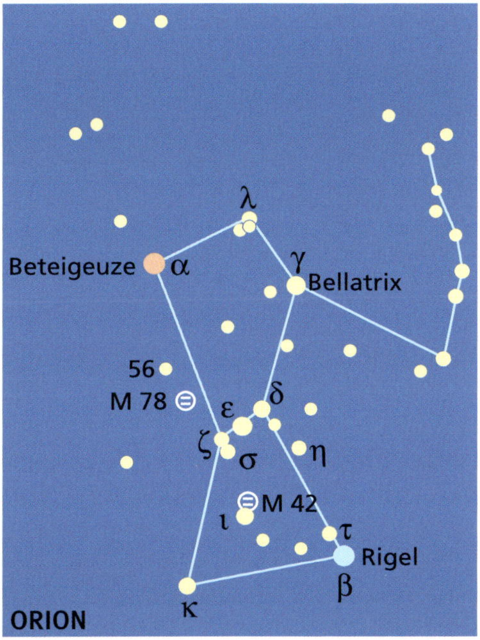

Sternen zum eigenen Leuchten angeregtes Gas. Der Orion-Nebel enthält aber auch Staub; die ganze Region ist ein Gebiet, in dem neue Sterne entstehen. Die Entfernung beträgt etwa 1350 Lj. Der Durchmesser beläuft sich schon für ein kleines Fernrohr auf fast 1° oder zwei Mondbreiten, während sich die noch viel weiter hinausgreifenden Ausläufer nur fotografisch erfassen lassen. M 78 ist ein weiterer heller Nebel, der schon in einem kleinen Fernrohr sichtbar ist. Seine Gesamthelligkeit liegt zwischen der 7. und 8. Größe. Der Orion enthält auch einige offene Sternhaufen.

P

Pavo | Pav | *Pfau*

Dieses erst von J. Bayer im Jahr 1603 „erfundene" Sternbild des Südhimmels, das von Europa aus unsichtbar ist, enthält mit α Pav einen Stern der Helligkeit $1\overset{\mathrm{m}}{,}9$ in 183 Lj. Entfernung. Die übrigen Sterne sind allerdings deutlich schwächer.

Von den besonderen Objekten sei NGC 6752 erwähnt, einer der hellsten Kugelsternhaufen des ganzen Himmels. Er ist insgesamt 6^{m} hell und kann sogar schon mit dem Feldstecher als rundlicher Nebel aufgespürt werden. Die hellsten Sterne in dem nur 14 000 Lj. entfernten Haufen kommen auf die 11. Größe und können bereits mit einem Fernrohr ab etwa 8 bis 10 cm Öffnung erkannt werden.

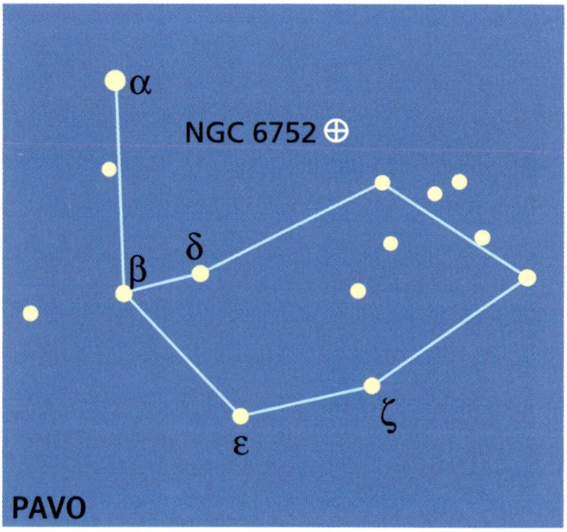

Pegasus | Peg | *Pegasus*

Das geflügelte Pferd aus der griechischen Sage ist ein Herbststernbild, das kopfüber am Himmel entlangzieht. Der Kopf ragt nach rechts unten und liegt bei dem Stern Enif (ar. „Nase des Pferdes") oder ε Peg. Vier hellere Sterne im Ostteil des Sternbilds bilden den Rumpf des Pferdes und zeigen ein fast exaktes Quadrat, das „Pegasus-Quadrat" oder „Herbstviereck". Der linke obere Stern dieses Quadrats ist aber streng genommen bereits der Hauptstern der Andromeda. Zusammen mit der nach links oben verlaufenden Sternkette der Andromeda sieht das Pegasus-Quadrat aus wie eine Art „Riesenwagen" am Himmel.

Der Stern α Peg oder Markab, was wohl so viel wie „Sattel" heißt, ist $2\overset{\mathrm{m}}{,}5$ hell und 140 Lj. entfernt. β Peg oder Scheat („Schulter") ist ein roter, unregelmäßig veränderlicher Riesenstern, der im Maximum $2\overset{\mathrm{m}}{,}1$ und damit heller als Markab ist; im Minimum kommt er auf etwa $3\overset{\mathrm{m}}{,}0$. Aber auch Enif ist $2\overset{\mathrm{m}}{,}4$ hell. In einer Distanz von 143″ zeigt dieser Stern außerdem einen Begleiter 8. Größe, der unter Umständen schon in einem Feldstecher sichtbar ist.

Das schönste Objekt im Pegasus ist aber der Kugelsternhaufen M 15. Seine Gesamthelligkeit kommt auf immerhin $6\overset{\mathrm{m}}{,}3$, so dass er als Nebel schon im Fernglas sichtbar ist. Er liegt nur 4° nordwestlich von Enif und kann da-

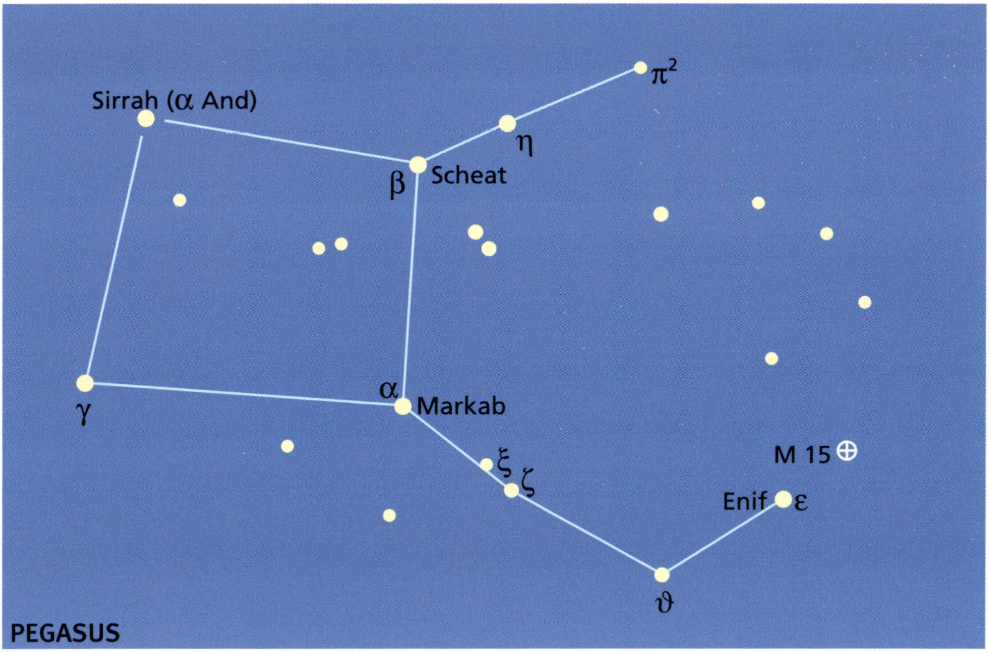

durch leicht gefunden werden. Seine Entfernung beträgt rund 31 000 Lj.

Perseus | Per | *Perseus*

Perseus besiegte in der griechischen Mythologie unter anderem die Medusa. Mit Hilfe ihres Kopfes konnte er die äthiopische Prinzessin Andromeda befreien, die dem Walfisch zum Fraß vorgeworfen werden sollte, um das Land vor dessen gewaltigen Wellen zu retten. In Mitteleuropa ist der Perseus mit Ausnahme seines Südteils ein Zirkumpolarsternbild. Am besten ist er abends im Herbst zu beobachten.
Der gelbliche Hauptstern α Per oder Mirphak (ar. „auf der rechten Seite“) ist $1\overset{m}{,}8$ hell und 592 Lj. entfernt. Besonders berühmt ist β Per oder Algol (ar. „Kopf des Gul“, eines bösen arabischen Dämons) in 93 Lj. Abstand. Er ist der erste Bedeckungsveränderliche, der in der Geschichte der Astronomie entdeckt wurde (1782 von John Goodricke, s. auch S. 65). Seine Periode beträgt 2 Tg., 20 Std., 48 Min., 56 Sek. Im Maximum ist der Stern $2\overset{m}{,}1$ hell, im Minimum $3\overset{m}{,}4$. Dies kann bereits mit bloßem Auge leicht verfolgt werden. Der Abstieg vom Maximum zum Minimum dauert knapp 5 Std., der Anstieg ebenso. Im Minimum verbleibt der Stern nur rund 20 Min. Zwischen den Hauptminima tritt ein Nebenminimum ein, das aber nicht ganz $0\overset{m}{,}1$ ausmacht und daher nur mit Messinstrumenten nachweisbar ist. Ein schöner Doppelstern ist η Per. Die beiden Sterne mit den Helligkeiten $3\overset{m}{,}9$ und $8\overset{m}{,}5$ sind 28″ voneinander entfernt und erscheinen orange und bläulich – ein Objekt für ein Fernrohr ab 5 cm Öffnung. Weiterhin erwähnenswert ist der Doppelstern ε Per. Die Partner sind hier $3\overset{m}{,}0$ und $7\overset{m}{,}4$ hell. Ihre Distanz beträgt 9″.
Das Prachtobjekt dieses Sternbilds ist aber ein Doppelsternhaufen nahe der Grenze zur

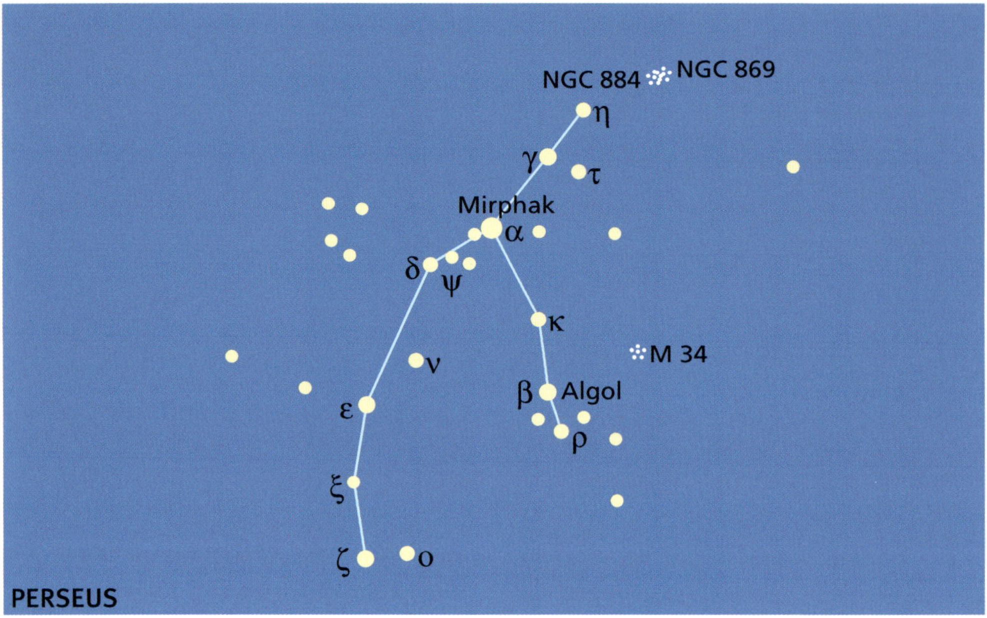

Kassiopeia hin. Seine Bezeichnung lautet h und χ Per bzw. NGC 869 und 884. Bereits mit freiem Auge sieht man hier, allerdings nur in einer sehr klaren Nacht, einen Nebelfleck. Im Feldstecher und erst recht in einem kleinen Fernrohr lösen sich beide Haufen in jeweils 300 bis 350 Sterne auf, von denen die hellsten 6^{m} bis 7^{m} erreichen. Die Haufen stehen am Himmel 50′ auseinander, so dass sie im Fernrohr in der Regel nicht gleichzeitig zu überblicken sind. Die Entfernung beträgt knapp 8000 Lj. Auch M 34 an der Grenze zur Andromeda ist ein offener Sternhaufen, der bereits im Feldstecher zu erkennen ist. Die hellsten Sterne kommen darin auf 9^{m}. Dieser Haufen ist 1400 Lj. entfernt. Mit einem lichtstarken Feldstecher kann man auch eine lockere, aber reiche Sternansammlung um Mirphak herum durchmustern.

Der Doppelsternhaufen h und χ im Perseus beeindruckt besonders in Fernglas und Fernrohr.

Phoenix | Phe | *Phönix*

Dieses auf der südlichen Himmelshalbkugel gelegene Sternbild ist von Mitteleuropa aus leider unsichtbar. Die erste Beobachtungsgelegenheit bietet sich vom Mittelmeerraum aus im Herbst, knapp über dem S-Horizont. Eingeführt wurde dieses Sternbild 1603 von J. Bayer. Der $2^{\text{m}},4$ helle, orangefarbene und 77 Lj. entfernte Hauptstern α Phe steht fast am Nordrand des Bildes und kommt für 40°

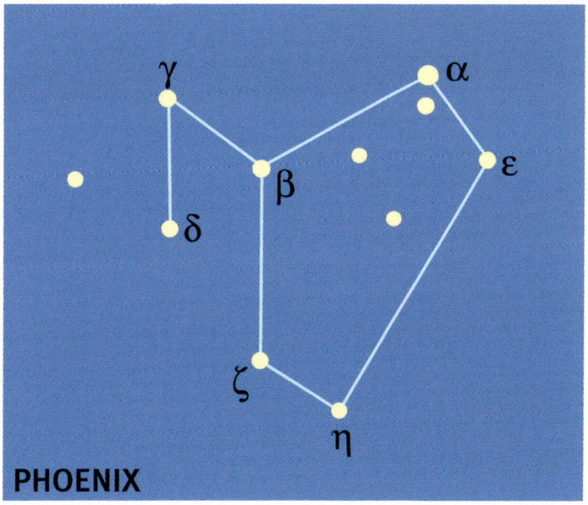

nördl. Breite 8° hoch über den Horizont. Als Doppelstern ist ζ Phe zu beobachten: Helligkeiten $4^{\mathrm{m}}{,}1$ und $8^{\mathrm{m}}{,}2$, Distanz 6″.

Pictor | Pic | *Maler*

Die ursprüngliche Bezeichnung dieses von N. L. Lacaille im 18. Jh. eingeführten Sternbilds lautete „Malerstaffelei“. Es ist erst vom Mittelmeerraum an südwärts zu sehen. α Pic ist $3^{\mathrm{m}}{,}3$ hell und 99 Lj. entfernt. Ein Doppelstern ist ι Pic mit zwei Sternen mit $5^{\mathrm{m}}{,}6$ und $6^{\mathrm{m}}{,}4$ und einer Distanz von 12″. In der Umgebung von β Pic fand man eine Staubscheibe ähnlich einem gerade in der Entstehung begriffenen Planetensystem.

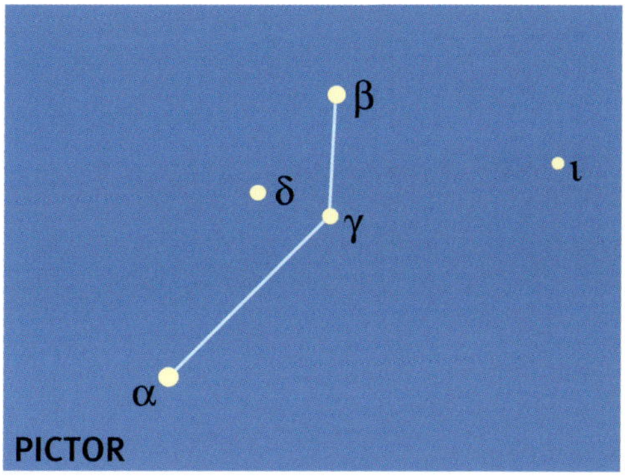

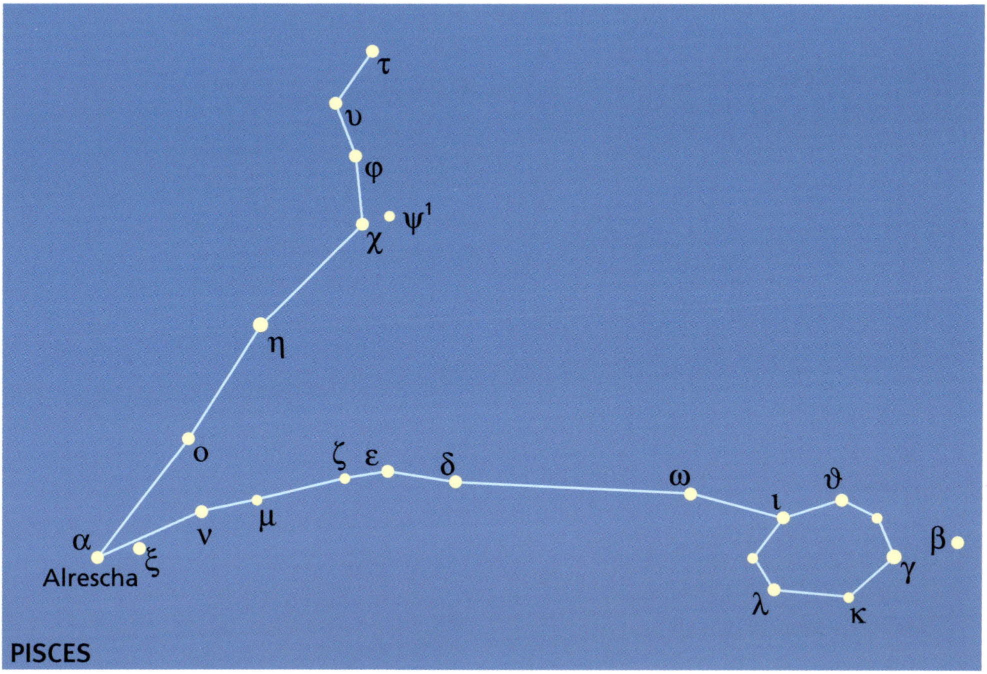

Pisces | Psc | *Fische*

Dieses Tierkreissternbild, das am besten im Herbst beobachtet werden kann, stellt Venus und Amor dar, die sich der griechischen Sage nach in diese Fische verwandelt haben. Man stelle sich im Westen sowie im Norden des Bildes je einen Fisch vor (vgl. Abb. S. 189), die durch eine V-förmige nach SO führende Sternkette verbunden sind. An der Spitze des „V“ sitzt α Psc oder Alrescha (ar. „Strick“); der 3^{m},8 helle Stern ist 139 Lj. entfernt. ζ Psc ist doppelt: Die beiden Partner mit 5^{m},2 und 6^{m},3 stehen 23″ auseinander. Im Feldstecher schon kann ψ^1 Psc aufgelöst werden; die Helligkeiten betragen 5^{m},5 und 5^{m},8, die Distanz 30″.

Piscis Austrinus | PsA | *Südlicher Fisch*

Dieses kleine Sternbild taucht im Herbst in Mitteleuropa gerade über dem S-Horizont auf. Der Hauptstern α PsA oder Fomalhaut (ar. „Maul des Fisches“) ist 1^{m},2 hell, gelblich weiß und 25 Lj. entfernt. β PsA ist ein schon im 5-cm-Rohr trennbarer Doppelstern: Der hellere Partner kommt auf 4^{m},4, der schwächere auf 7^{m},5; die Distanz beträgt 30″.

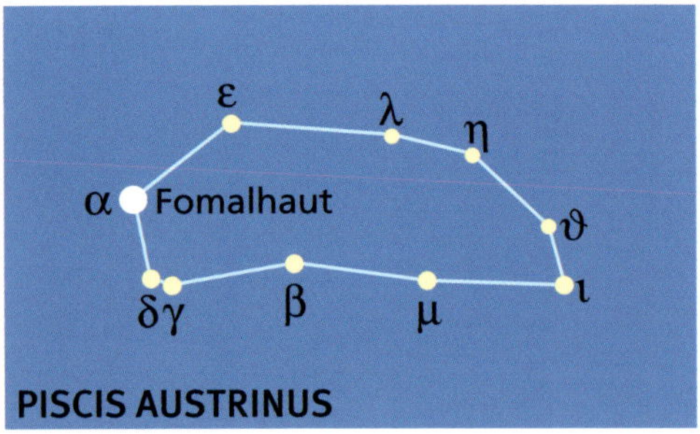

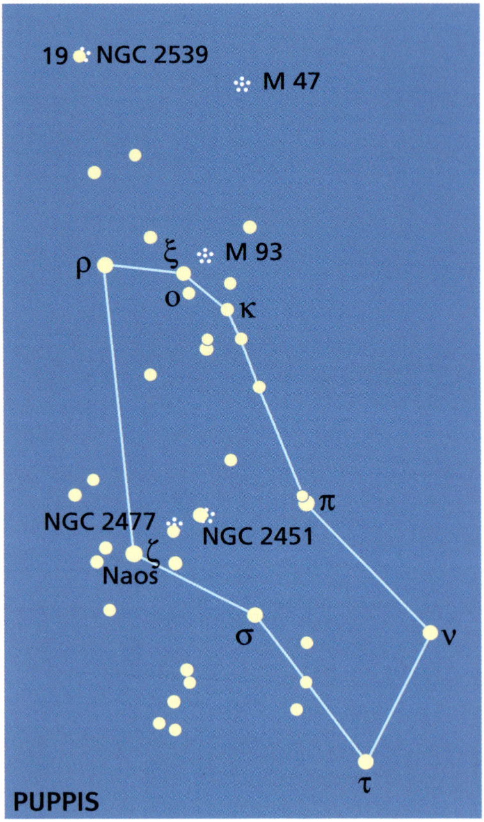

Puppis | Pup | *Hinterdeck*

Dieses Sternbild ist eigentlich ein Teil des Schiffs Argo (siehe auch die Sternbilder Carina und Vela). Es ragt zum größeren Teil noch für Mitteleuropa im Winter über den Südhorizont. Der hellste Stern ist ζ Pup oder Naos (ar. „Schild“). Er ist bläulich weiß, 2^{m},3 hell, steht weit im Süden und ist 1400 Lj. entfernt. Ein hübscher Doppelstern für das 5-cm-Fernrohr ist κ Pup: Mit 4^{m},5 und 4^{m},7 sind die beiden Partner nahezu gleich hell; sie stehen 10″ auseinander. σ Pup umfasst zwei Sterne der Helligkeit 3^{m},3 und 8^{m},5 in 22″ Distanz.

Die Milchstraße, die durch das Sternbild verläuft, beschert ihm viele offene Sternhaufen. Am eindrucksvollsten ist M 47 oder NGC 2422, der so weit im Norden liegt, dass er von Mitteleuropa aus sehr gut bereits mit freiem Auge zu sehen ist. Er enthält wenige, aber helle Sterne in 1500 Lj. Entfernung. Auch NGC 2477 ist nicht zu verachten, liegt aber weiter im Süden: Hier stehen 300 Sterne in 4200 Lj. Entfernung; bei einer Gesamthelligkeit von $5^{\mathrm{m}},7$ ist er schon im Opernglas erkennbar. Weitere offene Haufen 6. Größe sind M 93 und NGC 2539. Nicht eingerechnet ist beim letzteren Haufen der in ihm liegende optische Doppelstern 19 Pup ($4^{\mathrm{m}},7$ und $9^{\mathrm{m}},2$, 70″); dieser Stern gehört allerdings auch nicht zum Haufen, sondern steht im Vordergrund. In dem recht lockeren Sternhaufen NGC 2451 liegt sogar der $3^{\mathrm{m}},6$ helle Stern c Pup.

Pyxis | Pyx | *Kompass*

Dieses 1752 von N. L. Lacaille erfundene Sternbild steigt in Mitteleuropa abends gerade noch vollständig im Spätwinter über den Südhorizont. Der hellste Stern, α Pyx, ist aber nur $3^{\mathrm{m}},7$ hell und 845 Lj. von uns entfernt. Ein hübscher offener Sternhaufen ist NGC 2818.

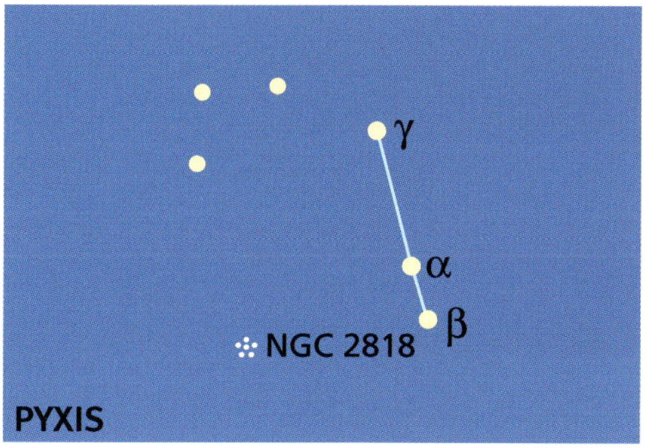

R

Reticulum | Ret | *Netz*

Dieses sehr kleine Sternbild steht weit im Süden und ist von Mitteleuropa aus unsichtbar. Es kam erst im 17. Jh. an den Himmel und wurde früher oft auch Rhombus oder rhombisches Netz genannt. Damit war ein zu Messzwecken in einem Fernrohr angebrachtes Fadennetz gemeint. Der hellste Stern α Ret ist $3^{\mathrm{m}},4$ hell und 163 Lj. entfernt. Ein Doppelstern ist ζ Ret, der bereits ohne Instrumente aufgelöst werden kann: Die beiden Komponenten der Helligkeit $5^{\mathrm{m}},2$ und $5^{\mathrm{m}},5$ stehen mehr als 5′ auseinander. Die Entfernung beträgt 39 Lj.

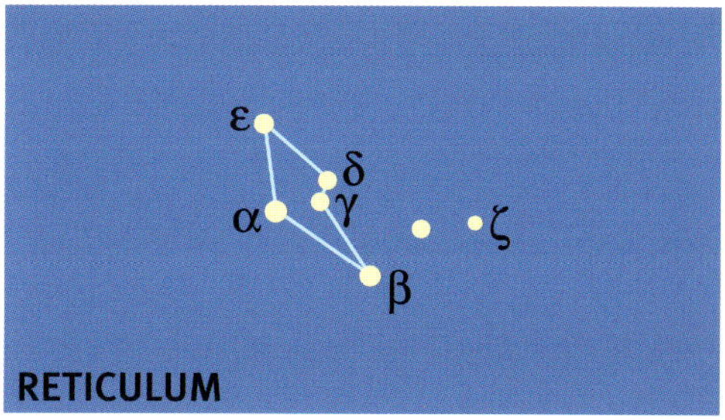

S

Sagitta | Sge | *Pfeil*

Der griechischen Sage nach soll es sich um den Pfeil handeln, mit dem Herkules den Adler traf, der Prometheus heimsuchte. Das winzige Sternbild liegt nördlich des Adlers und ist am besten im Sommer sichtbar. Der Hauptstern α Sge hat nur eine Helligkeit von $4^{\mathrm{m}},4$. Empfehlenswert ist der Sternhaufen M 71. Die Gesamthelligkeit beträgt $8^{\mathrm{m}},3$, so dass das Objekt schon in einem 5-cm-Rohr

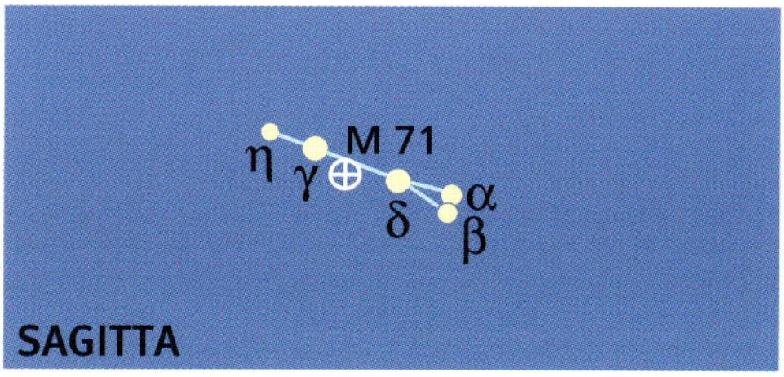

als Nebelfleck zu erkennen ist. Vermutlich ist es ein mindestens 14 000 Lj. entfernter Kugelhaufen.

Sagittarius | Sgr | *Schütze*

Dieses Tierkreissternbild ist ein Sommerbild, seine südlichsten Teile können aber von Mitteleuropa aus nicht mehr gesehen werden. Der Stern mit der Bezeichnung α Sgr ist nicht der hellste im Schützen: Er kommt nur auf $4^{m}_{,}0$ und steht weit im Süden. Am hellsten ist dagegen ε Sgr mit immerhin $1^{m}_{,}8$; er erscheint weiß und ist 145 Lj. entfernt. Die Sterne ε, δ, γ, λ, φ, σ, τ und ζ Sgr bilden die so genannte Teekanne, eine sehr beliebte Ausdeutung dieses Sternbilds. Im westlichen Teil erscheint die Milchstraße besonders hell, vor allem knapp nördlich des Sterns γ Sgr („Milchstraßenwolke im Sternbild Schütze"). 4° oder acht Mondbreiten west-

Der Trifidnebel M 20 im Sternbild Schütze zeigt eine dreigeteilte Gestalt.

nordwestlich dieses Sterns liegt in rund 27 000 Lj. Entfernung der Kern unseres Milchstraßensystems, der sich allerdings hinter Dunkelwolken verbirgt.
Der Schütze ist eine prachtvolle Himmelsgegend für Beobachter mit lichtstarken Ferngläsern, nicht zuletzt auch wegen einiger berühmter heller Nebel. Der hellste ist der

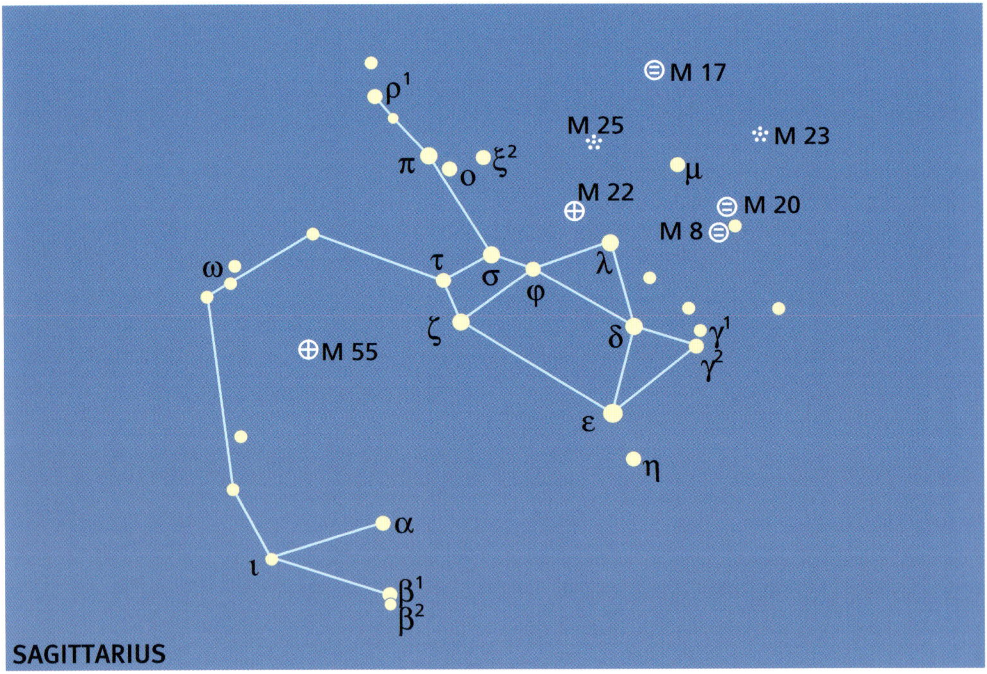

Lagunennebel oder M 8, der mit einer Helligkeit von 5^m in einer sehr klaren Nacht unter Umständen sogar mit bloßem Auge zu erkennen ist. In ihm liegt der Sternhaufen NGC 6530 mit 25 Sternen von der 7. Größe an abwärts. Nur wenig schwächer ist der Omeganebel M 17, gelegentlich auch als Schwanen- oder Hufeisennebel bezeichnet. Er enthält zwar keinen auffälligen Sternhaufen, ist aber trotzdem von schwachen Sternchen ab der 9. Größe übersät. Wegen seiner dreigeteilten Gestalt heißt M 20 auch Trifidnebel. Er liegt nur anderthalb Grad nordnordwestlich des Lagunennebels und ist $7\overset{m}{,}5$ hell. Alle drei genannten Nebel stehen in etwa 5000 bis 6000 Lj. Entfernung.

Ein recht auffälliger offener Sternhaufen ist M 25, der sogar schon für das freie Auge erreichbar ist; hier stehen in rund 2000 Lj. Entfernung 50 Sterne beieinander. Auch M 23 sollte erwähnt werden: 120 Sterne der 9. Größe und schwächer bilden in 2150 Lj. Abstand einen Haufen fast mit der Fläche des Vollmonds. Einer der schönsten Kugelsternhaufen überhaupt ist M 22. Er ist bei einer Gesamthelligkeit von knapp über 6^m bei klarem Himmel schon mit freiem Auge, auf jeden Fall aber mit einem Opernglas aufzuspüren und nur 9800 Lj. entfernt. Auch der Kugelhaufen M 55 kann bei einer Helligkeit von 6^m mit ganz kleinen Fernrohren als rundlicher Nebel gesehen werden.

Scorpius | Sco | *Skorpion*

Der Skorpion soll den Himmelsjäger Orion fast zu Tode gestochen haben. Er ist ein Tierkreissternbild und steht in Mitteleuropa im Sommer abends tief im Süden. Die südlichsten Teile sind aber erst vom Mittelmeerraum aus sichtbar.

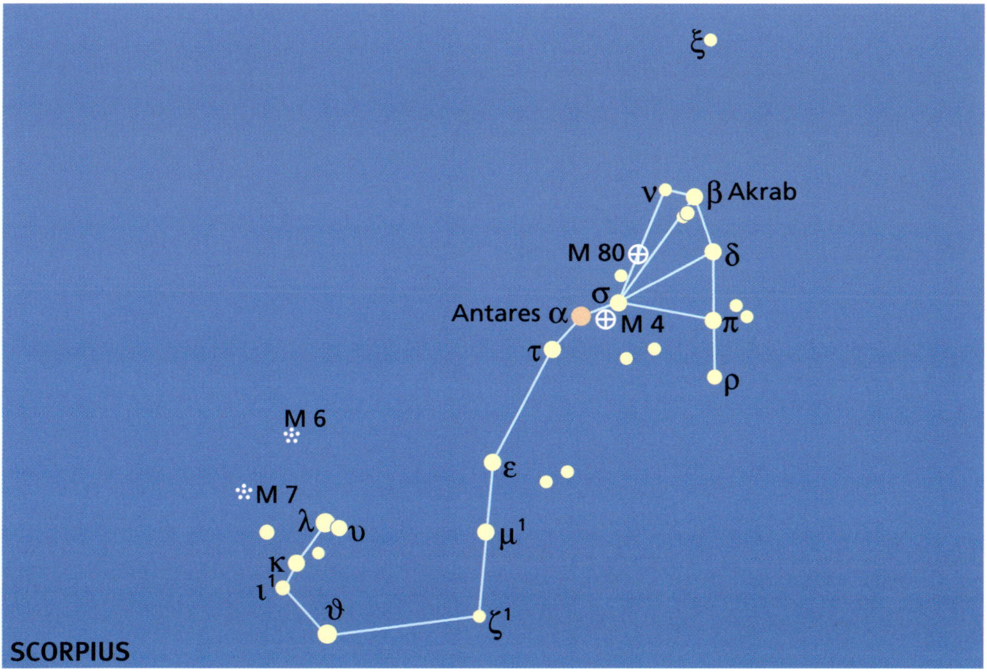

Der Hauptstern α Sco heißt Antares (gr. „Gegenmars“). Er ist ein roter Riesenstern mit einer Helligkeit von etwa 1^{m}, die aber nicht konstant ist, sondern unregelmäßig um fast eine Größenklasse schwankt. Seine Oberflächentemperatur beträgt 2800 °C, sein Durchmesser das 700-fache des Sonnendurchmessers und seine Entfernung 600 Lj. Der 35 Lj. entfernte β Sco oder Akrab (ar. „Skorpion“) ist ein mit einem 5-cm-Rohr aufzulösender Doppelstern: Neben dem Stern von $2^{m}{,}6$ steht ein Begleiter mit $4^{m}{,}9$ in 14″ Distanz. Etwas leichter zu trennen ist ν Sco: Es handelt sich um zwei Sternpaare mit $4^{m}{,}4$/$5^{m}{,}4$ und $6^{m}{,}9$/ $7^{m}{,}9$ in 41″ Distanz. Die Distanzen in den Paaren sind 1,4″ und 2,3″. μ Sco besteht aus zwei Sternen von $3^{m}{,}0$/ $3^{m}{,}6$ in 8′ oder ¼ Mondbreite Abstand, ein Objekt für das bloße Auge.
Nur 1,3° westlich von Antares, also leicht zu finden, steht der Kugelsternhaufen M 4: Mit 6800 Lj. Abstand ist er einer der nächsten und auch größten Kugelhaufen, seine Gesamthelligkeit beträgt $6^{m}{,}4$. Mit $7^{m}{,}2$ etwas schwächer ist M 80 in 26 000 Lj. Entfernung. Im Ostteil des Sternbildes macht sich die Milchstraße hell und deutlich bemerkbar. Dort sind auch mehrere offene Sternhaufen zu bewundern. Herausragend sind M 6 und M 7. Stehen sie nicht zu nahe am Horizont, können sie sogar schon mit bloßem Auge gesehen werden. Ihre hellsten Sterne kommen auf die 6. Größe. Die Entfernung beträgt 2000 bzw. 800 Lj. M 7 ist weiträumiger und bedeckt eine Fläche von 1° Durchmesser.

■ **Sculptor** | Scl | *Bildhauer*

Das von N. L. Lacaille 1752 eingeführte Sternbild steht in Mitteleuropa im Herbst abends knapp über dem S-Horizont unterhalb von Wassermann und Walfisch. α Scl ist nur $4^{m}{,}4$ hell, und auch die anderen Sterne sind recht lichtschwach. NGC 288 kommt als Kugelsternhaufen auf die 8. Größe und kann schon im Fernglas aufgespürt werden. Die Entfernung beträgt 27 000 Lj. Ein schöner Spiralnebel ist NGC 253, als Nebelfleck 7. Größe schon in kleinen Instrumenten sichtbar.

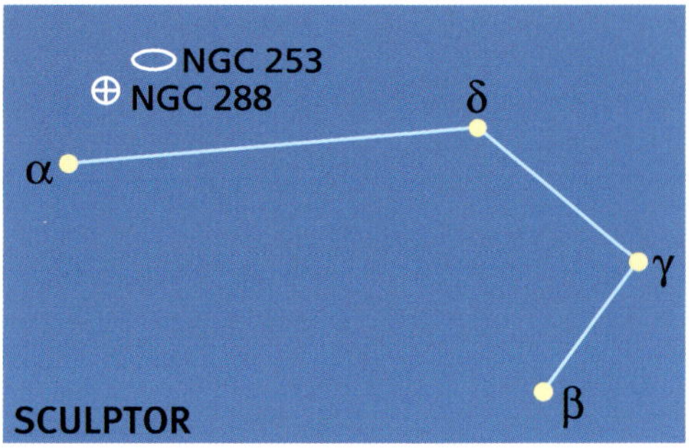

■ **Scutum** | Sct | *Schild*

J. Hevelius erfand dieses winzige Sternbild im 17. Jh. zur Erinnerung an die Befreiung Wiens von den Türken. Genauer heißt es „Sobieskischer Schild“ nach dem polnischen König Johann III. Sobieski, dem Befehlshaber der Truppen vor Wien. Das Sternbild liegt nördlich des Schützen und ist im Sommer zu sehen. Der 174 Lj. entfernte Hauptstern α Sct ist $3^{m}{,}8$ hell. Im Schild liegt eine helle Milchstraßenwolke. Bemerkenswert ist auch der verhältnismäßig dichte offene Sternhaufen M 11, der bereits in ganz kleinen Fernrohren

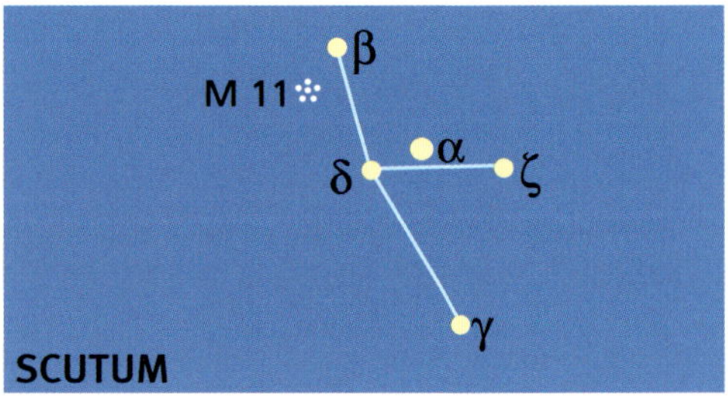

gesehen werden kann: Er enthält 200 Sterne ab 9. Größe; die Entfernung beträgt 5700 Lj.

Serpens | Ser | *Schlange*

Die Schlange ist ein Sommersternbild und wird vom Schlangenträger in zwei Teile aufgespalten: Serpens Caput und Serpens Cauda (Kopf bzw. Schwanz der Schlange).
α Ser oder Unuk (ar. „Hals“) kommt auf eine Helligkeit von $2^{\mathrm{m}}{,}7$ und ist 73 Lj. entfernt. β Ser ist $3^{\mathrm{m}}{,}7$ hell und besitzt in 31″ Distanz einen Begleiter 9. Größe, der mit einem 6-cm-Fernrohr gesehen werden kann. Auch δ Ser ist ein Doppelstern, der mit einem ähnlichen Instrument aufzulösen ist. Die beiden Partner sind $4^{\mathrm{m}}{,}2$ und $5^{\mathrm{m}}{,}2$ hell, stehen aber nur 4″ auseinander. ϑ Ser besteht aus zwei Sternen $4^{\mathrm{m}}{,}5$ und $5^{\mathrm{m}}{,}0$ in einer Distanz von 22″, ist also ein ganz leichtes Objekt. Auch ν Ser ist gut im 5-cm-Rohr als Doppelstern auszumachen: Die Sterne sind $4^{\mathrm{m}}{,}3$ und $9^{\mathrm{m}}{,}2$ hell, die Distanz beträgt 46″. Ganz weit im Westen steht der schöne Kugelsternhaufen M 5. Er ist 6^{m} hell und damit schon im Opernglas gerade noch zu erkennen. Die Entfernung beträgt 25 000 Lj. Im Osten des Sternbilds liegt der offene Sternhaufen M 16 mit dem so genannten „Adlernebel“. Der Sternhaufen enthält Sterne von der 8. Größe an abwärts. Die Entfernung zu M 16 beträgt etwa 8000 Lj.

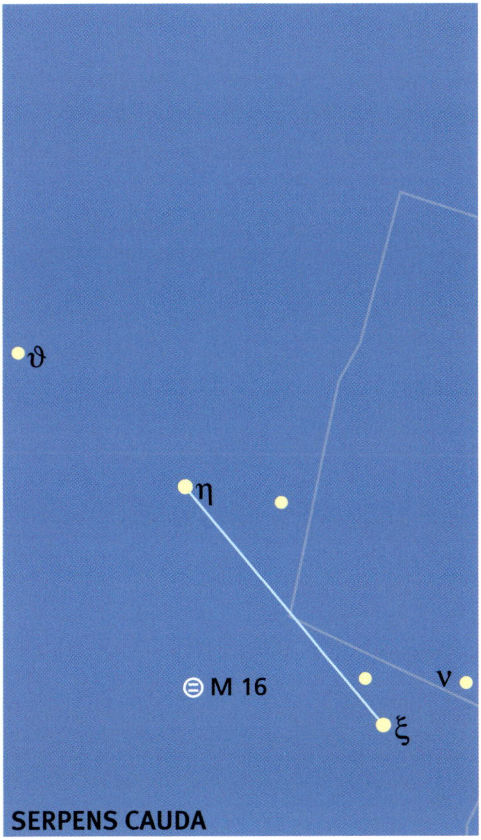

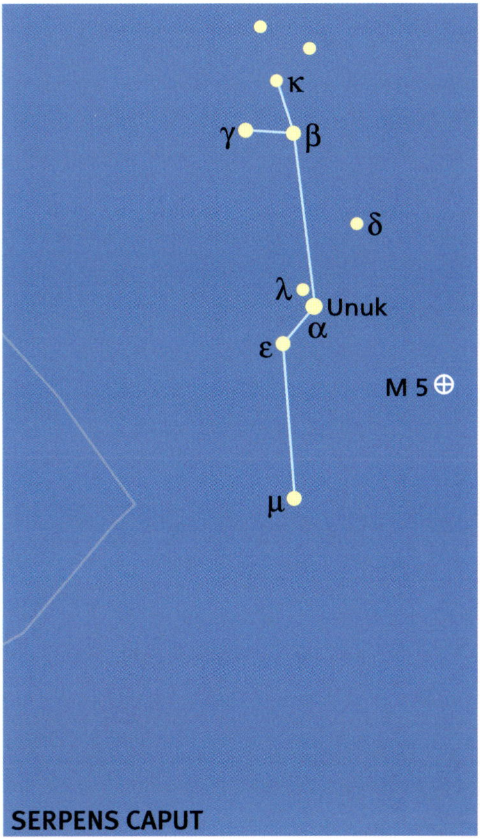

Sextans | Sex | *Sextant*

Dieses im 17. Jh. von J. Hevelius eingeführte kleine Sternbild ist im Frühling unterhalb des Löwen zu sehen. Es enthält aber nur schwache Sterne. Der 287 Lj. entfernte α Sex kommt auf $4{,}^{m}5$.

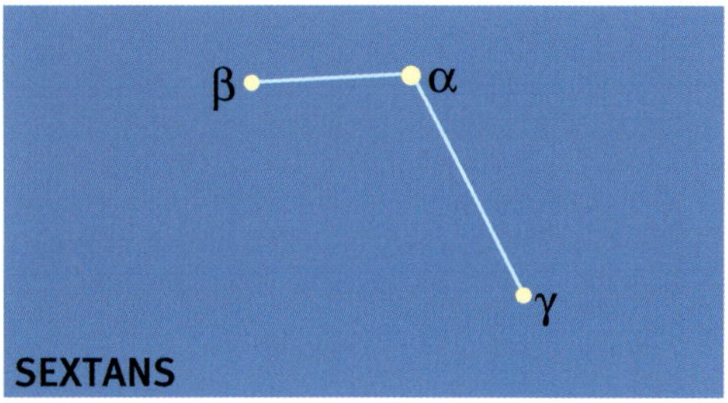

T

Taurus | Tau | *Stier*

In der griechischen Sage soll sich Zeus in einen weißen Stier verwandelt haben, um die Prinzessin Europa zu rauben. Der Stier steht im Tierkreis und ist ein Wintersternbild. Der Hauptstern α Tau heißt Aldebaran, was aus dem Arabischen übersetzt „der Nachfolgende“ heißt, da dieser Stern im Tagesgang den Plejaden nachfolgt. Aldebaran hat eine Helligkeit von $0{,}^{m}9$, ist 65 Lj. entfernt und gehört zu den roten Riesensternen. An seiner Oberfläche ist er nur 3200 °C heiß, sein Durchmesser ist 36-mal größer als der unserer Sonne. An Aldebaran schließt sich nach rechts der Sternhaufen der Hyaden (gr. „Regengestirn“) an, der schon für das bloße Auge eine reiche Anzahl von Sternen bietet. Die Hyaden sind 150 Lj. entfernt. Hier muss man sich den Kopf des Stiers vorstellen. Aldebaran wird auch als sein „rot funkelndes Auge“ gedeutet. Weiter rechts oben liegt der rund 400 Lj. entfernte Sternhaufen der Plejaden (gr. „Tauben“, M 45). Andere Namen sind Siebengestirn, Gluckhenne und Leiterwagen. Für das freie Auge zeigt er meist nur sechs Sterne, bei sehr klarem und dunklem Himmel neun, manchmal sogar noch mehr. Insgesamt enthält er über 130 Sterne. Der hellste

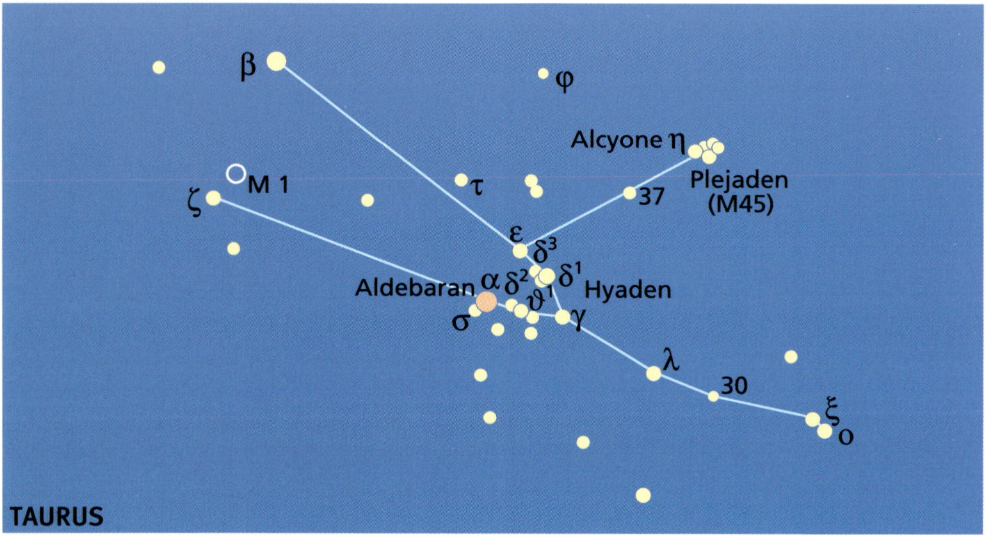

Stern Alcyone ist vierfach. ϑ Tau ist ein mit bloßem Auge zu trennender Doppelstern. Die Distanz der Sterne mit $3\overset{m}{,}4$ und $3\overset{m}{,}8$ ist 337″. Dasselbe gilt für σ Tau mit $4\overset{m}{,}8$ und $5\overset{m}{,}1$ und 431″. τ Tau ist ein Feldstecherobjekt: Die Sterne von $4\overset{m}{,}3$ und $7\overset{m}{,}1$ haben eine Distanz von 63″. Bei φ Tau haben die Partner mit $5\overset{m}{,}1$ und $8\overset{m}{,}4$ eine Distanz von 49″.
Etwas mehr als zwei Mondbreiten nordwestlich von ζ Tau steht M 1, der Überrest der Supernova von 1054, oft als „Crab-Nebel" („Krebs-" oder „Krabbennebel") bezeichnet. Der Nebel 9. Größe kann aber erst mit einem 7-cm-Rohr entdeckt werden.

Telescopium | Tel | *Teleskop*

Dieses kleine Südsternbild wurde 1752 von N. L. Lacaille eingeführt und ist von Mitteleuropa aus unsichtbar. α Tel ist $3\overset{m}{,}5$ hell und 249 Lj. entfernt.

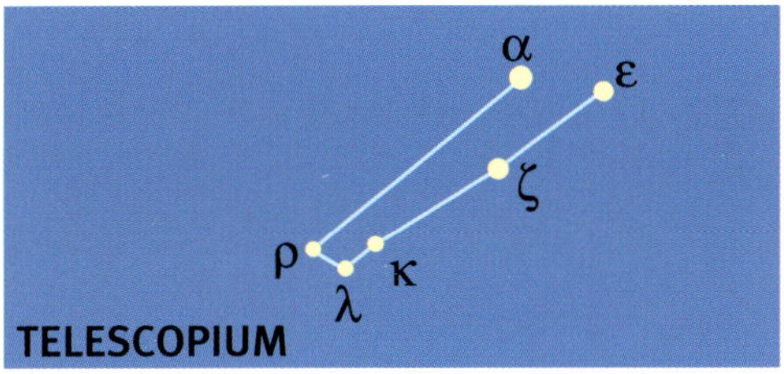

Triangulum | Tri | *Dreieck*

Dieses Sternbild soll das Nil-Delta darstellen; es kann im Herbst und Frühwinter beobachtet werden. α Tri ist $3\overset{m}{,}4$ hell und 64 Lj. entfernt.

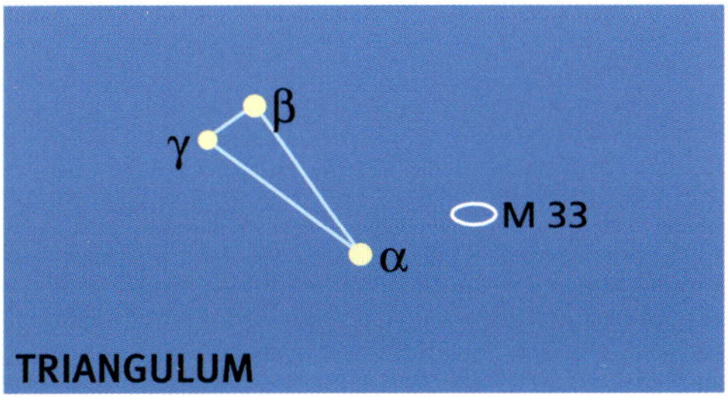

M 33 ist ein fast 3 Mill. Lj. entfernter Spiralnebel, der aber wegen seiner geringen Flächenhelligkeit nur in extrem lichtstarken Ferngläsern und Fernrohren mit schwacher Vergrößerung sichtbar ist. Der scheinbare Durchmesser dieser Galaxie beträgt 40′ × 60′.

Triangulum Australe | TrA | *Südliches Dreieck*

Das kleine, von Mitteleuropa aus unsichtbare Sternbild wurde erst 1603 von J. Bayer eingeführt. Der Hauptstern α TrA ist immerhin $1\overset{m}{,}9$ hell und 415 Lj. entfernt. Ein hübscher offener Sternhaufen ist NGC 6025; er kann schon im Feldstecher gesehen werden.

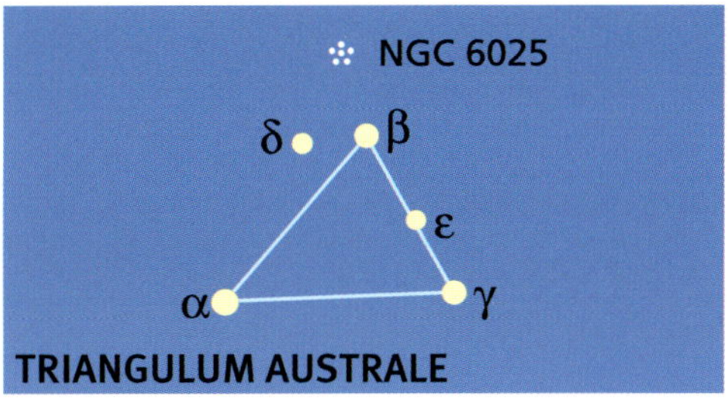

Tucana | Tuc | *Tukan*

Ebenfalls 1603 von J. Bayer „erfunden", liegt dieses Sternbild für Mitteleuropa unsichtbar am Südhimmel. α Tuc kommt auf $2\overset{m}{,}9$ in 199 Lj. Entfernung. Ein hübscher, bereits im Fernglas aufzulösender Doppelstern ist β Tuc: Die beiden Partner sind $4\overset{m}{,}4$ bzw. $4\overset{m}{,}8$ hell mit einer Distanz von 27″.
Im Tukan liegt die Kleine Magellansche Wolke in 200 000 Lj. Entfernung, die bereits mit bloßem Auge sichtbar ist. Etwas westlich dieser Wolke liegt in 15 000 Lj. Abstand der schöne Kugelsternhaufen NGC 104. Mit 4^{m} ist

er als „Nebelstern“ schon ohne Fernglas sichtbar.

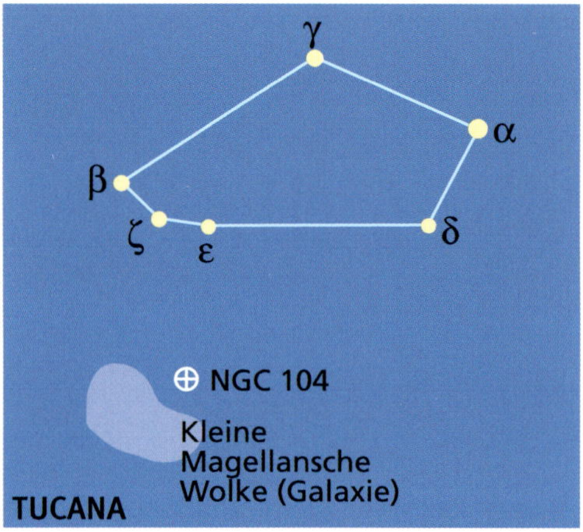

U

Ursa Maior | UMa | *Großer Bär*
Eigentlich ist es eine Bärin, in die Zeus die Nymphe Kallisto verwandelte, um sie vor seiner Gattin Hera zu verbergen. Das flächenmäßig sehr große Sternbild ist in Mitteleuropa zirkumpolar. Die sieben hellen Sterne im Ostteil des Bildes bilden den Großen Wagen oder Himmelswagen. Rechts oben am Wagenkasten steht der rote Riesenstern α UMa oder Dubhe (ar. „Bär“). Seine Helligkeit beträgt $1\overset{m}{,}8$, seine Entfernung 124 Lj. Am rechten unteren Wagenkasten liegt Merak (ar. „Lende“), links unten Phachd oder Phekda (ar. „Schenkel“), links oben Megrez (ar.

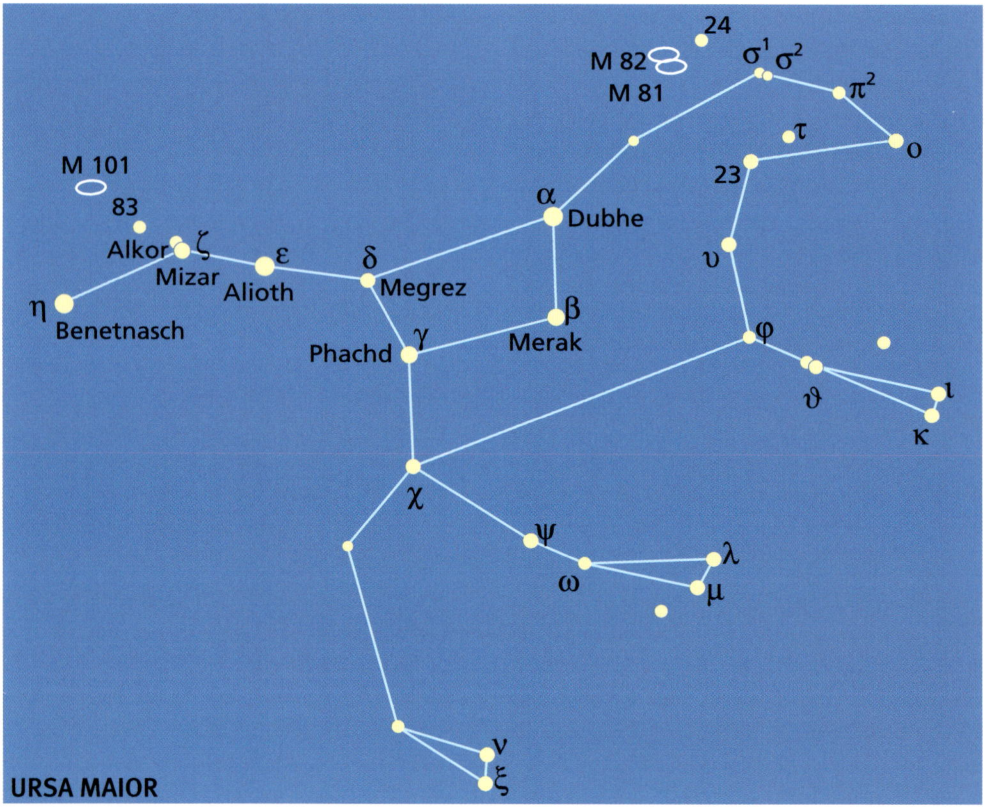

„Schwanzansatz"). Dann folgen der Deichsel entlang: Alioth (ar. „Schwanz"), Mizar (ar. „Lende?") und Benetnasch (ar. „Klageweib").

Neben Mizar, dessen Helligkeit $2^{m}{,}1$ beträgt, findet man in fast einer halben Mondbreite Distanz schon mit bloßem Auge einen Stern 4. Größe, Alkor, manchmal auch Reiterlein genannt. Ein 5-cm-Fernrohr zeigt uns außerdem in nur 14″ Distanz von Mizar einen weiteren Begleiter 4. Größe – einer der leichtesten Doppelsterne des ganzen Himmels. Alle Sterne gehören räumlich zusammen, Alkor steht allerdings etwa 3 Lj. hinter Mizar. Die Entfernung des Sternsystems von der Erde beträgt 78 Lj (s. auch S. 63).

Im Großen Bären liegen mehrere interessante Galaxien, die aber für sehr kleine Instrumente nicht ganz einfach aufzufinden sind. Am leichtesten ist M 81 zu sehen. Hier beträgt die Helligkeit 7^{m}. Unter Umständen reicht schon ein lichtstarker Feldstecher, um wenigstens einen blassen Eindruck von diesem 13. Mill. Lj. entfernten Nebel zu gewinnen. M 82 ist knapp 8^{m} hell und schon etwas schwieriger zu finden. M 101 an der Ostgrenze des Sternbildes liegt knapp über der 8. Größe.

Ursa Minor | UMi | *Kleiner Bär*

Auch hier handelt es sich um eine Bärin. Eine beliebte andere Deutung ist die als Kleiner Wagen. Der Hauptstern α UMi heißt Polaris oder Polarstern, seltener auch Alrukaba (ar. „Knie"). Tatsächlich steht dieser Stern sehr nahe am nördlichen Himmelspol. Wegen der Präzession der Erdachse verändert sich allerdings die Distanz: Anfang 2000 betrug sie noch 44′, bis 2100 schrumpft sie auf knapp 28′ zusammen und wächst dann wieder an.

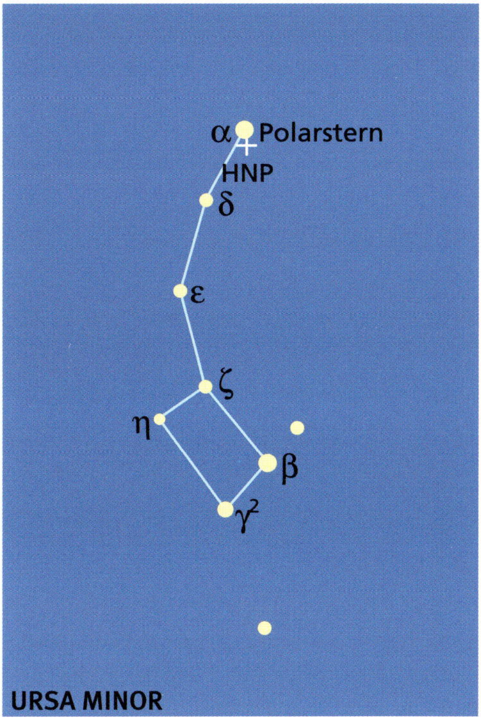

Der Polarstern ist $2^{m}{,}0$ hell und 430 Lj. entfernt. Seine Oberflächentemperatur beträgt 6300 °C. In 18″ Distanz steht ein Begleiter 9. Größe. Um ihn zu sehen, benötigt man mindestens ein 5-cm-Rohr.

V

Vela | Vel | *Segel*

Dieser Teil des Schiffs Argo ist von Mitteleuropa aus nicht zu sehen. Dagegen kann es vom südlichen Mittelmeerraum aus im Spätwinter und Frühling tief im Süden bereits vollständig aufgefunden werden.

Die Sterne δ und κ Vel sowie ι und ε Car (im Sternbild Carina) bilden das so genannte „falsche Kreuz", das leicht mit dem Kreuz des Südens verwechselt wird.

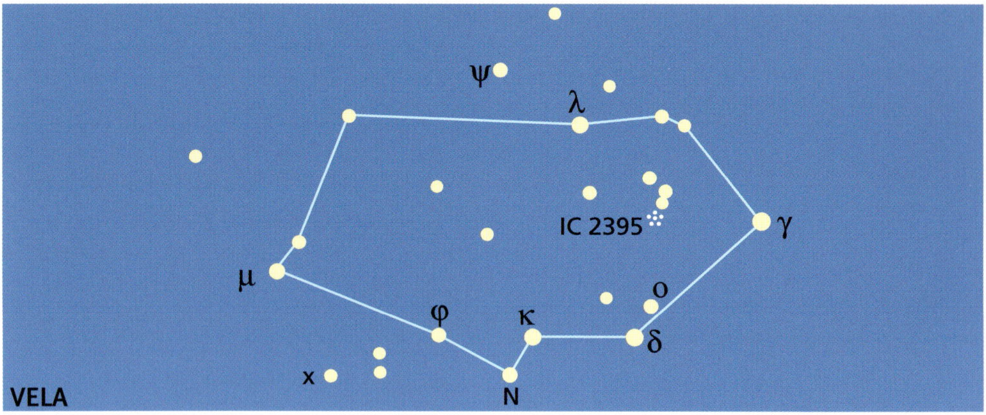

Am hellsten ist γ Vel mit $1\overset{m}{,}8$; der blauweiße Stern ist 840 Lj. entfernt. Bereits ein 5-cm-Rohr, vielleicht sogar ein Feldstecher, zeigt uns in 41″ Distanz einen optischen Begleiter 4. Größe; in 62″ Distanz steht noch ein Stern 8. Größe, in 93″ ein Sternchen 9. Größe. Ferner ist x Vel empfehlenswert: Helligkeiten von $4\overset{m}{,}3$ und $6\overset{m}{,}6$, Distanz 52″; das ist ebenfalls noch mit einem Fernglas zu schaffen.

IC 2395 ist ein offener Sternhaufen mit 16 Sternen ab $4\overset{m}{,}6$ abwärts. Ein weiterer lockerer Haufen liegt um den Stern o Vel herum.

■ Virgo | Vir | *Jungfrau*

Dieses Tierkreissternbild ist am besten im Frühling zu beobachten. Die Jungfrau soll die Tochter der Morgenröte (Aurora) gewesen sein.

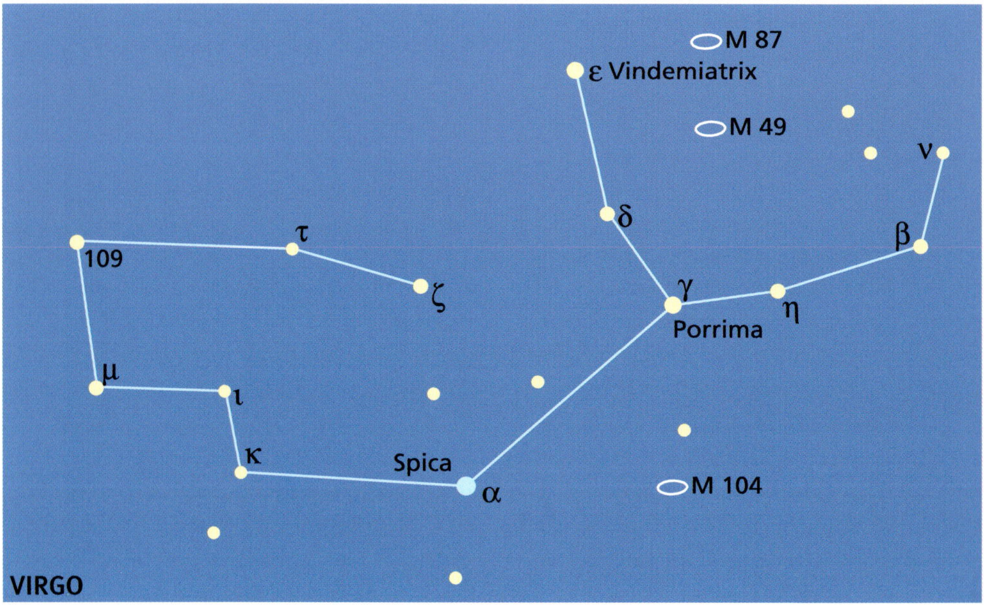

Der Hauptstern ist α Vir oder Spica (lat. „Kornähre“). Der $1^{\mathrm{m}}{,}0$ helle Stern erscheint bläulich weiß und ist an der Oberfläche 20 000 °C heiß; seine Entfernung beträgt 262 Lj. γ Vir oder Porrima ist ein Doppelstern mit 172 Jahren Umlaufzeit. Die Distanz der beiden mit $3^{\mathrm{m}}{,}5$ gleich hellen Partner ändert sich mit dem Umlauf beträchtlich. 2007 betrug sie nur 0,3″, jetzt wächst sie wieder allmählich an. 2010 beträgt die Distanz schon wieder 0,9″ mit weiter steigender Tendenz, so dass dieser schöne Doppelstern auch wieder mit kleinen Fernrohren aufgelöst werden kann. Ein leichterer, allerdings nur optischer Doppelstern ist τ Vir ($4^{\mathrm{m}}{,}3/9^{\mathrm{m}}{,}5$, 80″).
In der Jungfrau liegt der Virgo-Galaxienhaufen in 70 Mill. Lj. Entfernung. Für kleine Fernrohre sind die meisten Objekte aber zu schwach. Am hellsten sind M 104, M 49 und M 87 (8. oder 9. Größe). Sie können mit einem 7-cm-Rohr schwach gesehen werden.

Volans | Vol | *Fliegender Fisch*

Der hellste Stern in diesem 1603 von J. Bayer eingeführten Mini-Sternbild des Südhimmels ist der 180 Lj. entfernte β Vol mit $4^{\mathrm{m}}{,}0$. Ein sehr schöner Doppelstern ist κ Vol: Die beiden Partner haben eine Helligkeit von $5^{\mathrm{m}}{,}4$ und $5^{\mathrm{m}}{,}7$ und stehen 65″ auseinander; dies ist schon mit dem Feldstecher zu schaffen. Ferner liegt neben dem Stern mit $5^{\mathrm{m}}{,}7$ in 37″ Distanz noch ein dritter Stern von 8^{m}. Auch

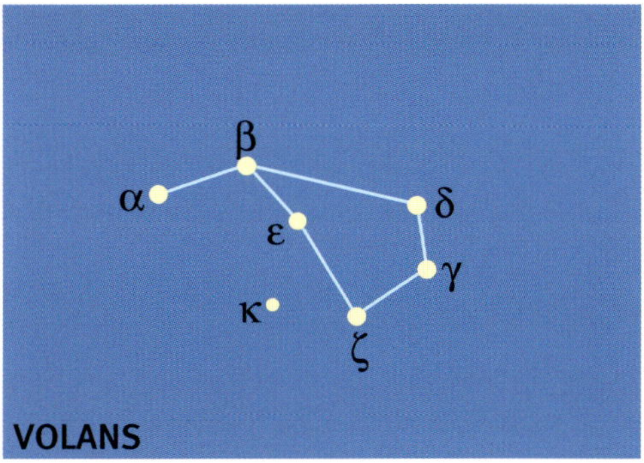

γ Vol ist doppelt: Neben dem Hauptstern der Helligkeit $3^{\mathrm{m}}{,}9$ steht hier in 14″ Distanz ein Stern mit $5^{\mathrm{m}}{,}8$.

Vulpecula | Vul | *Füchschen*

Dieses kleine Bild ist erst im 17. Jh. an den Himmel versetzt worden und liegt südlich des Schwans. Es kann im Sommer und Herbst beobachtet werden. Der hellste Stern ist 6 oder α Vul, er kommt aber nur auf $4^{\mathrm{m}}{,}4$. NGC 6940 ist ein offener Sternhaufen, der rund 100 Sterne enthält und bereits mit einem Feldstecher gesehen werden kann. Das schönste Objekt ist aber M 27, einer der beeindruckendsten Planetarischen Nebel. Er heißt auch „Hantelnebel“ oder „Dumbbell-Nebel“. Insgesamt ist er $7^{\mathrm{m}}{,}6$ hell und kann damit als verwaschenes „Sternchen“ vielleicht schon im Fernglas, auf jeden Fall aber mit einem 5-cm-Fernrohr gesehen werden. Er ist 900 Lj. von uns entfernt.

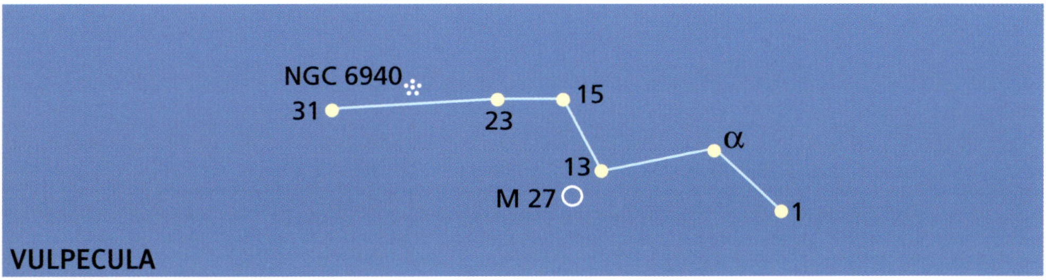

Die 88 Sternbilder

Deutscher Name	Lateinischer Name	Beste Sichtbarkeit in Mitteleuropa	Seite
Adler	Aquila	Juni–Dezember	153
Altar	Ara	–	153
Andromeda	Andromeda	Juni–April	150
Becher	Crater	Februar–Mai	165
Bildhauer	Sculptor	Oktober–Dezember	194
Chamäleon	Chamaeleon	–	163
Chemischer Ofen	Fornax	Oktober–Januar	169
Delfin	Delphinus	Juni–Dezember	167
Drache	Draco	immer	168
Dreieck	Triangulum	August–April	197
Eidechse	Lacerta	immer	175
Einhorn	Monoceros	Dezember–Mai	181
Fische	Pisces	August–Februar	190
Fliege	Musca	–	182
Fliegender Fisch	Volans	–	201
Fluss Eridanus	Eridanus	November–Januar	169
Füchschen	Vulpecula	Juni–Januar	201
Fuhrmann	Auriga	September–Juni	154
Füllen	Equuleus	Juni–Dezember	169
Giraffe	Camelopardalis	immer	156
Grabstichel	Caelum	Dezember–Februar	156
Großer Bär	Ursa Maior	immer	198
Großer Hund	Canis Maior	Dezember–April	158
Haar der Berenike	Coma Berenices	Februar–September	163
Hase	Lepus	Dezember–März	177
Herkules	Hercules	März–Dezember	172
Hinterdeck	Puppis	Dezember–Februar	190
Indianer	Indus	–	175
Jagdhunde	Canes Venatici	Januar–September	157
Jungfrau	Virgo	März–August	200
Kassiopeia	Cassiopeia	immer	160
Kepheus	Cepheus	immer	161
Kleine Wasserschlange	Hydrus	–	175
Kleiner Bär	Ursa Minor	immer	199
Kleiner Hund	Canis Minor	Dezember–Mai	158
Kleiner Löwe	Leo Minor	Dezember–Juni	177
Kompass	Pyxis	Februar–April	191
Kranich	Grus	–	171
Krebs	Cancer	Dezember–Juli	156
Kreuz des Südens	Crux	–	165
Leier	Lyra	April–Januar	179
Löwe	Leo	Januar–Juni	176
Luchs	Lynx	immer	178
Luftpumpe	Antlia	März–April	152

Deutscher Name	Lateinischer Name	Beste Sichtbarkeit in Mitteleuropa	Seite
Maler	Pictor	–	189
Mikroskop	Microscopium	September–Oktober	180
Netz	Reticulum	–	191
Nördliche Krone	Corona Borealis	März–Oktober	164
Oktant	Octans	–	183
Orion	Orion	November–April	184
Paradiesvogel	Apus	–	152
Pegasus	Pegasus	Juli–Februar	186
Pendeluhr	Horologium	–	173
Perseus	Perseus	immer	187
Pfau	Pavo	–	186
Pfeil	Sagitta	Juni–Dezember	191
Phönix	Phoenix	–	188
Rabe	Corvus	März–Juli	164
Rinderhirte	Bootes	März–Oktober	155
Schiffskiel	Carina	–	159
Schild	Scutum	Juni–Oktober	194
Schlange	Serpens	April–Oktober	195
Schlangenträger	Ophiuchus	Mai–Oktober	183
Schütze	Sagittarius	Juli–Oktober	192
Schwan	Cygnus	Mai–Januar	166
Schwertfisch	Dorado	–	167
Segel	Vela	–	199
Sextant	Sextans	Februar–Mai	196
Skorpion	Scorpius	Mai–September	193
Steinbock	Capricornus	August–November	159
Stier	Taurus	Oktober–April	196
Südliche Krone	Corona Australis	–	164
Südlicher Fisch	Piscis Austrinus	September–Dezember	190
Südliches Dreieck	Triangulum Australe	–	197
Tafelberg	Mensa	–	180
Taube	Columba	Januar–März	163
Teleskop	Telescopium	–	197
Tukan	Tucana	–	197
Waage	Libra	April–September	177
Walfisch	Cetus	September–Februar	162
Wassermann	Aquarius	Juli–Januar	152
Wasserschlange	Hydra	Februar–Mai	173
Widder	Aries	September–März	154
Winkelmaß	Norma	–	182
Wolf	Lupus	Juni–Juli	178
Zentaur	Centaurus	–	160
Zirkel	Circinus	–	163
Zwillinge	Gemini	November–Juni	171

Service

Himmelsereignisse 2009–2022

Die nachfolgenden Seiten geben einen Überblick über die Sichtbarkeit von Planeten und Finsternissen sowie über die Vollmondtermine. Natürlich ersetzen sie kein astronomisches Jahrbuch und wer gerne ausführlicher über die jährlichen Himmelserscheinungen informiert werden möchte, dem sei das *Kosmos Himmelsjahr* empfohlen. Die Erläuterung der verwendeten Begriffe finden sich auf den Seiten 29 bis 31, 38 und 45. Bei den Marsoppositionen sind auch die Entfernungen zur Erde angegeben, da diese gerade bei Mars stark schwanken.
Alle Angaben beziehen sich auf Mitteleuropa und sind in MEZ. Dadurch kann sich während der Gültigkeit der Sommerzeit ein Termin u. U. auf den nachfolgenden Tag verschieben.

2009

Merkur 4. 1. gr. östl. Elongation, 13. 2. gr. westl. Elongation, 26. 4. gr. östl. Elongation, 13. 7. gr. westl. Elongation, 24. 8. gr. östl. Elongation, 6. 10. gr. westl. Elongation, 18. 12. gr. östl. Elongation.
Venus 14. 1. gr. östl. Elongation, 27. 3. unt. Konjunktion, 5. 6. gr. westl. Elongation.
Mars –.
Jupiter 24. 1. Konjunktion, 14. 8. Opposition.
Saturn 8. 3. Opposition, 17. 9. Konjunktion.
Uranus 13. 3. Konjunktion, 17. 9. Opposition.
Neptun 12. 2. Konjunktion, 17. 8. Opposition.
Vollmond: 11. 1., 9. 2., 11. 3., 9. 4., 9. 5., 7. 6., 7. 7., 6. 8., 4. 9., 4. 10., 2. 11., 2. 12., 31. 12.
■ Part. **M'Finsternis** 31. 12.

2010

Merkur 27. 1. gr. westl. Elongation, 9. 4. gr. östl. Elongation, 26. 5. gr. westl. Elongation, 7. 8. gr. östl. Elongation, 19. 9. gr. westl. Elongation, 1. 12. gr. östl. Elongation.
Venus 11. 1. ob. Konjunktion, 20. 8. gr. östl. Elongation, 29. 10. unt. Konjunktion.
Mars 29. 1. Opposition (Abstand 99 Mill. km).
Jupiter 28. 2. Konjunktion, 21. 9. Opposition.
Saturn 22. 3. Opposition, 1. 10. Konjunktion.
Uranus 17. 3. Konjunktion, 21. 9. Opposition.
Neptun 14. 2. Konjunktion, 20. 8. Opposition.
Vollmond: 30. 1., 28. 2., 30. 3., 28. 4., 28. 5., 26. 6., 26. 7., 24. 8., 23. 9., 23. 10., 21. 11., 21. 12.
■ Tot. **M'Finsternis** 21. 12. (in Mitteleuropa partiell)

2011

Merkur 9. 1. gr. westl. Elongation, 23. 3. gr. östl. Elongation, 7. 5. gr. westl. Elongation, 20. 7. gr. östl. Elongation, 3. 9. gr. westl. Elongation, 14. 11. gr. östl. Elongation, 23. 12. gr. westl. Elongation.
Venus 8. 1. gr. westl. Elongation, 16. 8. ob. Konjunktion.
Mars 4. 2. Konjunktion.
Jupiter 6. 4. Konjunktion, 29. 10. Opposition.
Saturn 4. 4. Opposition, 13.10. Konjunktion.
Uranus 21. 3. Konjunktion, 26. 9. Opposition.
Neptun 17. 2. Konjunktion, 23. 8. Opposition.
Vollmond: 19. 1., 18. 2., 19. 3., 18. 4., 17. 5., 15. 6., 15. 7., 13. 8., 12. 9., 12. 10., 10. 11., 10. 12.
■ Part. **S'Finsternis** 4. 1., tot. **M'Finsternis** 15. 6., 10. 12. (in Mitteleuropa partiell)

Mond und Venus in der Morgendämmerung

2012

Merkur 5. 3. gr. östl. Elongation, 18. 4. gr. westl. Elongation, 1. 7. gr. östl. Elongation, 16. 8. gr. westl. Elongation, 26. 10. gr. östl. Elongation, 4. 12. gr. westl. Elongation.
Venus 27. 3. gr. östl. Elongation, 6. 6. unt. Konjunktion, Durchgang vor Sonne, 15. 8. gr. westl. Elongation.
Mars 3. 3. Opposition (Abstand 101 Mill. km).
Jupiter 13. 3. Konjunktion, 3. 12. Opposition.
Saturn 15. 4. Opposition, 25. 10. Konjunktion.
Uranus 24. 3. Konjunktion, 29. 9. Opposition.
Neptun 19. 2. Konjunktion, 24. 8. Opposition.
Vollmond: 9. 1., 7. 2., 8. 3., 6. 4., 6. 5., 4. 6., 3. 7., 2. 8., 31. 8., 30. 9., 29. 10., 28. 11., 18. 12.

2013

Merkur 16. 2. gr. östl. Elongation, 31. 3. gr. westl. Elongation, 12. 6. gr. östl. Elongation, 30. 7. gr. westl. Elongation, 9. 10. gr. östl. Elongation, 18. 11. gr. westl. Elongation.
Venus 29. 3. ob. Konjunktion, 1. 11. gr. westl. Elongation.
Mars 18. 4. Konjunktion.
Jupiter 19. 6. Konjunktion.
Saturn 28. 4. Opposition, 6. 11. Konjunktion.
Uranus 29. 3. Konjunktion, 3. 10. Opposition.
Neptun 21. 2. Konjunktion, 27. 8. Opposition.
Vollmond: 27. 1., 25. 2., 27. 3., 25. 4., 25. 5., 23. 6., 22. 7., 21. 8., 19. 9., 19. 10., 17. 11., 17. 12.
■ Part. **M'Finsternis** 25. 4.

2014

Merkur 31. 1. gr. östl. Elongation, 14. 3. gr. westl. Elongation, 25. 5. gr. östl. Elongation, 12. 7. gr. westl. Elongation, 21. 9. gr. östl. Elongation, 1. 11. gr. westl. Elongation.
Venus 11. 1. unt. Konjunktion, 22. 3. gr. westl. Elongation, 25. 10. ob. Konjunktion.
Mars 8. 4. Opposition (Abstand 92 Mill. km).
Jupiter 5. 1. Opposition, 24. 7. Konjunktion.
Saturn 10. 5. Opposition, 18.11. Konjunktion.
Uranus 2. 4. Konjunktion, 7. 10. Opposition.
Neptun 23. 2. Konjunktion, 29. 8. Opposition.
Vollmond: 16. 1., 15. 2., 16. 3., 15. 4., 14. 5., 13. 6., 12. 7., 10. 8., 9. 9., 8. 10., 6. 11., 6. 12.

Venus (links) und Jupiter am Morgenhimmel

2016

Merkur 7. 2. gr. westl. Elongation, 18. 4. gr. östl. Elongation, 9. 5. Durchgang vor Sonne. 5. 6. gr. westl. Elongation, 16. 8. gr. östl. Elongation, 28. 9. gr. westl. Elongation, 11. 12. gr. östl. Elongation.
Venus 6. 6. ob. Konjunktion.
Mars 22. 5. Opposition (Abstand 75 Mill. km).
Jupiter 8. 3. Opposition, 26. 9. Konjunktion.
Saturn 3. 6. Opposition, 10. 12. Konjunktion.
Uranus 9. 4. Konjunktion, 15. 10. Opposition.
Neptun 28. 2. Konjunktion, 2. 9. Opposition.
Vollmond: 24. 1., 22. 2., 23. 3., 22. 4., 21. 5., 20. 6., 19. 7., 18. 8., 16. 9., 16. 10., 14. 11., 14. 12.

2015

Merkur 14. 1. gr. östl. Elongation, 24. 2. gr. westl. Elongation, 7. 5. gr. östl. Elongation, 24. 6. gr. westl. Elongation, 4. 9. gr. östl. Elongation, 16. 10. gr. westl. Elongation, 29. 12. gr. östl. Elongation.
Venus 6. 6. gr. östl. Elongation, 15. 8. unt. Konjunktion, 26. 10. gr. westl. Elongation.
Mars 14. 6. Konjunktion.
Jupiter 6. 2. Opposition, 26. 8. Konjunktion.
Saturn 23. 5. Opposition, 30. 11. Konjunktion.
Uranus 6. 4. Konjunktion, 12. 10. Opposition.
Neptun 26. 2. Konjunktion, 1. 9. Opposition.
Vollmond: 5. 1., 4. 2., 5. 3., 4. 4., 4. 5., 2. 6., 2. 7., 31. 7., 29. 8., 28. 9., 27. 10., 25. 11., 25. 12.
■ Tot. **S'Finsternis** 20. 3. (in Mitteleuropa partiell), tot. **M'Finsternis** 28. 9.

2017

Merkur 19. 1. gr. westl. Elongation, 1. 4. gr. östl. Elongation, 18. 5. gr. westl. Elongation, 30. 7. gr. östl. Elongation, 12. 9. gr. westl. Elongation, 24. 11. gr. östl. Elongation.
Venus 12. 1. gr. östl. Elongation, 25. 3. unt. Konjunktion, 3. 6. gr. westl. Elongation.
Mars 27. 7. Konjunktion.
Jupiter 7. 4. Opposition, 26. 10. Konjunktion.
Saturn 15. 6. Opposition, 21. 12. Konjunktion.
Uranus 14. 4. Konjunktion, 19. 10. Opposition.
Neptun 2. 3. Konjunktion, 5. 9. Opposition.
Vollmond: 12. 1., 11. 2., 12. 3., 11. 4., 10. 5., 9. 6., 9. 7., 7. 8., 6. 9., 5. 10., 4. 11., 3. 12.

2018

Merkur 1. 1. gr. westl. Elongation, 15. 3. gr. östl. Elongation, 29. 4. gr. westl. Elongation, 12. 7. gr. östl. Elongation, 26. 8. gr. westl. Elongation, 6. 11. gr. östl. Elongation, 15. 12. gr. westl. Elongation.
Venus 9. 1. ob. Konjunktion, 17. 8. gr. östl. Elongation, 26. 10. unt. Konjunktion.
Mars 27. 7. Opposition (Abstand 58 Mill. km).
Jupiter 9. 5. Opposition, 26. 11. Konjunktion.
Saturn 27. 6. Opposition.
Uranus 18. 4. Konjunktion, 24. 10. Opposition.
Neptun 4. 3. Konjunktion, 7. 9. Opposition.
Vollmond: 2. 1., 31. 1., 2. 3., 31. 3., 30. 4., 29. 5., 28. 6., 27. 7., 26. 8., 25. 9., 24. 10., 23. 11., 22. 12.
■ Tot. **M'Finsternis** 27. 7.

2019

Merkur 27. 2. gr. östl. Elongation, 11. 4. gr. westl. Elongation, 26. 6. gr. östl. Elongation, 9. 8. gr. westl. Elongation, 20. 10. gr. östl. Elongation, 11. 11. Durchgang vor Sonne, 28. 11. gr. westl. Elongation.
Venus 6. 1. gr. westl. Elongation, 14. 8. ob. Konjunktion.
Mars 2. 9. Konjuktion.
Jupiter 10. 6. Opposition, 27. 12. Konjunktion.
Saturn 2. 1. Konjunktion, 9. 7. Opposition.
Uranus 22. 4. Konjunktion, 28. 10. Opposition.
Neptun 7. 3. Konjunktion, 10. 9. Opposition.
Vollmond: 21. 1., 19. 2., 21. 3., 19. 4., 18. 5., 17. 6., 16. 7., 15. 8., 14. 9., 13. 10., 12. 11., 12. 12.
■ Tot. **M'Finsternis** 21. 1., Part. **M'Finsternis** 16./17. 7.

Saturn, Mars (beide links oben) und Merkur (unten rechts) am Abendhimmel. Halbhoch rechts stehen Kastor und Pollux in den Zwillingen.

Auch eine ringförmige Sonnenfinsternis ist ein beeindruckendes Schauspiel.

2021

Merkur 24. 1. gr. östl. Elongation, 6. 3. gr. westl. Elongation, 17. 5. gr. östl. Elongation, 4. 7. gr. westl. Elongation, 14. 9. gr. östl. Elongation, 25. 10. gr. westl. Elongation.
Venus 26. 3. ob. Konjunktion, 29. 10. gr. östl. Elongation.
Mars 8. 10. Konjuktion.
Jupiter 19. 1. Konjunktion, 20. 8. Opposition.
Saturn 14. 1. Konjunktion, 2. 8. Opposition.
Uranus 30. 4. Konjunktion, 5. 11. Opposition.
Neptun 11. 3. Konjunktion, 14. 9. Opposition.
Vollmond: 28. 1., 27. 2., 28. 3., 27. 4., 26. 5., 24. 6., 24. 7., 22. 8., 21. 9., 20. 10., 19. 11., 19. 12.
■ Ringf. **S'Finsternis** 10. 6. (in Mitteleuropa partiell), Part. **M'Finsternis** 19. 11.

2020

Merkur 10. 2. gr. östl. Elongation, 24. 3. gr. westl. Elongation, 4. 6. gr. östl. Elongation, 22. 7. gr. westl. Elongation, 1. 10. gr. östl. Elongation, 10. 11. gr. westl. Elongation.
Venus 24. 3. gr. östl. Elongation, 3. 6. unt. Konjunktion, 13. 8. gr. westl. Elongation.
Mars 13. 10. Opposition (Abstand 62 Mill. km).
Jupiter 14. 7. Opposition.
Saturn 13. 1. Konjunktion, 20. 7. Opposition.
Uranus 26. 4. Konjunktion, 31. 10. Opposition.
Neptun 8. 3. Konjunktion, 11. 9. Opposition.
Vollmond: 10. 1., 9. 2., 9. 3., 8. 4., 7. 5., 5. 6., 5. 7., 3. 8., 2. 9., 1. 10., 31. 10., 30. 11., 30. 12.

2022

Merkur 7. 1. gr. östl. Elongation, 16. 2. gr. westl. Elongation, 29. 4. gr. östl. Elongation, 16. 6. gr. westl. Elongation, 27. 8. gr. östl. Elongation, 8. 10. gr. westl. Elongation, 21. 12. gr. östl. Elongation. **Venus** 8. 1. unt. Konjunktion, 20. 3. gr. westl. Elongation, 23. 10. ob. Konjunktion. **Mars** 8. 12. Opposition (Abstand 81 Mill. km). **Jupiter** 5. 3. Konjunktion, 26. 9. Opposition. **Saturn** 4.2. Konjunktion, 14.8. Opposition. **Uranus** 5. 5. Konjunktion, 9. 11. Opposition. **Neptun** 13. 3. Konjunktion, 16. 9. Opposition.
Vollmond: 18. 1., 16. 2., 18. 3., 16. 4., 16. 5., 14. 6., 13. 7., 12. 8., 10. 9., 9. 10., 8. 11., 8. 12.
■ Part. **S'Finsternis** 25. 10., Tot. **M'Finsternis** 16. 5 (in Mitteleuropa weitgehend partiell).

Adressen & Lesetipps

Volkssternwarten und Planetarien

Im Folgenden finden sich einige interessante Adressen von astronomischen Einrichtungen mit Öffentlichkeitsbetrieb. Zum Teil werden sie von ehrenamtlichen Mitarbeitern geführt, dies gilt vor allem für astronomische Vereine mit zeitweise geöffneten Sternwarten und Planetarien. Die Liste erhebt selbstverständlich keinen Anspruch auf Vollständigkeit. Auch können sich Adressen ändern oder Einrichtungen geschlossen werden.

- **Aachen** Sternwarte am Hageweiher, Peterstr. 21-25
- **Albstadt** Sternwarte und Planetarium, Hartmannstr. 140
- **Aschersleben** Planetarium, Auf der Alten Burg 40
- **Augsburg** Sparkassen-Planetarium, Im Thäle 3
- **Basel** Astronomischer Verein, Venusstr. 7
- **Bautzen** Sternwarte und Planetarium, Czornebohstr. 82
- **Berlin** Archenhold-Sternwarte, Alt-Treptow 1
Großplanetarium, Prenzlauer Allee 80
Wilhelm-Foerster-Sternwarte mit Planetarium, Munsterdamm 90
- **Bochum** Planetarium und Sternwarte, Castroper Str. 67
- **Bonn** Volkssternwarte Bonn e. V., Poppelsdorfer Allee 47
- **Braunschweig** Sternfreunde Braunschweig Hondelage e. V., Ackerweg 1 B
- **Bremen** Planetarium und Sternwarte der Olbers-Gesellschaft, FB Nautik, Werderstr. 73

Das Zeiss-Planetarium Bochum

- **Dortmund** Sternwarte im Westfalenpark
- **Duisburg** Rudolf-Römer-Sternwarte Rheinhausen e. V., Schwarzenberger Str. 147
- **Düsseldorf** Benzenberg-Sternwarte, Wimpfener Str. 18
- **Erkrath** Sternwarte Neanderhöhe Hochdahl mit Stellarium, Sedentaler Str. 105
- **Essen** Walter-Hohmann-Sternwarte, Wallneyer Str. 159
- **Frankfurt a. M.** Volkssternwarte des Physikalischen Vereins, Robert-Mayer-Str. 2–4
- **Freiburg** Richard-Fehrenbach-Planetarium, Bismarckallee 7 g
- **Fulda** Hans-Nüchter-Sternwarte und Planetarium, Domänenweg 2 und Jesuitenplatz 2
- **Göttingen** Förderkreis Planetarium, Nordhäuser Weg 18
- **Hagen** Volkssternwarte, Eugen-Richter-Turm
- **Halle** Raumflugplanetarium, Peißnitzinsel 4 a
- **Hamburg** Planetarium, Hindenburgstr. 16 (Wasserturm im Stadtpark)
- **Hannover** Planetarium, An der Bismarck-Schule 5
Volkssternwarte, Am Lindener Berg 27

Ein moderner Planetariumsprojektor

■ **Heilbronn** Robert-Mayer-Sternwarte, Bismarckstr. 10
■ **Heppenheim** Starkenburg-Sternwarte, Kl. Bach 3
■ **Herne** Sternwarte und Planetarium Herne, Am Böckenbusch 2
■ **Hildesheim** Volkssternwarte „Gelber Turm", Auf dem Spitzhut (Galgenberg)
■ **Hof** Volkssternwarte, Egerländerweg 25
■ **Jena** Planetarium, Am Planetarium 5 Urania-Sternwarte, Schillergäßchen 2
■ **Karlsruhe** Sternwarte des Max-Planck-Gymnasiums, Krokusweg
■ **Kassel** Planetarium im Museum f. Astronomie und Technikgeschichte
■ **Kiel** Planetarium, Sokratesplatz 6
■ **Klagenfurt** Raumflugplanetarium, Villacher Str. 239
■ **Köln** Volkssternwarte, Nikolausstr. 55
■ **Kufstein** Planetarium, Schützenstr. 16
■ **Laupheim** Volkssternwarte und Planetarium, Milchstraße 1
■ **Linz** Johannes-Kepler-Sternwarte; Sternwarteweg 5
■ **Lübeck** Sternwarte, Am Ährenfeld 2
■ **Luzern** Planetarium im Verkehrshaus
■ **Magdeburg** Planetarium und Sternwarte, Pablo-Picasso-Str. 21
■ **Mainz** Astronomische Arbeitsgemeinschaft der Sternfreunde, Petersplatz 2
■ **Mannheim** Planetarium, W.-Varnholt-Allee 1
■ **München** Planetarium und Bayerische Volkssternwarte, Rosenheimer Str. 14 h Planetarium im Forum der Technik,- Museumsinsel
■ **Münster** Planetarium im Naturkundemuseum, Sentruper Str. 285
■ **Nordenham** Planetarium und Sternwarte, Bahnhofstr. 52
■ **Nürnberg** Planetarium, Am Plärrer 41 Sternwarte, Regiomontanusweg 1
■ **Nürtingen** Sternwarte, Birkenweg 7
■ **Osnabrück** Planetarium im Naturwissenschaftlichen Museum am Schölerberg
■ **Paderborn** Volkssternwarte, Im Schlosspark, Schloss Neuhaus
■ **Potsdam** Planetarium, Gutenbergstr. 71/72
■ **Radeberg** Volkssternwarte Erich Bär, Stolpener Str. PF 84–40
■ **Radebeul** Volkssternwarte Adolph Diesterweg, Auf den Ebenbergen
■ **Recklinghausen** Westf. Volkssternwarte und Planetarium, Stadtgarten 6
■ **Reutlingen** Sternwarte und Planetarium, Karlstr. 40

Die Sternwarte Welzheim bei Stuttgart

Sternwarte auf dem Kleinen Feldberg/Taunus (nicht öffentlich)

■ **Rüsselsheim** Sternwarte der Rüsselsheimer Sternfreunde, Staudenweg 3

■ **Salzburg** Volkssternwarte am Voggenberg, Auer-von-Welsbach-Str. 22

■ **Schkeuditz** Astronomisches Zentrum, An der Bergbreite

■ **Schneeberg** Planetarium und Sternwarte, Heinrich-Heine-Str.

■ **Schwerin** Schulsternwarte und Planetarium, Weinbergstr. 17

■ **Senftenberg** Planetarium, An der Ingenieursschule

■ **Soest** Volkssternwarte, Steinkuhlenweg 6

■ **Sohland** Volks- und Schulsternwarte, Zöllnerweg 12

■ **Solingen** Sternwarte, Sternstr. 5

■ **Stuttgart** Planetarium, Mittl. Schlossgarten mit Sternwarte Welzheim
Schwäbische Sternwarte, Zur Uhlandshöhe 41

■ **Suhl** Volkssternwarte, Auf dem Hoheloh 1

■ **Trier** Sternwarte, Hofberg 40

■ **Violau** Sternwarte, Bruder-Klaus-Heim

■ **Wernigerode** Harzplanetarium, Walther-Rathenau-Str. 11

■ **Wetzlar-Burgsolms** Sternwarte, Lindenstr. 11

■ **Wien** Kuffner-Sternwarte, Johann-Staud-Str. 10
Planetarium, Oswald-Thomas-Platz 1
Urania-Sternwarte, Uraniastr. 1

■ **Wolfsburg** Planetarium, Uhlandweg 2

■ **Zürich** Urania-Sternwarte, Uraniastr. 9

Überregionale Vereinigungen

■ **Vereinigung der Sternfreunde** e. V. (VdS), Geschäftsstelle: Lehrstr. 4, 64646 Heppenheim

■ **Schweizerische Astronomische Gesellschaft** (SAG), Zentralsekretariat: Gristenbühl 13, CH-9315 Neukirch (Egnach)

■ **Österreichischer Astronomischer Verein,** Sekretariat: Baumgartenstr. 23/4, A-1140 Wien

Zum Weiterlesen & -klicken

Bücher

- Emmerich M., Melchert S.: *Astronomie*, Kosmos-Verlag, Stuttgart, 2009
Astronomie umfassend, verständlich und preisgünstig
- Hahn, H.-M.: *Was tut sich am Himmel?*, Kosmos-Verlag, Stuttgart, jährlich
Handliches Taschenjahrbuch für Einsteiger mit allen wichtigen Himmelsereignissen
- Hahn, H.-M., Celnik, W. E.: *Astronomie für Einsteiger*, Kosmos-Verlag, Stuttgart, 2008
Theorie und Praxis – alles, was angehende Hobby-Astronomen wissen müssen
- Herrmann, D. B.: *Die große Kosmos Himmelskunde*, Kosmos-Verlag, Stuttgart 2007
Hintergrundinformationen zu allen Himmelsobjekten, mit DVD
- Herrmann, J.: *dtv-Atlas Astronomie*, dtv, München, 2005
Kleines, aber umfassendes Nachschlagewerk zur Astronomie
- Herrmann, J.: *Das große Lexikon der Astronomie*, Orbis, München, 2001
Hier findet man nahezu alles zum Thema
- Keller, H.-U.: *Kosmos Himmelsjahr*, Kosmos-Verlag, Stuttgart, jährlich
Das beliebteste Astro-Jahrbuch mit allen Daten und Ereignissen
- Keller, H.-U.: *Wörterbuch der Astronomie*, Kosmos-Verlag, Stuttgart, 2005
Alle wichtigen Begriffe verständlich erklärt
- Klötzler, H. J.: *Das Astro-Telekop für Einsteiger*, Kosmos-Verlag, Stuttgart, 2008
Das Praxisbuch fürs erste Teleskop
- Köthe, R.: *Astronomie ganz einfach*, Kosmos-Verlag, Stuttgart, 2007
Ein Astronomiebuch für Kids
- Mackowiak, B.: *Der Kosmos-Reiseführer Universum*, Kosmos-Verlag, Stuttgart, 2008
Eine unterhaltsame Reise durch das Weltall
- Mellinger, A., Hoffmann, S.: *Der große Kosmos Himmelsatlas*, Kosmos-Verlag, Stuttgart, 2008
Schöne Sternbildaufnahmen mit Sternbildlinien und Beschriftungen
- Schittenhelm, K. M.: *Sterne finden ganz einfach*, Kosmos-Verlag, Stuttgart, 2005
Das einfachste Buch zum Sternefinden
- Seip, S.: *Himmelsfotografie*, Kosmos-Verlag, Stuttgart, 2009
Tolle Fotos und genaue Anleitungen zum Selbermachen
- Sparrow, G.: *Der Kosmos*, Kosmos-Verlag, Stuttgart, 2008
Ein grandioser Bildband mit den schönsten Objekten des Universums

Sternkarten

- Hahn, H.-M.: *Die Kosmos Sternführung* (Sternkarte mit Audio-CD), Kosmos-Verlag, Stuttgart, 2009
Eine Himmelsführung zum Anhören und Ansehen
- Hahn, H.-M., Weiland, G.: *Sternkarte für Einsteiger*, Kosmos-Verlag, Stuttgart, 2006 (auch nachtleuchtend)
Die einfachste Sternkarte zur Orientierung am Himmel
- Hahn, H.-M., Weiland, G.: *Drehbare Kosmos Sternkarte*, Kosmos-Verlag, Stuttgart, 2007 (auch als Mini-Karte)
Die ideale Sternkarte für Hobby-Astronomen

Zeitschriften

- *Astronomie und Raumfahrt im Unterricht*, Erhard-Friedrich-Verlag, Seelze
Astronomie-Zeitschrift für Lehrer
- *Interstellarum*, Oculum-Verlag, Erlangen
Zeitschrift für fortgeschrittene Hobby-Astronomen

- *Sterne und Weltraum*, Spektrum der Wissenschaft Verlagsgesellschaft, Heidelberg
Das führende Astronomie-Magazin

Software

- *3D-Atlas des Sonnensystems*, United Soft Media, München
Planeten und Monde zum Greifen nahe
- *3D-Atlas des Universums*, United Soft Media, München
Der Weltraum in drei Dimensionen; mit der Europäischen Südsternwarte ESO
- *Guide 8.0*, astro-shop, Hamburg
Sternkartensoftware für Fortgeschrittene
- *Kosmos Himmelsjahr*, Kosmos-Verlag, Stuttgart
Das beliebte Jahrbuch auf CD-ROM, erscheint jährlich im Herbst
- *Der Kosmos 2.0*, United Soft Media
Vom Urknall bis zum Ende des Universums
- *Redshift 7*, United Soft Media, München
Preisgekröntes Planetariumsprogramm mit fotorealistischer Darstellung des Sternenhimmels

Internetlinks

- www.astronomie.de:
Aktuelle Sternkarten und andere astronomische Neuigkeiten
- www.astrolink.de:
Immer aktuelle Informationen über Astronomie und Raumfahrt
- news.astronomie.info:
Astronomie mit aktuellen Nachrichten, Karten und Astrolexikon
- www.kosmos-himmelsjahr.de:
Aktuelles am Sternenhimmel aus dem beliebtesten Astronomie-Jahrbuch
- www.redshift-live.de
Die Astro-Community im Internet
- www.vds-astro.de:
Homepage der Vereinigung der Sternfreunde in Deutschland
- members.ping.at/astbuero/av.htm:
Homepage des Österreichischen Astronomischen Vereins
- http://sas.astronomie.ch: Homepage der Schweizerischen Astronomischen Gesellschaft

Register

Bildnachweis

Mit 91 Farbfotos von:
Mark Achternberg (1): S. 185; Klaus Bauer (1): S. 39 (rechts unten); Stefan Binnewies (1): S. 8; Planetarium Bochum (2): S. 211, 212 (oben); Celestron LLC. (2): S. 75 (unten rechts), 76 (unten); Werner E. Celnik (1): S. 56; ESA/DLR/FU Berlin (G. Neukum) (2): S. 44 (beide oben); Martin Gertz, Sternwarte Welzheim/Planetarium Stuttgart (19): S. 22, 25, 27 (links), 30, 31 (oben rechts), 42 (rechts), 46 (oben), 47 (unten rechts), 53 (unten), 67 (unten), 68, 71, 148-149, 173, 188, 192, 208, 212 (unten); Alexander Kerste (2): S. 58, 75 (oben); Meade Instruments Europe (1): S. 76 (oben); Jens Moser (1): S. 70; NASA/ESA/Caltech (1): Vorsatz; NASA/ESA/JPL (3): S. 48, 49 (beide); NASA/JPL (9): 39 (links unten), 41, 42 (links), 43, 46 (unten), 47 (oben), 50, 51, 53 (oben); NOAO/AURA (1): S. 65 (oben); Klaus M. Schittenhelm (1): S. 80; Klaus-Peter Schröder (1): S. 40; Stefan Seip, www.astromeeting.de (7): Haupttitel, S. 3, 6-7, 18, 134, 135 (oben links), 210; Teleskop Service (1): S. 77 (unten); Vixen Europe GmbH (1): S. 72; Mario Weigand, www.skytrip.de (27): S. 5, 17, 19, 23, 24, 26 (beide), 27 (rechts), 28, 29 (unten), 31 (oben links und unten rechts), 33 (oben), 34, 35, 59 (links), 62 (unten), 69, 151, 155, 157, 167, 180, 204-205, 207, 209, 213

Mit 39 Farbillustrationen und 148 Sternbildkarten von:
Sabine Herrmann-Ikram (1): S. 20/21; Gunther Schulz (26): S. 9, 10 (beide oben), 11, 14, 15 (beide), 16, 29 (oben), 33 (unten), 36-37, 39 (oben), 44 (unten), 47 (unten links), 52, 55, 57, 59 (rechts), 62 (oben), 63, 65 (unten), 67 (oben), 75 (unten links), 77 (oben), 78-79; Gerhard Weiland (155): S. 10 (unten), 12, 13, 61, 73, 74, 84-131, 135 (unten), 136-147, 151-201

Impressum

Impressum

Umschlaggestaltung von eStudio Calamar unter Verwendung
eines Farbfotos von NASA/ESA/AURA/Caltech, eines Fotos von Stefan Seip,
einer Sternbildkarte von Gerhard Weiland sowie eines Fotos von Jens Moser.

Mit 91 Farbfotos und 187 Farbzeichnungen

Unser gesamtes lieferbares Programm und viele
weitere Informationen zu unseren Büchern,
Spielen, Experimentierkästen, DVDs, Autoren und
Aktivitäten finden Sie unter www.kosmos.de

Gedruckt auf chlorfrei gebleichtem Papier

30., komplett überarbeitete Neuausgabe

ISBN 978-3-440-11291-5
Redaktion: Justina Engelmann
Produktion: Siegfried Fischer, Ralf Paucke
Printed in The Czech Republic / Imprimé en République Tchèque